ABITUR 2016

Original-Prüfungsaufgaben mit Lösungen

Physik

Gymnasium Bayern

2011–2015

STARK

6. ergänzte Auflage
www.stark-verlag.de

Inhalt

Fortsetzung nächste Seite

Abituraufgaben 2013

Abituraufgaben 2014

Abituraufgaben 2015

Jeweils zu Beginn des neuen Schuljahres erscheinen die neuen Ausgaben der Abiturprüfungsaufgaben mit Lösungen.

Autoren der Lösungen

TB I und II: StD Florian Borges TB III: StD Ferdinand Hermann-Rottmair

Vorwort

Liebe Schülerinnen und Schüler,

Sie haben Physik in der Oberstufe des achtjährigen Gymnasiums in Bayern belegt und möchten in diesem Fach Ihr Abitur ablegen. Das Übungsbuch, das Sie jetzt in Ihren Händen halten, gibt Ihnen die Möglichkeit, sich optimal auf diese Prüfung vorzubereiten. Zudem eignet sich der Band hervorragend dazu, sich gezielt auf die Schulaufgaben und Tests in Physik während der Qualifikationsphase vorzubereiten:

- Sie erhalten zunächst **Hinweise zum Abitur in Physik** mit Informationen zu Ablauf, Struktur und Inhalt der schriftlichen und mündlichen Abiturprüfung, dazu viele weitere Tipps, die Ihnen beim Lösen der Prüfungsaufgaben helfen werden.
- Der Hauptteil des Buches enthält die **Abiturprüfungen der Jahre 2011 bis 2015**.
- Auf sämtliche Aufgaben folgen separate **Tipps zum Lösungsansatz**, die Ihnen das selbstständige Lösen der Aufgaben erleichtern, sowie **vollständige, kommentierte Lösungsvorschläge**.

Sollten nach Erscheinen dieses Bandes noch wichtige Änderungen in der Abiturprüfung 2016 vom Kultusministerium bekannt gegeben werden, finden Sie aktuelle Informationen dazu im Internet unter www.stark-verlag.de/pruefung-aktuell.

Die Autoren wünschen Ihnen viel Erfolg in der Abiturprüfung!

Florian Borges

Ferdinand Hermann-Rottmair

Stichwortverzeichnis

Hinweise und Tipps zum Abitur

Schriftliche Abiturprüfung

Struktur

Im Physikabitur werden vom Kultusministerium zentral sechs Aufgaben gestellt, von denen Ihr Kursleiter Ihrem Kurs **zwei aus verschiedenen Themenbereichen** vorlegt. Dabei muss in jedem Fall einer der beiden Aufgabenvorschläge zum Thema „Elektromagnetische Felder, Relativitätstheorie" der 11. Jahrgangsstufe ausgewählt werden, die andere Aufgabe ist entweder eine der beiden Alternativen aus dem Bereich „Aufbau der Materie" (12. Jahrgangsstufe des Standardphysikkurses) oder, falls Sie für die 12. Klasse die Lehrplanalternative „Astrophysik" gewählt haben, eine der beiden Astrophysikaufgaben. Sie selber haben also keine Auswahlmöglichkeit und müssen beide Ihnen vorgelegten Aufgaben bearbeiten.

Die **Prüfungsdauer** beträgt 180 Minuten.

Zugelassene **Hilfsmittel** sind ein elektronischer Taschenrechner (nicht programmierbar), die Mathematik-Merkhilfe und eine zugelassene naturwissenschaftliche Formelsammlung (in denen die Merkhilfe als Anhang integriert ist).

Zugelassene Formelsammlungen:

- Formelsammlung Naturwissenschaften, Gymnasium Bayern, Eigenverlag Johannes Almer, Prien, zweite Fassung, ISBN 978-3-00-040017-9
- Formelsammlung Naturwissenschaften m. Merkhilfe Mathematik, zweite Fassung, Gym. Bayern, Cornelsen Verlag, Berlin/München, ISBN 978-3-464-54224-8
- Naturwissenschaftliche Formelsammlung für die bayerischen Gymnasien, Duden Paetec Verlag, Berlin, zweite Fassung, ISBN 978-3-8355-3209-0
- Naturwissenschaftliche Formelsammlung für die bayerischen Gymnasien, C. C. Buchners Verlag, Bamberg, zweite Fassung, ISBN 978-3-7661-6700-2

Prüfungsrelevante Themen und Inhalte

Der Prüfungsstoff gliedert sich in drei Themenbereiche, die sowohl die theoretischen Grundlagen als auch die Anwendungen in Natur und Technik abdecken:

Themenbereich I: Elektromagnetische Felder, Relativitätstheorie

- statisches elektrisches und magnetisches Feld
- Bewegung geladener Teilchen in Feldern
- Elemente der speziellen Relativitätstheorie
- elektromagnetische Induktion
- elektromagnetische Schwingungen und Wellen
- Anwendungen, z. B. Mobiltelefon oder Mikrowellenherd

Themenbereich II: Aufbau der Materie
- Eigenschaften von Quantenobjekten
- Atom- und Kernmodelle, Standardmodell der Elementarteilchenphysik
- Radioaktivität und Kernreaktionen
- Anwendungen in Medizin, Wissenschaft und Technik, z. B. Materialforschung oder Energieversorgung

Themenbereich III: Astrophysik
- Astronomische Objekte und ihre tägliche und jährliche Bewegungen
- Sonnensystem und Physik der Sonne
- Sterne (Entfernungsbestimmung, Kenngrößen, Klassifikation, Entwicklung)

Der Kursleiter wird die beiden Aufgaben so auswählen, dass sein Kurs das bestmögliche Ergebnis erzielen kann. Dazu ist es sinnvoll, den im Kurs behandelten Stoff möglichst wenig durch das „Ausschließen“ bestimmter Inhalte einzuschränken. Andererseits ist es für den Kursleiter hilfreich, die Vorlieben seiner Schüler zu kennen und zu berücksichtigen. Setzen Sie daher durchaus Schwerpunkte, geben Sie Ihrem Kursleiter aussagekräftige Hinweise zu Ihren Wunschthemen, aber lassen Sie möglichst keinen Themenbereich völlig unvorbereitet, denn gelegentlich sind die Aufgaben in eigentlich unerwünschten Gebieten sehr angenehm zu bearbeiten und die Lehrkraft dadurch im Zwiespalt.

Zur Bewertung der schriftlichen Prüfung

In jeder der beiden Aufgaben einer Prüfungsaufgabe können maximal 60 Bewertungseinheiten (BE), insgesamt also **maximal 120 BE** erreicht werden. Die Bewertung der Aufgaben erfolgt nach dem folgenden Schlüssel:

Notenpunkte	Notenstufen	Bewertungseinheiten	Intervalle in %
15	+1	120–115	
14	1	114–109	15
13	1–	108–103	
12	+2	102–97	
11	2	96–91	15
10	2–	90–85	
9	+3	84–79	
8	3	78–73	15
7	3–	72–67	
6	+4	66–61	
5	4	60–55	15
4	4–	54–49	
3	+5	48–41	
2	5	40–33	20
1	5–	32–25	
0	6	24 – 0	20

In die Bewertung gehen zunächst einmal die **fachliche Richtigkeit** und **Vollständigkeit** ein. Ein weiteres wichtiges Bewertungskriterium stellt die **Darstellungsqualität** dar, in welche der richtige Einsatz der Fachsprache und die Strukturiertheit der Ausführungen einfließen. Sollten Sie in Ihrer Lösung unkonventionelle aber richtige Wege gehen, so werden diese natürlich entsprechend gewürdigt.
Selbstverständlich geht auch die **Sprachrichtigkeit** (Rechtschreibung, Grammatik, Zeichensetzung) bei Erläuterungen oder Beschreibungen in die Bewertung ein. Hierbei führen Verstöße gegen die sprachliche Korrektheit oder die gute äußere Form möglicherweise zu Punktabzügen.

Mündliche Abiturprüfung (Kolloquium)

Struktur

Die dreißigminütige mündliche Abiturprüfung besteht aus zwei Prüfungsteilen von etwa 15 Minuten Dauer:

- einem Kurzreferat, das Sie zu dem Ihnen gestellten Thema (ca. 10 Minuten) halten, anschließend findet ein Gespräch darüber statt (ca. 5 Minuten);
- einem Gespräch (ca. 15 Minuten) zu Problemstellungen aus den beiden weiteren Ausbildungsabschnitten, die Sie gewählt haben.

Zur Wahl des Themenbereiches schreibt die Schulordnung vor:

- Zu allen vier Ausbildungsabschnitten werden vom Prüfungsausschuss Themenbereiche festgelegt (mehr als zwei pro Halbjahr), über deren Inhalte Sie geprüft werden. Spätestens vier Wochen vor dem Prüfungstermin müssen Sie sich für einen der angebotenen Themenbereiche entscheiden.
- Das Thema wird Ihnen etwa 30 Minuten vor der Prüfung bekannt gegeben.

Prüfer im Colloquium ist der Kursleiter der 12. Jahrgangsstufe. Weiter ist noch ein Physiklehrer an der Prüfung beteiligt, der ebenfalls durch Fragen zum Prüfungsstoff helfend in das Gespräch eingreifen kann. (Dies wird vermutlich dann geschehen, wenn der Prüfling in der 11. Jahrgangsstufe nicht im Kurs des Prüfers war, weil aus zwei Parallelkursen nur ein weiterführender Kurs entstanden ist.)

Zugelassene Hilfsmittel bei der Vorbereitung sind:

- eine zugelassene physikalische Formelsammlung
- die mathematische Merkhilfe (meist in die Formelsammlung integriert)
- Taschenrechner

Aus dieser Aufstellung ergibt sich, dass Sie keinerlei Skripten oder Aufzeichnungen in den Vorbereitungsraum mitnehmen können.

Bewertung

Die Note einer mündlichen Abiturprüfung wird vierfach gewertet (max. 60 Punkte) und zählt zum Abitur. Bei der Bewertung der mündlichen Prüfungen ist neben den fachlichen Kenntnissen und Fähigkeiten die Gesprächsfähigkeit angemessen zu berücksichtigen.

Bezüglich der **Gesprächsfähigkeit** (Fähigkeit zum themengebundenen und partnerbezogenen Gespräch) wird beurteilt, inwieweit Sie sich fähig gezeigt haben,

- sich von Ihren in der Vorbereitungszeit erstellten Notizen zu lösen und das Ergebnis seiner Überlegungen in freier Rede zusammenhängend vorzutragen,
- Ihre Ausführungen logisch zu gliedern,
- komplexe Sachverhalte klar, übersichtlich und anschaulich darzustellen und dabei das Wesentliche herauszustellen,
- Ihren eigenen Stadtpunkt zu begründen und von anderen Positionen abzuheben,
- sich auf das Gespräch zu konzentrieren, auf Fragen, Einwände, Anregungen des Prüfers einzugehen und gegebenenfalls Hilfen aufzugreifen.

Bei der **Beurteilung der fachlichen Kenntnisse** wird Ihre Fähigkeit geprüft,

- das Thema zu erfassen,
- fachspezifische Verfahrensweisen anzuwenden und sich der Fachsprache korrekt zu bedienen,
- Sachverhalte und Probleme zutreffend zu beurteilen.

Diese Beurteilungskriterien sind naturgemäß sehr allgemein gehalten, da sie für alle Prüfungsfächer gleichermaßen gelten sollen. In Physik wird von Ihnen nicht erwartet, dass Sie Ihren eigenen Standpunkt zu einem Problem von anderen Positionen abheben können, da Sie in der Schule in den meisten Fällen nur eindeutige Sachverhalte kennen lernen. (Eine Ausnahme sind persönliche Folgerungen aus physikalischen Erkenntnissen, z. B.: Nutzung der Atomkraft). Ihre Prüfer werden diese allgemeinen Kriterien somit sicherlich sinnvoll auf die Belange der Physik anwenden.

Beispiel

Nehmen wir an, Sie hätten den Themenbereich *Bewegte Ladungen in elektrischen und magnetischen Feldern* als Prüfungsstoff gewählt. Wie oben dargestellt, erhalten Sie aus diesem Bereich ein Thema, auf das Sie sich dann unter Aufsicht eine halbe Stunde vorbereiten können. Ein mögliches Thema ist zum Beispiel:

„Beschreiben Sie den Halleffekt und erklären Sie, wie er zur Messung eines Magnetfeldes verwendet werden kann.“

Vorbereitung

Arbeiten Sie den von Ihnen gewählten Themenbereich noch einmal sorgfältig anhand Ihres Buches und Ihrer Aufzeichnungen aus dem Unterricht durch und achten Sie dabei auf folgende Dinge:

- Werden im Buch bzw. im Heft wichtige Versuche beschrieben?
  Beim oben gewählten Thema sind dies z. B.
  - das Fadenstrahlrohr,
  - der Halleffekt,
  - das Wienfilter.
- Überlegen Sie, wozu diese Versuchsanordnungen verwendet wurden:
  - Fadenstrahlrohr → Bestimmung der Elektronenmasse
  - Halleffekt → Messung von Magnetfeldern
  - Wienfilter → Auswahl von Teilchengeschwindigkeiten

- Zeichnen Sie die Versuchsaufbauten in Schaltskizzen und prägen sich diese ein.
- Suchen Sie in den Übungs- und abiturähnlichen Aufgaben dieses Buches Aufgabenstellungen, die sich auf die oben beschriebenen Versuche beziehen. Bearbeiten Sie diese Aufgaben möglichst selbstständig. Dabei finden Sie möglicherweise schon Hinweise, wie diese Grund versuche abgewandelt werden können.

Prüfungsverlauf

Die folgenden Hinweise helfen Ihnen, sich auf das Referat vorzubereiten.

- Lesen Sie die Aufgabenstellung genau durch und überlegen Sie dabei, ob ein Versuch, den Sie genauer gelernt haben, zu diesem Thema passt.
- Sollte dies der Fall sein, so zeichnen Sie eine Versuchsskizze und beschriften diese ausführlich. Achten Sie auch auf die Funktion der einzelnen Schaltelemente und überlegen Sie sich, wie man einzelne Messgrößen bestimmen kann.
- Dies wird Ihnen dann im Prüfungsverlauf die ersten Minuten des Referats erleichtern, denn Sie können die Skizze auf die Tafel übertragen und dabei auf die wichtigen Schaltelemente und deren Bedeutung für den Versuchsablauf hinweisen.
- Erfahrungsgemäß sprechen Schüler lieber (und leichter) über eine anschauliche Schaltskizze als über einen rein theoretischen Vorgang. Das Zeichnen ist auch ein gutes Mittel, eine eventuell vorhandene Nervosität zu bekämpfen!
- Der Prüfer wird sich bei seinen Fragen zum Referat vielleicht ebenfalls auf Ihre Skizze beziehen oder auf weitere Anwendungen dieses Versuchs eingehen. Damit haben Sie die erste Hürde der Prüfung hoffentlich einigermaßen glimpflich überstanden.

Konkret umgesetzt auf das Beispielthema „Halleffekt" könnte eine Bearbeitung folgendermaßen aussehen: Zeichnen Sie während Ihrer Vorbereitungszeit die nebenstehende Schaltskizze. Dabei sollten Sie auf folgende Dinge achten, die sich als **Fragen** anbieten:

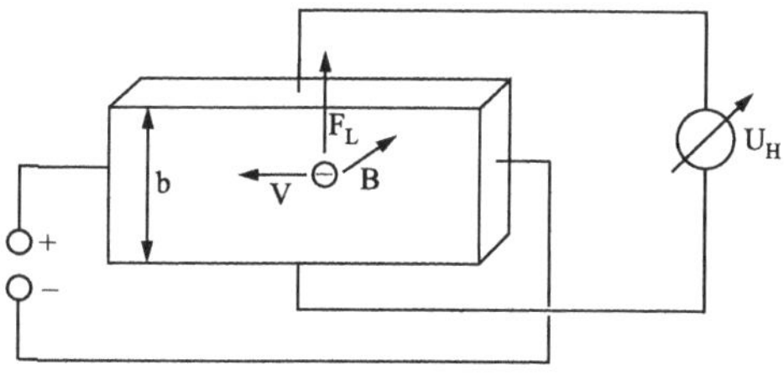

a) Wo muss die Versorgungsspannung angelegt werden und welche Spannungsart ist dabei zu wählen?

b) Wie beeinflussen die Bewegungsrichtung der Elektronen und die Richtung des Magnetfeldes die Ablenkrichtung der Elektronen?

c) Durch welche Formel wird die Lorentzkraft auf die Elektronen berechenbar?

d) Warum stellt sich nach einiger Zeit ein Gleichgewichtszustand ein, d. h., warum werden nicht beliebig viele Elektronen abgelenkt?

e) Wie kann man den Gleichgewichtszustand in einer physikalischen Gleichung ausdrücken?

Korrekte Antworten zu den Fragen sind:

a) Die Versorgungsspannung muss an den Enden des Plättchens angelegt werden. Sie muss eine Gleichspannung sein, damit sich die Ladungsträger stets in eine Richtung bewegen.

b) Die Magnetfeldlinien müssen senkrecht zur Stromrichtung stehen. Durch die entstehende Lorentzkraft werden die Elektronen sowohl senkrecht zur Stromrichtung als auch senkrecht zur Magnetfeldrichtung abgelenkt.

c) Für die Lorentzkraft gilt: $F_L = Q \cdot v \cdot B$; dabei ist v die Geschwindigkeit der geladenen Teilchen, Q ihre Ladung und B die magnetische Flussdichte.

d) An der Oberkante des Plättchens entsteht ein Elektronenüberschuss, an der Unterkante ein Elektronenmangel, d. h., es baut sich ein elektrisches Feld zwischen den beiden Kanten auf, wodurch eine elektrische Kraft entsteht, die gegen die Lorentzkraft wirkt.

e) Es entsteht ein Kräftegleichgewicht zwischen Lorentzkraft und Coulombkraft:

$$Q \cdot v \cdot B = Q \cdot \frac{U_H}{b} \quad \Rightarrow \quad U_H = (v \cdot b) \cdot B \qquad \text{b: Breite des Leiters}$$

Die Hallspannung U_H ist also proportional zur magnetischen Flussdichte.

Weitere mögliche Fragen, die sich hier anbieten, sind z. B.:

- Kann man durch den Halleffekt eine Aussage über die mittlere Geschwindigkeit der Leitungselektronen erhalten?
- Wie ändert sich die Polung der Hallspannung, wenn sich
  - nur negative,
  - nur positive,
  - sowohl negative als auch positive Ladungsträger bewegen?
- Lässt sich mit einer Hallsonde die Richtung des magnetischen Feldes eindeutig bestimmen?

Laut Schulordnung werden Sie in weiteren 15 Minuten über den **Stoff zweier weiterer Semester** geprüft. Zu dieser Prüfung lassen sich nur sehr allgemeine Ratschläge geben, da sie von Kurs zu Kurs verschieden sein kann. Sie machen sicher nichts in Ihrer Vorbereitung falsch, wenn Sie nach einem ähnlichen Muster vorgehen wie bei Ihrem Schwerpunktthema.

Lesen Sie auch zu den Themenbereichen für diese Semester die Texte im Buch, in Ihren Aufzeichnungen und versuchen Sie dabei die folgenden Fragen zu beantworten:

- Welche Versuche wurden in den beiden gewählten Semestern ausführlich besprochen?
- Warum wurden sie genauer behandelt? Liefern sie z. B. eine Naturkonstante wie die Elementarladung oder die Masse des Elektrons?
- Welche Aufgaben werden zu diesen Semestern im schriftlichen Abitur gestellt? (Die Aufgaben liefern manchmal Hinweise auf „Grundversuche“ des Semesters!)
- Prägen Sie sich Schaltskizzen dieser Versuche ein.

- Machen Sie sich Lösungsskizzen zu den Fragen, die in den Abituraufgaben gestellt werden. Formulieren Sie dabei die Ansätze möglichst auch in Worten und nicht nur mit physikalischen Formeln, z. B.:
  - Kräftegleichgewicht (Lorentzkraft = Zentralkraft)
  - Energieerhaltung (kinetische Energie = Arbeit im E-Feld)
  - Newton'sches Gesetz (Masse mal Beschleunigung = Coulombkraft)

Wenn Sie sich dieses Wissen erarbeitet haben, kann Sie keine Frage mehr sonderlich überraschen.

Themen für weitere mögliche Prüfungsgespräche sind z. B. aus der

- 11. Klasse:
  - Messung der elektrischen Feldstärke
  - Das Fadenstrahlrohr und die Bestimmung der Masse des Elektrons
  - Der Halleffekt und der Hallsonde
  - Das Wienfilter
  - Der Massenspektrograf
  - Der elektromagnetische Schwingkreis
  - Die Meißner'sche Rückkopplungsschaltung
  - Der elektrische Dipol
  - Interferenzversuche zur Wellenausbreitung der elektromagnetischen Strahlung
  - Wellenlängenbestimmung von Licht
  - Die Erzeugung von Wechselspannung durch Induktion
- 12. Klasse:
  - Teilchencharakter von Photonen
  - Elektronenbeugung
  - Beschreibung des Verhaltens von Quantenobjekten
  - Das Elektron im eindimensionalen Potentialtopf
  - Quantenphysikalisches Modell des Wasserstoffatoms
  - Franck-Hertz-Versuch
  - Röntgenstrahlung (Erzeugung und Spektrum)
  - Die natürliche Radioaktivität und deren Nachweis
  - Absorption von radioaktiver Strahlung
  - Wirkung radioaktiver Strahlung
  - Altersbestimmung mit radioaktiven Isotopen
  - Kernreaktionen
  - Kernspaltung
  - Aufbau der Materie und Teilchenfamilien des Standartmodells
- 12. Klasse, Lehrplanalternative Astrophysik:
  - Astronomische Koordinatensysteme
  - Die Venus (oder andere Planeten)
  - Kometen (Eingehen auf aktuelle Ereignisse bietet sich an)
  - Experimentelle Bestimmung von Grunddaten der Sonne
  - Die aktive Sonne
  - Temperatur und Druck in der Sonne

- Energieerzeugung der Sonne
- Astronomische Entfernungsbestimmungen
- Entstehung der Sterne
- Sternendstadien
- Quasare (z. B. am Beispiel 3C273)
- Auswertung einer Supernova
- Doppelsternsysteme (Beispiel: Sirius)
- Die Milchstraße

Bewährte Strategien für das Lösen physikalischer Aufgabenstellungen

- Lesen Sie sich jedes der beiden gestellten Themen zunächst in Ruhe und vollständig durch, bevor Sie mit der Bearbeitung beginnen.
- Schreiben Sie alle bei einer Teilaufgabe angegebenen Größen zusammen und rechnen Sie diese gegebenenfalls in gemeinsame oder Basiseinheiten um.
- Skizzen können Ihnen oft bei der Analyse der Aufgabenstellung helfen, tragen Sie gegebenenfalls wichtige Größen ein.
- Erhaltungssätze (Energie-, Impulserhaltungssatz) führen häufig schnell und elegant zum Ergebnis. Überprüfen Sie deshalb, ob sich eine solche Anwendung gerade anbietet.
- Untersuchen Sie ihre Skizze auf mögliche funktionale, trigonometrische oder geometrische Zusammenhänge, die für den Lösungsansatz wichtig sein könnten (z. B. Pythagoras, Sinus, Kosinus, Tangens in rechtwinkligen Dreiecken, Symmetrien, Ähnlichkeit, Proportionalitäten).
- Rechnen Sie bei der Durchführung einer Berechnung die physikalischen Einheiten der Ausgangsgrößen sorgfältig in die Ergebniseinheit um. Sie verfügen dadurch über einen wertvollen, zusätzlichen Fehlerindikator, der oft sogar einen deutlichen Hinweis auf die Fehlerstelle beinhaltet (wenn sich beispielsweise statt der Einheit kg bei Ihnen $\frac{\text{kg}}{\text{s}^2}$ ergeben, ist Ihnen vermutlich irgendwo eine Zeit aus dem Zähler in den Nenner gerutscht, sodass sich die Sekunden nicht mehr kürzen lassen).
- Überlegen Sie am Ende jeder Berechnung, ob die Größenordnung des Ergebnisses plausibel ist. Diese Routine hilft einerseits Fehler mit Zehnerpotenzen vermeiden (so ist etwa eine zulässige Schneehöhe von 20 000 km auf einem Skihüttendach aus Holz vermutlich nicht korrekt berechnet worden). Andererseits können Sie dadurch auch die prinzipielle Richtigkeit des gewählten Rechenwegs prüfen: Erhalten Sie beispielsweise Geschwindigkeiten jenseits 10 % der Lichtgeschwindigkeit, so müssen Sie auch ohne vorliegenden Rechenfehler die Rechnung nochmals, aber jetzt unter Verwendung relativistischer Formeln, durchführen.
- Lesen Sie stets nach Bearbeitung einer Teilaufgabe diese nochmals durch und stellen Sie dadurch sicher, dass Sie nicht einen Teil der Aufgabe übersehen oder vergessen haben.

- Beachten Sie die erreichbaren Bewertungseinheiten, sie sagen oft viel über den erwarteten Umfang einer Antwort. Üblicherweise werden Zeichnungen wegen des zeitlichen Aufwandes reichlich bepunktet (gelegentlich darf man sich aber auch wundern, wie vergleichsweise leicht auch mal viele Punkte verdient sind). Diese Information sollte Sie also stets interessieren, aber niemals aus der Ruhe bringen.
- Gelegentlich raufen sich die Kursleiter bei der Eröffnung der Abituraufgaben die Haare, weil einzelne „schöne" Themen durch einen kantigen Einstieg erschwert werden. Sollte ausgerechnet in Ihrem Jahrgang dieser Fall eintreten, dann lassen Sie sich durch eine unverständliche Aufgabe 1 a nicht verunsichern, sondern versuchen Sie einstweilen eine andere Teilaufgabe. Üblicherweise werden auch bei Weiterverwendung von Zwischenergebnissen diese meist angegeben, sodass dieses Verfahren erfreulich oft möglich ist.
- Sollte eine Aufgabenstellung tatsächlich eine Wissenslücke bei Ihnen derart treffen, dass Sie keinerlei Vorstellung von einem möglichen Lösungsweg haben, dann sollten Sie umgehend die Formelsammlung oder Merkhilfe zur Hand nehmen, im Stichwortregister (hinten!) geeignete Schlagwörter finden und die entsprechenden Seiten durchsehen: Oftmals bietet sich bei den gegebenen und der gesuchten Größe nur eine Formel zur Lösung der Aufgabe an.
- Für die Vorbereitungsphase hat sich bewährt: Bearbeiten Sie so viele Übungs- und abiturähnliche Aufgaben wie möglich; das vorliegende Buch bietet Ihnen hier eine Fülle an Material. Am besten stellen Sie für die Osterferien vor dem Abitur einen tagesgenauen Zeitplan auf, wann Sie welches Thema bearbeiten. Dabei ist es sinnvoll, zunächst nacheinander einzelne Themen des gleichen Bereiches zu bearbeiten, dann abwechselnd aus verschiedenen Bereichen, daraufhin dann zwei Themen wie im „Ernstfall", aber zunächst ohne Zeitlimit, und schließlich dann mit der Zeitbegrenzung. Lassen Sie sich evtl. auch von jemand anderem zwei noch nicht bearbeitete Aufgaben auswählen, die Sie dann lösen. Sie sollten dann bei dem ersten Blick auf die „echten" Abituraufgaben das Gefühl haben, diese schon lange zu kennen. Dann war die Vorbereitung sicherlich ausreichend und Sie müssen die Früchte Ihrer Arbeit nur noch ernten!

Operatoren

Aus der **Aufgabenformulierung** kann im Allgemeinen auf die Art und den Umfang der zu erbringenden Leistung geschlossen werden. Sie sollten sich deshalb bei der Vorbereitung auf Ihre Prüfung mit den üblichen „Signalwörtern", den sogenannten Operatoren, vertraut machen (siehe Zusammenstellung auf den folgenden Seiten). Wenn also beispielsweise „Zeichnen Sie …" verlangt ist, müssen Sie eine möglichst exakte Darstellung anfertigen, eine einfache Skizze reicht dann nicht aus.

Operator	Bedeutung	Beispiel
analysieren	gegebene Quellen auf ihren Nutzen bei der Lösung eines Problems hin untersuchen	Analysieren Sie die Aussagen Einsteins im Hinblick auf die Vorstellungen vom Licht.
angeben, formulieren	bekannte Inhalte wiederholen oder zusammenfassen	Geben Sie ein Beispiel für den Impulserhaltungssatz an.
anwenden	Modellvorstellungen, Gesetze und mathematische Beziehungen auf vorgegebene, auch neue Sachverhalte übertragen	Wenden Sie den Energie- und den Impulserhaltungssatz an.
auswerten	Ergebnisse von Experimenten mit vorgegebenen Fragestellungen festhalten und einordnen	Werten Sie die Ergebnisse bezüglich ihrer Genauigkeit.
berechnen	Angabe der Maßzahl einer Größe oder eines geeigneten Terms, wobei auf dem Weg ein exaktes analytisches Verfahren zu nutzen ist	Berechnen Sie die Gravitationsfeldstärke 5 000 km über der Erdoberfläche.
beschreiben	Merkmale, Eigenschaften, Vorgänge oder Zusammenhänge durch umfassende Angaben zusammenhängend und geordnet darstellen	Beschreiben Sie das experimentelle Vorgehen bei der Bestimmung der spezifischen Ladung des Elektrons ($\frac{e}{m}$).
bestimmen, ermitteln	Angabe der Maßzahl einer Größe oder eines Terms, wobei ein Näherungsverfahren (z. B. Auszählung der Fläche) genutzt werden kann	Ermitteln Sie die Volumenarbeit unter den gegebenen Isothermen.
bezeichnen, beschriften, benennen	Bestandteile von Versuchsaufbauten und Schemata kenntlich machen	Beschriften Sie das Energieniveauschema.
darstellen, zeichnen	Sachverhalte beschreiben und durch eine vorgegebene Darstellungsform veranschaulichen	Stellen Sie den Zusammenhang in einem t-s-Diagramm grafisch dar.
definieren	einen Begriff durch die Angabe seiner wesentlichen Merkmale eindeutig bestimmen	Definieren Sie den Begriff Strahlung.
erklären, begründen	eine bestimmte Erscheinung zusammenhängend und geordnet darstellen; die Angabe der Bedingungen und der wirkenden Gesetze ist notwendig.	Erklären Sie an zwei Beispielen die grundsätzlichen Wirkmechanismen bei der Induktion einer elektr. Spannung.
erläutern	Sachverhalte (Vorgänge, Arbeitsweisen) unter Angabe zusätzlicher Informationen (Beispiele, Fakten) anschaulich und verständlich darstellen	Erläutern Sie mithilfe einer geeigneten Skizze die Funktionsweise einer Elektronenstrahlröhre.
erläutern, diskutieren	Eigene Gedanken zu einer Problemstellung entwickeln und zu einem begründeten Urteil kommen	Diskutieren Sie den Einsatz von radioaktiven Präparaten in der Medizin.

Operator	Bedeutung	Beispiel
experimentieren	Planmäßige und zielgerichtete praktische Untersuchung eines zumeist vorgegebenen Problemfeldes, indem die Messwerte erfasst und ausgewertet und die Ergebnisse systematisiert werden	Bestimmen Sie experimentell die Wärmekapazität des vorgegebenen Kalorimeters.
interpretieren	mögliche Ursachen und Bedingungen für bestimmte Erscheinungen darstellen und Zusammenhänge verdeutlichen	Interpretieren Sie das Ergebnis des Franck-Hertz-Versuchs.
kennzeichnen, charakterisieren, identifizieren	Das Typische und Wesentliche eines Sachverhalts nach bestimmten Gesichtspunkten benennen und beschreiben	Charakterisieren Sie die Kopplungsarten zwischen zwei Schwingkreisen.
nachweisen	Argumente anführen oder experimentell erfassen, die aufzeigen, dass eine Aussage richtig ist. Häufig ist der Nachweis auch über eine mathematische Betrachtung oder Herleitung zu führen.	Weisen Sie experimentell nach, dass die Wurfweite s_W beim schrägen Wurf der folgenden Gleichung genügt: $s_W = \frac{v_0^2 \cdot \sin(2\alpha)}{g}$
nennen, aufzählen	Fakten, Begriffe, Namen ohne weitere Erläuterung wiedergeben	Nennen Sie die Newton'schen Axiome.
vergleichen	Gemeinsamkeiten und /oder Unterschiede feststellen und eventuell Schlussfolgerungen ableiten	Vergleichen Sie den experimentellen Wert mit dem Wert aus dem Tafelwerk.
werten, bewerten, beurteilen, entscheiden	Die Bedeutung von Prozessen oder Aussagen für den Menschen aus aktueller oder historischer Sicht benennen und ein begründetes Urteil abgeben	Bewerten Sie den Vorschlag, alle Atomkraftwerke auf der Welt innerhalb kürzester Zeit vom Netz zu nehmen.

Zum Umgang mit diesem Buch

Im Anschluss an diese Hinweise finden Sie die vollständigen **Abiturprüfungsaufgaben der Jahrgänge 2011 bis 2015**. Auf alle Einzel- und Gesamtaufgaben folgen im Anschluss an die Aufgabenstellung separate Tipps und Hinweise zu sämtlichen Teilaufgaben sowie komplett ausgearbeitete Musterlösungen mit Erläuterung des Lösungswegs.

Die **Tipps und Hinweise** helfen Ihnen, die Aufgaben **möglichst selbstständig** zu lösen – für die Vorbereitung auf die Prüfung ist es wichtig, dass Sie versuchen, allein mit der Aufgabenstellung zu Recht zu kommen. Nutzen Sie daher immer zuerst die Tipps, wenn Sie bei der Lösung der einzelnen Teilaufgaben ins Stocken geraten – Sie erhalten dann einen **Denkanstoß**, der Ihnen weiterhilft. Gehen Sie dabei schrittweise vor, d. h. lesen Sie den jeweiligen Tipp erst bei Bedarf.

Die **Musterlösung** dient zum einen zur **Kontrolle**, ob Sie die Aufgabe richtig und vollständig gelöst haben, zum anderen gibt Sie Ihnen eine ausführliche **Hilfestellung**,

wenn Sie trotz der Tipps Schwierigkeiten bei der Bearbeitung haben (Tipps und Kommentare sind durch das Symbol am linken Textrand gekennzeichnet).
Sie sollten Ihr Lern- und Übungspensum so planen, dass Sie zu Beginn Ihrer Vorbereitung mithilfe der thematisch orientierten Übungsaufgaben den Prüfungsstoff nach Ihrem persönlichem Bedarf wiederholen und festigen; der überschaubare Umfang der Aufgaben erleichtert Ihnen den Einstieg und führt zu raschem Trainingserfolg. Anschließend sollten Sie die abiturähnlichen Aufgaben angehen. Am Ende Ihrer Prüfungsvorbereitung sollten Sie in der Lage sein, die vollständigen Prüfungsaufgaben weitgehend ohne Hilfestellung und in der vorgesehenen Zeit zu lösen.

Abitur Physik (Bayern) 2011
Themenbereich I: Elektromagnetische Felder, Relativitätstheorie

Aufgabenvorschlag 1

1. **Elektrisches Feld**

In der Mitte eines Plattenkondensators befindet sich eine ungeladene Hohlkugel aus Metall. Die linke Platte des Kondensators ist positiv, die rechte negativ geladen.

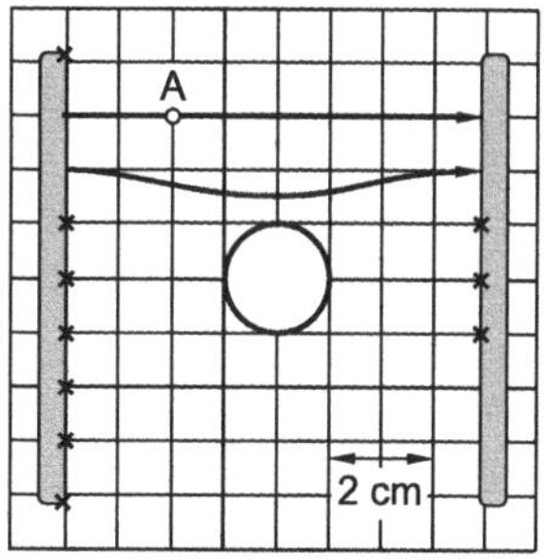

Abb. 1

a) Übertragen Sie die Skizze unter Beachtung der Längenangabe auf Ihr Blatt und kennzeichnen Sie die Ladungsverteilung auf der Kugel, die sich aufgrund von Influenz ergibt. (3 BE)

b) Wegen der Metallkugel und des großen Plattenabstands ist das elektrische Feld nicht homogen. Vervollständigen Sie das Feldlinienbild, indem Sie die Feldlinien einzeichnen, die an den zehn mit einem Kreuz markierten Stellen beginnen oder enden. (4 BE)

Das elektrische Potenzial soll auf der linken Platte den Wert +200 V und auf der rechten –200 V haben.

c) Begründen Sie, dass am Punkt A das Potenzial etwa den Wert +100 V hat, und zeichnen Sie die durch A verlaufende Äquipotenziallinie ein. (5 BE)

d) Ein positiv geladener Probekörper mit der Ladung $5{,}0 \cdot 10^{-11}$ C soll im Kondensator bewegt werden. Berechnen Sie die Arbeit, die aufgewendet werden muss, um den Körper entlang einer Feldlinie von der rechten zur linken Platte zu bringen.
Begründen Sie, warum im Gegensatz dazu bei der Bewegung längs einer Äquipotenziallinie keine Arbeit verrichtet wird. (5 BE)

2. **Ionentherapie**

In der Medizin werden bei der Krebstherapie hochenergetische Ionen verwendet. Dazu werden beispielsweise vorbeschleunigte Kohlenstoffionen ($m_0 = 1{,}99 \cdot 10^{-26}$ kg) in einem ringförmigen Beschleuniger (Synchrotron) so weit beschleunigt, dass sie die für die jeweilige Therapie erforderliche Energie besitzen. Um das Synchrotron durchlaufen zu können, muss der Ionenstrahl durch Magnete umgelenkt werden.

a) Erklären Sie unter Zuhilfenahme einer Skizze, warum Ionen in einem homogenen Magnetfeld bei geeigneter Feldrichtung einen Kreisbogen durchlaufen. (4 BE)

Für eine bestimmte Therapie sollen Kohlenstoffionen mit der Geschwindigkeit $v = 0{,}73\ c$ eingesetzt werden.

b) Berechnen Sie die relativistische Masse m und die kinetische Energie (in GeV) eines solchen Kohlenstoffions.
[Zur Kontrolle: $m = 2{,}9 \cdot 10^{-26}$ kg] (5 BE)

Um die angegebene hohe Endgeschwindigkeit zu erreichen, durchlaufen die zunächst noch unvollständig ionisierten Kohlenstoffionen beim Eintritt in das Synchrotron eine sogenannte Stripperfolie, in der die restliche Elektronenhülle vollständig abgestreift wird.

c) Die nun vollständig ionisierten Kohlenstoffionen sollen mit $v = 0{,}73\ c$ einen Kreisbogen mit dem Radius $r = 4{,}4$ m durchlaufen.
Berechnen Sie die dazu erforderliche magnetische Flussdichte B. (5 BE)

d) Erläutern Sie, warum sich die Verwendung der Stripperfolie günstig in Bezug auf Platzbedarf und Kosten beim Bau des Synchrotrons auswirkt. (4 BE)

3. **Spulenexperimente**

Eine Spule mit vernachlässigbarem ohmschen Widerstand, in die ein Eisenkern eingeführt werden kann, wird mit einem Widerstand R in Reihe geschaltet. Die elektrische Quelle liefert eine konstante Spannung von 10 V. Beim Einschaltvorgang wird die Stromstärke in Abhängigkeit von der Zeit aufgenommen. Es wird sowohl eine Messung ohne als auch eine Messung mit Eisenkern durchgeführt. Man erhält die beiden Messkurven im nebenstehenden Diagramm.

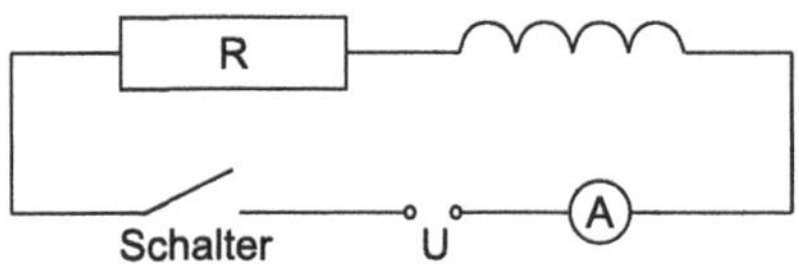

Abb. 2

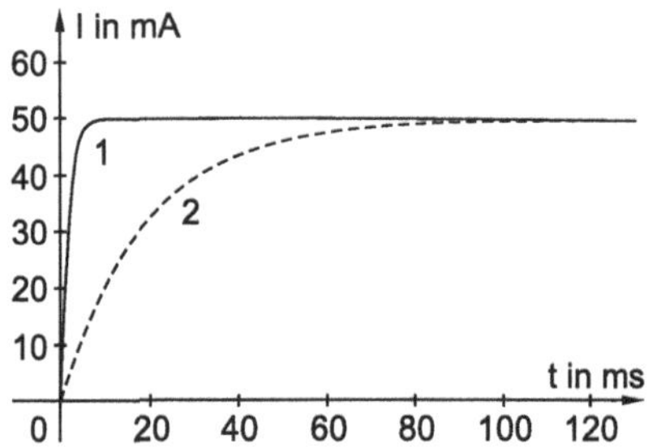

Abb. 3

a) Erklären Sie, weshalb in beiden Fällen die Stromstärke nicht sofort ihren Maximalwert erreicht.
Entscheiden und begründen Sie, bei welcher Messung der Eisenkern verwendet wurde. (6 BE)

b) Begründen Sie, warum sich in beiden Fällen nach einiger Zeit die gleiche Stromstärke einstellt.
Bestimmen Sie mithilfe des Diagramms die Größe des verwendeten Widerstands R. (5 BE)

Die Spule besitzt mit Eisenkern eine Induktivität von 3,8 H. Aus dieser Spule und einem Kondensator soll ein Schwingkreis mit der Schwingungsdauer 20 ms aufgebaut werden.

c) Berechnen Sie, welche Kapazität der Kondensator haben muss. (5 BE)

Der Kondensator wird auf 10 V aufgeladen, von der Quelle getrennt und mit der Spule verbunden.

d) Skizzieren Sie das zu erwartende t-U_C-Diagramm für die ersten 40 ms, wobei U_C die Spannung am Kondensator ist.
Geben Sie zudem die Periodendauer für die im Kondensator gespeicherte Energie an. (6 BE)

e) Der Eisenkern wird nun aus der Spule entfernt. Erklären Sie, wie sich dies qualitativ auf die Frequenz der Schwingung auswirkt. (3 BE)

(60 BE)

Tipps und Hinweise

Tipps zu Teilaufgabe 1 a

- Die Polung des Kondensators ist angegeben.
- Influenz → Ladungstrennung

Tipps zu Teilaufgabe 1 b

- Elektrische Feldlinien stehen immer senkrecht auf Metallflächen und enden dort.
- Nutzen Sie zum Zeichnen der Feldlinien die hohe Symmetrie der Anordnung aus.

Tipps zu Teilaufgabe 1 c

- Beachten Sie die Art der Feldlinie, auf der A liegt. Was folgt für das zugehörige Potenzial?
- Äquipotenziallinien stehen stets senkrecht auf den Feldlinien.

Tipps zu Teilaufgabe 1 d

- Für die nötige Arbeit ist die Potenzialdifferenz entscheidend.
- Sie können sich die Bewegung entlang einer Äquipotenziallinie veranschaulichen, indem Sie sie mit dem analogen mechanischen Vorgang „Wandern entlang einer Höhenlinie am Berg“ vergleichen.

Tipps zu Teilaufgabe 2 a

- Hier geht es um die Lorentzkraft: Unter welchen Bedingungen entsteht sie? Wie wirkt sie sich auf Betrag und Richtung der Teilchengeschwindigkeit aus?
- Schlüsselbegriff: Zentripetalkraft

Tipps zu Teilaufgabe 2 b

- Rechnen Sie konsequent relativistisch.
- Es ist die kinetische, nicht die Gesamtenergie gefragt.

Tipp zu Teilaufgabe 2 c

- Verwenden Sie den in Teilaufgabe 2 a beschriebenen Kraftansatz.

Tipps zu Teilaufgabe 2 d

- Überlegen Sie die Folgen geringerer Ladung der Teilchen.
- Analysieren Sie hierzu die in Teilaufgabe 2 c verwendete Formel.

Tipps zu Teilaufgabe 3 a

- Sie können in Worten oder anhand von Formeln argumentieren.
- Schlüsselbegriffe: (Selbst-)Induktion, Regel von Lenz
- Nutzen Sie Ihre Formelsammlung.
- Welche Kenngröße der Schaltung wird durch den Eisenkern beeinflusst?

Tipps zu Teilaufgabe 3 b

- Greifen Sie Ihre Argumentation aus Teilaufgabe 3 a auf und erläutern Sie, warum der dort beschriebene Effekt zeitlich begrenzt wirksam ist.
- Die stationäre Stromstärke hängt von der angelegten Spannung U ab.

Tipp zu Teilaufgabe 3 c

- Verwenden Sie die Thomsonformel.

Tipps zu Teilaufgabe 3 d

- Welcher Funktionstyp liegt dem t-U_C-Diagramm zugrunde?
- Die Periodendauer und der Anfangswert der Spannung sind gegeben.
- Beachten Sie: Energiewerte können hier nicht negativ werden.

Tipp zu Teilaufgabe 3 e

- Der Eisenkern erhöht die Induktivität L der Spule.

Lösungen zum Aufgabenvorschlag 1

1. Abb. 4 zeigt die gemäß den Teilaufgaben a–c ergänzte Skizze aus Abb. 1.

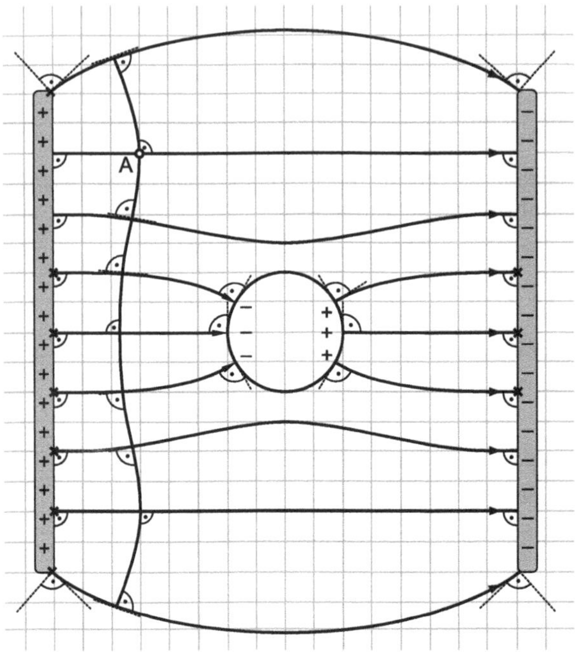

Abb. 4

a) Aufgrund der **Influenz** müssen sich auf der linken, der positiv geladenen Kondensatorplatte zugewandten Kugelhälfte negative Ladungen sammeln, auf der rechten Kugelhälfte positive Ladungen.

b) Die **Feldlinien** stehen immer senkrecht auf den Leiterflächen und enden beim Metall.

c) In der unmittelbaren Nähe der (geraden) Feldlinie durch A ist das Feld nahezu homogen, das Potenzial nimmt also proportional zum Plattenabstand ab. Bei einem Plattenabstand von 8 cm und dem Potenzial +200 V auf der linken Platte ergibt sich im Abstand 2 cm von dieser Platte bei A das **Potenzial** +100 V, weil entlang dieser Feldlinie je cm genau 50 V Potenzialdifferenz auftreten. Die **Äquipotenziallinie durch A** schneidet auch die übrigen Feldlinien senkrecht.

d) Die **Arbeit** bzw. potenzielle Energie E, die zum Transport der Ladung Q aufgewendet werden muss, hängt definitionsgemäß über

$$\Delta\varphi = \frac{E}{Q}$$

mit der Potenzialdifferenz zusammen. Diese beträgt für den Weg von der rechten zur linken Platte $\Delta\varphi = 200\text{ V} - (-200\text{ V}) = 400\text{ V}$, sodass folgt:

$$E = \Delta\varphi \cdot Q = 400\text{ V} \cdot 5{,}0 \cdot 10^{-11}\text{ C} = \underline{\underline{2{,}0 \cdot 10^{-8}\text{ J}}}$$

Bei der **Bewegung entlang einer Äquipotenziallinie** wird keine Potenzialdifferenz überwunden, die potentielle Energie bleibt gleich und es ist keine Zufuhr von Arbeit notwendig.

Beachten Sie, dass für die Arbeit nur die Lage von Anfangs- und Endpunkt des „begangenen“ Weges – eben die Potenzialdifferenz – wesentlich ist; auf *welchem* Weg Sie die Ladung zum Endpunkt transportieren, ist unerheblich.

2. a) Ladungsträger wie z. B. Ionen, die sich in einem magnetischen Feld senkrecht zu den Feldlinien bewegen, erfahren die **Lorentzkraft**, die stets sowohl auf der augenblicklichen Geschwindigkeitsrichtung (Stromrichtung) als auch auf der Feldrichtung senkrecht steht. Sie ändert damit nur die Richtung der Teilchengeschwindigkeit, nicht aber deren Betrag, und wirkt als Zentripetalkraft, die das Teilchen auf eine **Kreisbahn** zwingt. In der Skizze der Abb. 5 ergibt sich gemäß der Dreifingerregel der rechten Hand bei senkrecht in die Zeichenebene hinein zeigenden Feldlinien (Kreuze) und senkrecht nach oben fliegenden Ionen eine kreisförmige Bahn nach links.

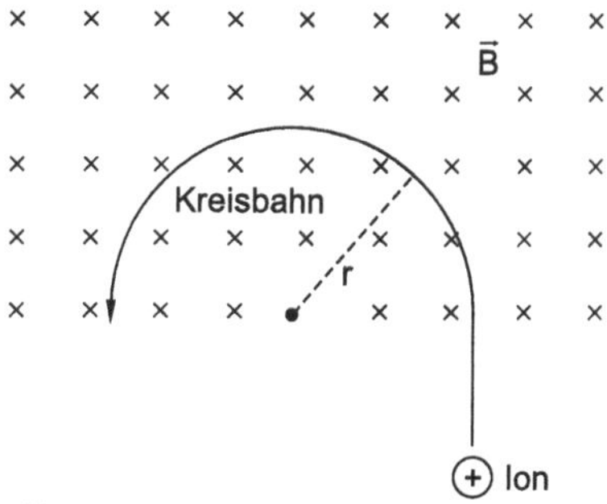

Abb. 5

b) Mithilfe der relativistischen Massenformel erhält man für die **relativistische Masse**:

$$m = \frac{m_0}{\sqrt{1-\frac{v^2}{c^2}}} = \frac{1{,}99 \cdot 10^{-26}\text{ kg}}{\sqrt{1-0{,}73^2}} = 1{,}46 \cdot m_0 \approx \underline{\underline{2{,}9 \cdot 10^{-26}\text{ kg}}}$$

Aus der Gesamtenergie $E = m \cdot c^2$ ergibt sich die **kinetische Energie** durch Subtraktion der Ruheenergie:

$$E_{kin} = E - E_0 = (m - m_0) \cdot c^2 = (2{,}9 - 1{,}99) \cdot 10^{-26}\text{ kg} \cdot \left(3{,}0 \cdot 10^8\,\frac{\text{m}}{\text{s}}\right)^2$$
$$= 8{,}3 \cdot 10^{-10}\text{ J} = \underline{\underline{5{,}2\text{ GeV}}}$$

c) Für die Lorentzkraft als Zentripetalkraft gilt die Beziehung

$$\frac{m \cdot v^2}{r} = Q \cdot v \cdot B. \qquad (*)$$

Aufgelöst nach der **magnetischen Flussdichte** und mit der Ladung 6e der vollständig elektronenfreien Kohlenstoffionen ergibt das

$$B = \frac{m \cdot v}{6e \cdot r} = \frac{2{,}9 \cdot 10^{-26}\,\text{kg} \cdot 0{,}73 \cdot 3{,}0 \cdot 10^{8}\,\frac{\text{m}}{\text{s}}}{6 \cdot 1{,}6 \cdot 10^{-19}\,\text{As} \cdot 4{,}4\,\text{m}} = \underline{\underline{1{,}5\,\text{T}}}.$$

d) Die Wirkung der Stripperfolie besteht darin, die übrigen Elektronen abzustreifen und damit die Ladung Q der Teilchen zu erhöhen. Bringt man in der Formel (*) r und B auf eine Seite,

$$r \cdot B = \frac{m \cdot v}{Q} \quad \Rightarrow \quad r \cdot B \sim \frac{1}{Q},$$

sieht man die Vorteile der Stripperfolie: Je größer die Teilchenladung ist, desto kleiner kann der nötige Bahnradius und/oder die Magnetfeldstärke ausfallen (Teilchenmasse und -geschwindigkeit bleiben beim Abstreifen der Elektronenhülle praktisch konstant). Kleinerer Radius bedeutet geringere Baugröße des Synchrotrons, schwächeres Magnetfeld bedeutet, dass billigere Magneten reichen. **Die Folie spart also Platz und Kosten**.

3. a) *Lösungsweg 1 über Lenz'sche Regel*

Der Grund für den nicht sofort in voller Stärke fließenden Strom ist die Induktionswirkung der Spule: In ihr baut sich bei Stromdurchgang ein zur aktuellen Stromstärkeänderung proportionales magnetisches Feld aufbaut, das nach der Lenz'schen Regel seiner Ursache entgegenwirkt, also eine Gegenspannung induziert; ein Gegenstrom ist die Folge. Dieser hemmende Effekt ist unmittelbar nach dem Einschalten am größten und wird dann kleiner, weil sich in Bilanz die Gesamtstromstärkeänderung nach und nach verringert.

Lösungsweg 2 über Induktionsgesetz (Formelsammlung)

Grundsätzlich gilt für die an einer Spule mit Windungszahl N auftretende Induktionsspannung

$$U_{ind} = -N \cdot \frac{d\Phi}{dt}$$

mit dem magnetischen Fluss $\Phi = B \cdot A$. Die Flussänderung erfolgt – weil die Querschnittsfläche A gleich bleibt – durch die Änderung der magnetischen Flussdichte B, die wiederum von der Stärke des Spulenstroms abhängt. Insgesamt erhält man den Zusammenhang

$$U_{ind} = -L \cdot \frac{dI}{dt}$$

für die sogenannte Selbstinduktion der Spule (L: Induktivität). Die Induktionsspannung führt zu einem zeitabhängigen Gegenstrom und insgesamt zu einer verzögert anwachsenden Gesamtstromstärke.

Lösungsweg 3 über Formel für den Einschaltvorgang (Formelsammlung)
Es ist

$$I(t) = \frac{U}{R} \cdot \left(1 - e^{-\frac{t}{\tau}}\right) \quad \text{mit } \tau = \frac{L}{R}.$$

Die verlangsamte Zunahme liegt also am Subtrahenden im Klammerterm, der Effekt ist umso stärker, je größer L und je kleiner R ist.

Zuordnung der Kurven
Der Eisenkern erhöht die Induktivität L der Spule und verstärkt damit den hemmenden Effekt der Induktionswirkung. d. h. die Stromstärke steigt langsamer an als bei der Messung ohne Eisenkern; die zugehörige Messkurve dazu trägt die Nummer 2.

b) *Lösungsweg 1 (in Fortsetzung der Lösungswege 1 und 2 aus 3 a)*
Der Einfluss der Induktionswirkung der Spule sinkt in beiden Fällen (wenn auch verschieden schnell) auf null, sodass sich nach einiger Zeit die gleiche Stromstärke einstellt.

Lösungsweg 2 (in Fortsetzung des Lösungswegs 3 aus 3 a)
Aus der Gleichung

$$I(t) = \frac{U}{R} \cdot \left(1 - e^{-\frac{t}{\tau}}\right) \quad \text{mit } \tau = \frac{L}{R}$$

für den Einschaltvorgang ist ersichtlich, dass der asymptotisch angestrebte Grenzstrom in beiden Fällen, also unabhängig von L, gleich stark ist:

$$\lim_{t \to \infty} I(t) = \frac{U}{R} \cdot \left(1 - e^{-\frac{t}{\tau}}\right) = \frac{U}{R}$$

Ohmscher Widerstand
Liest man die Grenzstromstärke 50 mA aus dem Diagramm ab und verwendet die angegebene Versorgungsspannung von 10 V, ergibt sich:

$$R = \frac{U}{I} = \frac{10\,\text{V}}{0{,}050\,\text{A}} = \underline{\underline{0{,}20\,\text{k}\Omega}}$$

c) Die erforderliche **Kapazität** des Kondensators berechnet man mit der Thomsonformel für die Schwingungsdauer T:

$$T = 2\pi \cdot \sqrt{L \cdot C}$$

$$\Rightarrow \quad C = \frac{\left(\frac{T}{2\pi}\right)^2}{L} = \frac{\left(\frac{0{,}020\,\text{s}}{2\pi}\right)^2}{3{,}8\,\text{H}} = \underline{\underline{2{,}7 \cdot 10^{-6}\,\text{F} = 2{,}7\,\mu\text{F}}}$$

d) **t-U_C-Diagramm**
Da der Kondensator zunächst (t = 0) aufgeladen ist, beginnt die Kurve bei $U_C(0\,s) = 10\,V$, sie ist kosinusförmig. Die Periodendauer T = 20 ms ist gegeben.

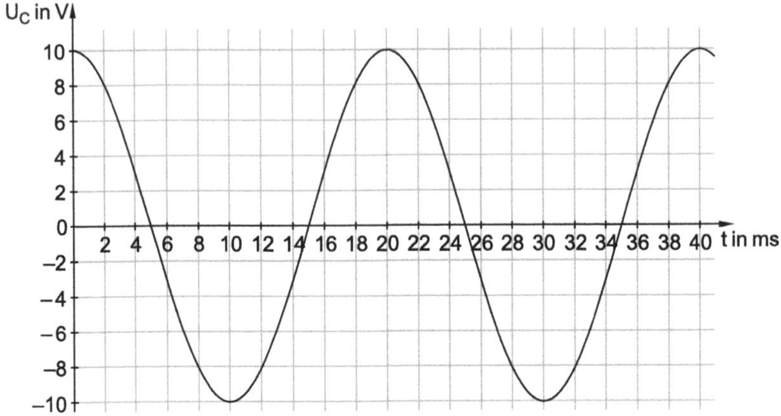

Abb. 6

Für die im Kondensator gespeicherte **Energie** spielt das Vorzeichen der Spannung keine Rolle (sie wird quadriert!). Die Periodendauer ist damit halb so groß wie die Dauer der Spannungsperiode und liegt bei

$$T_E = \underline{\underline{10\,ms.}}$$

e) An der Thomsonformel $T = 2\pi \cdot \sqrt{L \cdot C}$ (vgl. Teilaufgabe 3 c) erkennt man, dass bei Herausziehen des Eisenkerns und damit Verkleinerung der Induktivität L die Schwingungsdauer kleiner und die **Frequenz** damit **größer** wird.

Aufgabenvorschlag 2

1. **Elektroskop und Plattenkondensator**
   Ein Elektroskop ist, wie in der Skizze gezeigt, mit der Metallplatte 1 verbunden. Elektroskop und Platte 1 sind ungeladen.

   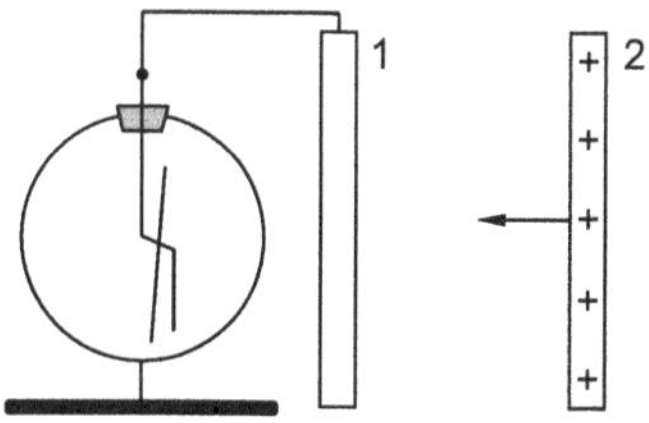

   Abb. 1

   a) Beschreiben Sie das Verhalten des Elektroskops, wenn die zunächst weit entfernte, positiv geladene Metallplatte 2 von rechts angenähert wird.
   Erklären Sie diesen Effekt. (4 BE)

   Die beiden quadratischen Platten werden nun ohne das Elektroskop so als Plattenkondensator aufgestellt, dass die Platten parallel zur Erdoberfläche liegen. Die Seitenlänge der Platten beträgt 20 cm, ihr Abstand 2,5 cm. An diesen Kondensator wird eine Spannung von 1,4 kV angelegt.

   b) Berechnen Sie die Kapazität und die Ladung des Kondensators. (5 BE)

   Im Kondensator wird ein negativ geladenes Styroporkügelchen der Masse 0,25 mg in der Schwebe gehalten.

   c) Erstellen Sie eine Skizze des Kondensators mit dem Kügelchen und tragen Sie die elektrischen Feldlinien, die Polarität der Platten sowie die am Kügelchen angreifenden Kräfte ein. (4 BE)
   d) Berechnen Sie die Ladung des Kügelchens. (4 BE)
   e) Welchen Einfluss hätte ein zusätzlich vorhandenes Magnetfeld auf das schwebende Kügelchen? Kurze Begründung! (2 BE)

2. **Teilchenbeschleuniger**
   a) Erklären Sie Aufbau und Funktionsweise eines Zyklotrons anhand einer beschrifteten Skizze. (8 BE)
   b) Die magnetische Flussdichte in einem Zyklotron beträgt 0,78 T. Berechnen Sie den maximalen Durchmesser der Bahn von Protonen, die in diesem Zyklotron auf 10 % der Lichtgeschwindigkeit beschleunigt werden. (5 BE)
   c) Erklären Sie, warum ein klassisches Zyklotron für die Beschleunigung der Teilchen auf größere Geschwindigkeiten als 0,10 c nicht geeignet ist. (4 BE)
   d) In einem anderen Beschleunigertyp können Protonen hingegen auf eine kinetische Energie von 4,4 GeV beschleunigt werden. Bestimmen Sie die relativistische Masse dieser Protonen (in Vielfachen ihrer Ruhemasse) sowie ihre Geschwindigkeit. (8 BE)

3. **Interferenz mit Mikrowellen**
Die nebenstehende Abbildung zeigt von oben betrachtet eine Doppelspaltanordnung mit drei Metallplatten. Im Punkt S befindet sich ein Mikrowellensender der Wellenlänge $\lambda = 4{,}0$ cm, der von beiden Spalten gleich weit entfernt ist. Die mittlere Platte ist 28 cm, die beiden Spalte sind jeweils 2,0 cm breit.

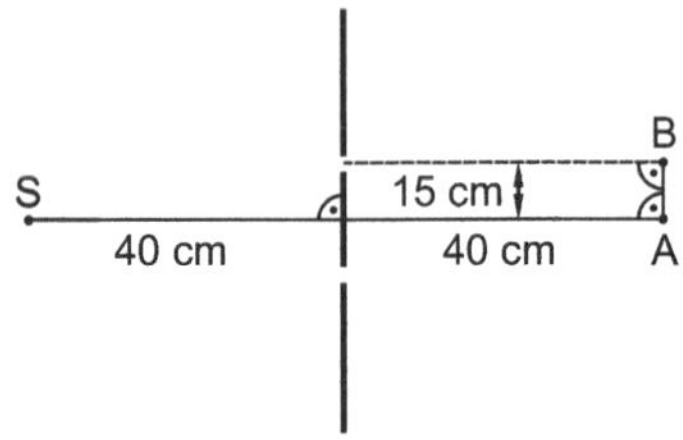

Abb. 2

a) Zunächst werden beide Spalte mit zusätzlichen schmalen Metallplatten verschlossen, sodass eine durchgehende Metallwand entsteht. Ein Empfänger wird auf der Geraden SA von S aus zur mittleren Platte hin bewegt. In regelmäßigen Abständen registriert man Empfangsminima. Erklären Sie dieses Phänomen und bestimmen Sie den Abstand zweier aufeinanderfolgender Minima. Berechnen Sie zudem die Frequenz der verwendeten Mikrowellenstrahlung. (6 BE)

Nun werden die schmalen Metallplatten entfernt und somit die beiden Spalte geöffnet.

b) Stellt man den Empfänger nun im Punkt A auf, so registriert man maximalen Empfang, obwohl die Strahlung nicht direkt durch die mittlere Metallplatte von S nach A gelangen kann.
Erklären Sie diese Beobachtung. (4 BE)

c) Zeigen Sie durch Rechnung, dass man hingegen minimalen Empfang hat, wenn der Empfänger im Punkt B aufgestellt wird. (6 BE)

(60 BE)

Tipps und Hinweise

Tipps zu Teilaufgabe 1 a

- Geben Sie zunächst an, was zu beobachten ist.
- Schlüsselbegriff für die Erklärung: Influenz

Tipp zu Teilaufgabe 1 b

- Verwenden Sie Grundformeln: Kapazität eines Plattenkondensators; Definition der Kapazität.

Tipp zu Teilaufgabe 1 c

- Im Schwebezustand herrscht Kräftegleichgewicht.

Tipp zu Teilaufgabe 1 d

- Verwenden Sie als Ansatz das Kräftegleichgewicht.

Tipp zu Teilaufgabe 1 e

- Lorentzkräfte treten bei bewegten Ladungen auf.

Tipp zu Teilaufgabe 2 a

- Schlüsselbegriffe: Magnetfeld, Duanten, Wechselspannung, Lorentzkraft

Tipps zu Teilaufgabe 2 b

- Verwenden Sie einen Kraftansatz. (Die Lorentzkraft zwingt die Teilchen auf eine Kreisbahn).
- Rechnen Sie trotz der Grenzsituation nichtrelativistisch.
- Es ist nach dem Durchmesser gefragt.

Tipps zu Teilaufgabe 2 c

- Zeigen Sie, dass im nichtrelativistischen Fall die Flugzeit je Halbkreis unabhängig vom Bahnradius immer gleich ist.
- Was passiert für Geschwindigkeiten $v > 0{,}1\,c$?

Tipps zu Teilaufgabe 2 d

- Setzen Sie den gegebenen Wert der kinetischen Energie in die relativistische Energiegleichung ein.
- Sie sollen das die Masse in Vielfachen der Ruhemasse angeben.
- Stellen Sie die Grundformel für die relativistische Masse nach v um.
  (Die Angabe in Einheiten von c ist sinnvoll.)

Tipps zu Teilaufgabe 3 a

- Bei der Reflexion an der Metallwand tritt ein charakteristisches Wellenphänomen auf. Benennen Sie zunächst diese „Wellenform“ (die genau genommen eine Schwingung ist).
- Entscheidend für den Abstand der Minima sind die sich ausbildenden Wellenknoten.
- Die Frequenz lässt sich aus der Lichtgeschwindigkeit und der gegebenen Wellenlänge berechnen.

Tipps zu Teilaufgabe 3 b und 3 c

- Schlüsselbegriffe: konstruktive und destruktive Interferenz, Gangunterschied
- Berechnungshilfe: Satz von Pythagoras

Lösungen zum Aufgabenvorschlag 2

1. a) *Beobachtung:* Die Nadel des Elektroskops schlägt aus.

   Erklärung: Wird die positiv geladene Platte 2 von rechts an die zunächst ungeladene Platte 1 herangeführt, tritt zunehmend **Influenz** auf: Die positiven Ladungen auf Platte 2 stoßen die positiven Ladungen auf Platte 1 ab und ziehen die negativen dort an. Das hat zur Folge, dass ein Teil der positiven Ladungen von Platte 1 über die Zuleitung auf das Elektroskop links ausweicht und umgekehrt auch negative Ladungen vom Elektroskop auf die Platte 1 wandern. Auf diese Weise wird das Elektroskop positiv, die Platte 1 negativ aufgeladen.

   b) Mit der Formel für die **Kapazität** eines Plattenkondensators erhält man:

$$C = \varepsilon_0 \cdot \frac{A}{d} = 8{,}85 \cdot 10^{-12} \frac{C}{Vm} \cdot \frac{(0{,}20\ m)^2}{0{,}025\ m} = \underline{\underline{1{,}4 \cdot 10^{-11}\ F = 14\ pF}}$$

   Als **Ladung** des Kondensators ergibt sich damit wegen $C = \frac{Q}{U}$ der Wert

$$Q = C \cdot U = 1{,}4 \cdot 10^{-11}\ F \cdot 1{,}4 \cdot 10^3\ V = \underline{\underline{2{,}0 \cdot 10^{-8}\ C}}$$

   c) Abb. 3 zeigt die **Skizze** des Kondensators. Die Gravitationskraft wirkt nach unten, also muss bei Schwebezustand die elektrische Feldkraft nach oben gerichtet sein.

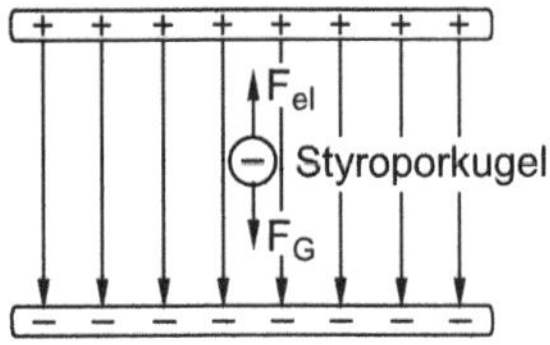

Abb. 3

   d) Die elektrische Feldkraft ist

$$F_{el} = Q \cdot E = Q \cdot \frac{U}{d},$$

   die Gewichtskraft ist $F_G = m \cdot g$. Mit dem Kräftegleichgewicht der beiden erhält man nach Umformen und Einsetzen für die **Ladung des Kügelchens**:

$$m \cdot g = Q \cdot \frac{U}{d}$$

$$\Rightarrow \quad Q = \frac{m \cdot g \cdot d}{U} = \frac{0{,}25 \cdot 10^{-6}\ kg \cdot 9{,}81 \frac{N}{kg} \cdot 0{,}025\ m}{1{,}4 \cdot 10^3\ V} = \underline{\underline{4{,}4 \cdot 10^{-11}\ C}}$$

   e) Da sich das geladene Kügelchen im Schwebezustand nicht bewegt, tritt auch keine Lorentzkraft auf. Das Magnetfeld hätte also **keinen Einfluss** auf die Gleichgewichtslage der Kugel.

2. a) Beim **Zyklotron** durchsetzt ein homogenes Magnetfeld die beiden halbzylinderförmigen Duanten D_1 und D_2 aus Metall, an die eine Wechselspannung gleichbleibender Frequenz angelegt wird. Werden nun geladene Teilchen im Punkt P freigesetzt und nach links zum Punkt Q beschleunigt (weil das elektrische Feld gerade so gepolt ist), dann erfahren sie in D_1 wegen des Magnetfeldes der Flussdichte B die Lorentzkraft und fliegen auf einer halbkreisförmigen Bahn mit Radius r_1 wieder zum Zwischenraum der Breite d.

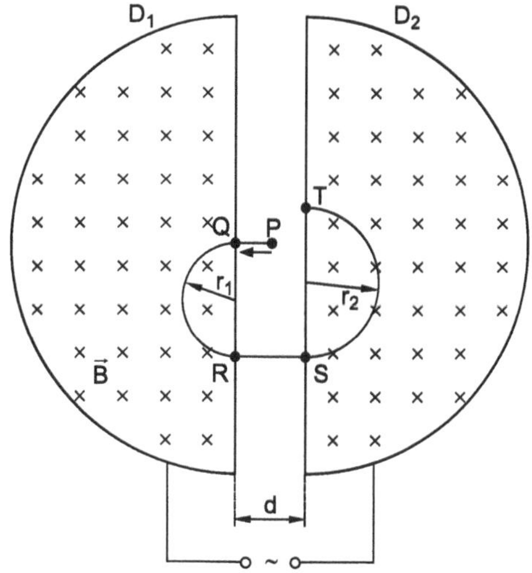

Abb. 4: Prinzipskizze für positiv geladene Teilchen

Dort bei R angekommen werden sie wegen des jetzt umgepolten elektrischen Feldes nach S weiterbeschleunigt und durchfliegen wegen der höheren Geschwindigkeit in D_2 einen größeren Halbkreis mit Radius r_2. Beim Passieren des Punktes T ist das elektrische Feld wieder so gepolt wie am Anfang und die Teilchen werden weiter nach links beschleunigt usw.

Das Gerät funktioniert für nichtrelativistische Geschwindigkeiten, weil die Flugdauer für die Halbkreisbahnen jeweils gleich ist, unabhängig vom Radius (vgl. Teilaufgabe 2 c). Die mit dem Zyklotron auf verhältnismäßig sparsam bemessenem Raum beschleunigten Teilchen werden schließlich nach vielen Runden ausgekoppelt (nicht in Abb. 4 skizziert) und fliegen dann zur weiteren Verwendung geradeaus weiter.

b) Die Lorentzkraft wirkt als Zentripetalkraft auf die Protonen:

$$F_L = F_Z \quad \Leftrightarrow \quad Q \cdot v \cdot B = \frac{m \cdot v^2}{r}$$

Mit der Endgeschwindigkeit $v = 0{,}10\,c$ erhält man für den maximal zulässigen Radius:

$$r_{max} = \frac{m_p \cdot v_{max}}{Q \cdot B} \qquad (*)$$

$$= \frac{1{,}67 \cdot 10^{-27}\,\text{kg} \cdot 0{,}10 \cdot 3{,}0 \cdot 10^8\,\frac{\text{m}}{\text{s}}}{1{,}6 \cdot 10^{-19}\,\text{C} \cdot 0{,}78\,\text{T}} = 0{,}40\,\text{m}$$

Der **maximale Bahndurchmesser** beträgt also

$$D_{max} = 2r_{max} = \underline{\underline{0{,}80\,\text{m}}}.$$

c) Die Funktionalität des klassischen Zyklotrons basiert darauf, dass die Umlaufdauer in den Duanten konstant ist und damit eine Wechselspannung konstanter Frequenz angelegt werden kann. Es gilt nämlich für die Flugdauer längs eines Halbkreises der Länge s

$$t = \frac{s}{v} = \frac{r \cdot \pi}{v}.$$

Ersetzt man darin den Bahnradius r durch den in Teilaufgabe 2 b gefundenen Term (*), bekommt man mit

$$t = \frac{m \cdot v \cdot \pi}{Q \cdot B \cdot v} = \frac{m \cdot \pi}{Q \cdot B}$$

einen Ausdruck, der nur noch von konstanten Größen abhängt – solange die Geschwindigkeit v des Teilchens im nichtrelativistischen Bereich liegt, also $v < 0{,}1\,c$ gilt. Denn dann ist die Masse des Teilchens praktisch konstant, was bei höheren Geschwindigkeiten aufgrund der **relativistische Massenzunahme** nicht mehr der Fall wäre. Sind die Teilchen zu schnell, klappt die Synchronisation zwischen den Beschleunigungs- und Halbkreisbahnphasen nicht mehr.

Um auf relativistische Geschwindigkeiten zu beschleunigen, verwendet man statt des Zyklotrons einen Linearbeschleuniger oder ein Synchrotron.

d) Für die kinetische Energie gilt im hier vorliegenden relativistischen Fall

$$E_{ges} = E_0 + E_{kin}$$

und damit für das gesuchte **Vielfache der Ruhemasse**:

$$\frac{m}{m_0} = \frac{m \cdot c^2}{m_0 \cdot c^2} = \frac{E_{ges}}{E_0} = \frac{E_{kin} + E_0}{E_0} = \frac{E_{kin}}{E_0} + 1 = \frac{4{,}4 \cdot 10^3\,\text{MeV}}{938\,\text{MeV}} + 1 = 5{,}7$$

$$\Rightarrow \quad m = \underline{\underline{5{,}7 m_0}}$$

Für die **Geschwindigkeit** folgt:

$$5{,}7 m_0 = \frac{m_0}{\sqrt{1 - \frac{v^2}{c^2}}}$$

$$\Rightarrow \quad \sqrt{1 - \frac{v^2}{c^2}} = \frac{1}{5{,}7}$$

$$\frac{v}{c} = \sqrt{1 - \frac{1}{5{,}7^2}}$$

$$v = \underline{\underline{0{,}98\,c}}$$

Die Protonen fliegen mit 98 % der Lichtgeschwindigkeit.

3. a) Bei dem auftretenden Phänomen handelt es sich um **stehende Wellen**, die sich vor der Metallwand aufbauen. Eine Viertelwellenlänge vor der Wand liegt das erste gemeinsame Maximum von einfallender und reflektierter Welle, alle halben Wellenlängen vor der Wand liegen die Minima. Zwei aufeinander folgende Minima besitzen also den Abstand

$$d = \frac{\lambda}{2} = \underline{\underline{2{,}0\,\text{cm}}}.$$

Für die **Frequenz** erhält man wegen $c = \lambda \cdot f$ den Wert

$$f = \frac{c}{\lambda} = \frac{3{,}0 \cdot 10^8\,\frac{\text{m}}{\text{s}}}{0{,}040\,\text{m}} = \underline{\underline{7{,}5 \cdot 10^9\,\text{Hz} = 7{,}5\,\text{GHz}}}.$$

b) Die Ursache für den relativ guten „Empfang" in A liegt in der **Wellennatur** der Mikrowellenstrahlung: Der geradlinige Weg ist zwar versperrt, nach dem Huygens'schen Prinzip werden aber in jedem von einer Welle getroffenen Punkt – also insbesondere in den beiden Spaltmitten – Elementarwellen erzeugt, die bis zum **Punkt A** den gleichen Weg haben. Sie **interferieren** daher **konstruktiv** und es bildet sich ein **Maximum** aus.

c) Bis zum **Punkt B** haben die beiden (synchron in den Spaltmitten startenden) Elementarwellen verschieden lange Wege zurückzulegen, nämlich 40 cm die obere und nach Pythagoras

$$\sqrt{(40\,\text{cm})^2 + (2 \cdot 15\,\text{cm})^2} = 50\,\text{cm}$$

die untere. Der Gangunterschied von 10 cm ist gerade das 2,5-Fache der Wellenlänge; das bedeutet, die beiden Wellen sind um eine halbe Wellenlänge gegeneinander verschoben. Sie **interferieren** daher **destruktiv** und es bildet sich ein **Minimum** aus.

Aufgabenvorschlag 1

1. **Der Fotoeffekt**
Ende des 19. Jahrhunderts untersuchten Heinrich Hertz und Wilhelm Hallwachs erstmals systematisch den Fotoeffekt, bei dem durch Bestrahlung mit Licht Elektronen aus Metalloberflächen herausgelöst werden.

a) Skizzieren Sie eine Versuchsanordnung, bei der mithilfe einer Vakuumfotozelle die maximale kinetische Energie $E_{k,\,max}$ von Fotoelektronen in Abhängigkeit von der Lichtfrequenz gemessen werden kann, und beschreiben Sie die Versuchsdurchführung. (7 BE)

Das in Teilaufgabe 1 a beschriebene Experiment wird mit einem speziellen Laser durchgeführt, bei dem verschiedene Lichtfrequenzen im sichtbaren Bereich eingestellt werden können.

Wellenlänge λ/nm	444	480	523	605	640
Frequenz $f/10^{14}$ Hz	6,75	6,25	5,73	4,96	4,68
$E_{k,\,max}$/eV	0,66	0,44	0,25	–	–

b) Erklären Sie mithilfe der Lichtquantenhypothese, warum bei den beiden größten Wellenlängen im Experiment kein Fotoeffekt auftritt. (6 BE)

c) Zeichnen Sie ein f-$E_{k,\,max}$-Diagramm und erklären Sie die physikalische Bedeutung der Schnittpunkte der durch die Messpunkte bestimmten Ausgleichsgeraden mit den beiden Achsen.
(Skalierung: $1 \cdot 10^{14}$ Hz $\hat{=}$ 2 cm; 1 eV $\hat{=}$ 5 cm). (6 BE)

d) Ermitteln Sie mithilfe des Diagramms aus Teilaufgabe 1 c die Planck-Konstante h. (5 BE)

e) Bei Bestrahlung mit dem grünen Laserlicht ($\lambda = 523$ nm) trifft eine Lichtleistung von 2,0 mW auf die Fotokathode. Berechnen Sie die Fotostromstärke unter der Annahme, dass nur 0,010 % der Photonen Elektronen auslösen. (6 BE)

2. **Kernfusion**

Das Hauptziel der jahrzehntelangen Kernfusionsforschung ist der Bau eines Reaktors zur großtechnischen Stromerzeugung aus der bei Fusionsreaktionen freiwerdenden Energie. Dabei spielt u. a. die Fusion von Deuterium (^2H) mit Tritium (^3H) zu Helium (^4He) eine zentrale Rolle.

$m(^2H) = 2{,}014102$ u; $m(^3H) = 3{,}016049$ u; $m(^4He) = 4{,}002603$ u;
$1\,u = 1{,}66054 \cdot 10^{-27}$ kg

a) Geben Sie die Reaktionsgleichung für den genannten Fusionsprozess an und berechnen Sie die bei dieser Reaktion frei werdende Energie Q. [Zur Kontrolle: Q = 17,6 MeV] (5 BE)

b) Bei der Planung eines Fusionsreaktors mit einer elektrischen Leistung von 1 000 MW wird ein Wirkungsgrad von 45 % zugrunde gelegt. Berechnen Sie die Masse von Deuterium und von Tritium, die im Dauerbetrieb innerhalb von 24 Stunden zu Helium fusioniert würde. (6 BE)

c) Im nachfolgenden Diagramm ist der Betrag der mittleren Bindungsenergie pro Nukleon B/A in Abhängigkeit von der Nukleonenzahl A dargestellt. (5 BE)

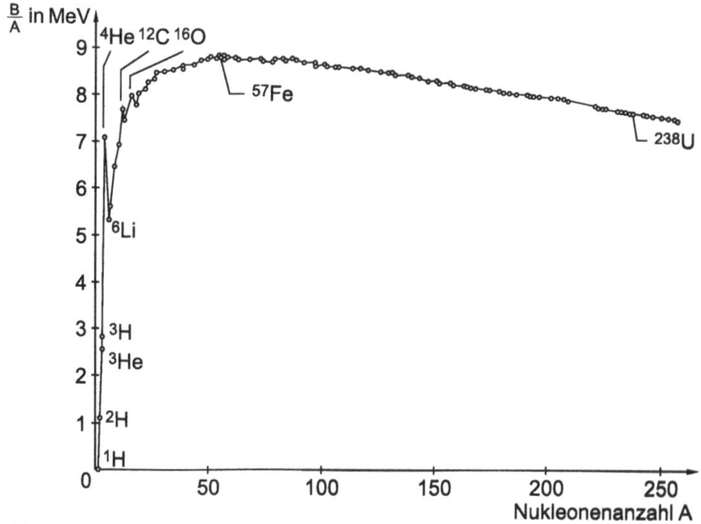

Abb. 1

Erläutern Sie mithilfe des Diagramms, dass für die Energiegewinnung durch Kernfusion nur leichte Elemente in Frage kommen.
Welcher weitere Prozess zur Energiegewinnung ergibt sich aus dem Diagramm?

Das hier zur Fusion benötigte Tritium ist ein β^--Strahler mit der Halbwertszeit $T_{1/2} = 12{,}3$ a.

d) Beschreiben Sie die Eigenschaften dieser Strahlungsart. (4 BE)

e) Das im Reaktor verwendete Tritium wird nicht vollständig zu Helium fusioniert. Daher muss das überschüssige Tritium sicher gelagert werden. Wie lange dauert es, bis davon 99 % zerfallen sind? (6 BE)

f) Trotz großer technischer Schwierigkeiten halten manche Wissenschaftler an der Kernfusion zur Lösung der künftigen Energieversorgung fest. Nehmen Sie hierzu kurz Stellung, indem Sie jeweils einen Vorteil und einen Nachteil dieser Technologie aufzeigen. (4 BE)

(60 BE)

Tipps und Hinweise

Tipps zu Teilaufgabe 1 a

- Hier ist nach der Gegenfeld-Methode gefragt.
- Sie sollen Aufbau und Durchführung lediglich *beschreiben.*
- Schlüsselbegriffe: Ringanode, Kathode, monochromatisches Licht, Gegenspannung, Fotostrom

Tipps zu Teilaufgabe 1 b

- Nennen Sie die wesentlichen Aussagen der Lichtquantenhypothese und erklären Sie damit die Wechselwirkung zwischen Photon und Elektron beim Fotoeffekt.
- Vergleichen und bewerten Sie die in der Tabelle angeführten Photonenenergien.

Tipps zu Teilaufgabe 1 c

- Beachten Sie die angegebene Skalierungsempfehlung.
- Der Graph ist eine Gerade. Gesucht sind die Nullstelle und der Achsenabschnitt der Energieachse.
- Wenn Sie die physikalische Bedeutung der Schnittpunkte nicht auswendig wissen: Überlegen Sie, wie die Gleichung dieser Geraden lauten muss (Energieerhaltung!)

Tipp zu Teilaufgabe 1 d

- Schätzen Sie die Steigung der Geraden ab.

Tipp zu Teilaufgabe 1 e

- Rechnen Sie die Lichtleistung zunächst in die zugehörige Photonenanzahl um, dann kennen Sie auch die pro Sekunde ausgelösten Elektronen.

Tipp zu Teilaufgabe 2 a

Nukleonenzahl und Ladungszahl müssen links und rechts übereinstimmen.

Tipp zu Teilaufgabe 2 b

Ermitteln Sie zunächst die für die gewünschte Sekundärleistung notwendige Primärleistung und daraus die Anzahl der einzelne Fusionsprozesse.

Tipps zu Teilaufgabe 2 c

Energiegewinnung bedeutet im Diagramm „Wandern nach oben“.

Die Kurve fällt links *und* rechts vom Maximum ab.

Tipp zu Teilaufgabe 2 d

Denken Sie z.B. an Entstehung, Spektrum, Reichweite, Abschirmbarkeit.

Tipp zu Teilaufgabe 2 e

Verwenden Sie die Aktivitätsformel (exponentieller Zerfall).

Tipp zu Teilaufgabe 2 f

Betrachten Sie die Aspekte Technik, Kosten, Sicherheit, Rohstoffe.

Lösungen zum Aufgabenvorschlag 1

1. a) In Abb. 2 ist der prinzipielle **Versuchsaufbau** skizziert. Das Licht einer bestimmten Frequenz fällt auf die Kathode der Vakuumfotozelle und löst dort Fotoelektronen aus, die in Richtung der ringförmigen Anode fliegen und diese teilweise treffen. Dadurch wird die Kathode wegen des Elektronenmangels positiv, die Ringanode negativ geladen und es fließt ein Strom durch das Amperemeter zwischen Anode und Kathode. Um nun die maximale kinetische Energie austretender Fotoelektronen zu bestimmen, wird durch Anlegen einer regelbaren Gegenspannung ein elektrisches Gegenfeld erzeugt. Das Stromstärkemessgerät wird im empfindlichsten Messbereich betrieben und die Spannung U so eingestellt, dass gerade kein Strom mehr fließt. Die Energie $e \cdot U$ ist dann der gesuchte Wert für die maximale kinetische Energie der Fotoelektronen. Durch Variation der eingestrahlten Lichtfrequenz lässt sich eine Messreihe von (f; $E_{k,max}$)-Paaren gewinnen und die gegenseitige Abhängigkeit dieser Größen bestimmen.

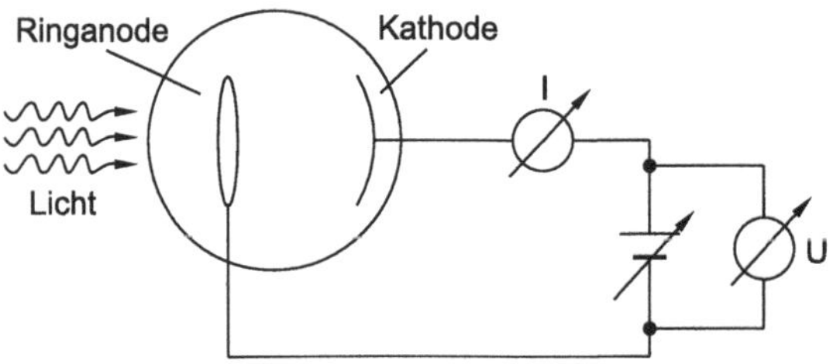

Abb. 2

b) Licht hat sowohl Wellen- als auch Teilcheneigenschaften. Nach der **Lichtquantenhypothese** besteht Licht aus Quanten bzw. Photonen, deren Energie E mit der Frequenz f bzw. Wellenlänge λ des Lichts in Beziehung gesetzt wird:

$$E = h \cdot f = h \cdot \frac{c}{\lambda}$$

Um den Fotoeffekt – also das Auslösen von Elektronen aus dem Metall der Kathode – zu ermöglichen, muss die von einem einzelnen Photon auf das Elektron übertragene Energie mindestens die Auslösearbeit W_0 betragen; W_0 besitzt einen für das Kathodenmaterial charakteristischen Wert. Es existiert daher eine untere Grenzfrequenz f_G bzw. eine obere **Grenzwellenlänge** λ_G, ab der der Fotoeffekt einsetzt. Die in der Tabelle aufgeführten Wellenlängen von 605 nm und 640 nm liegen offensichtlich oberhalb von λ_G, die Wellenlänge 523 nm noch darunter.

Der Fotoeffekt gilt als Schlüsselexperiment für die Teilchennatur des Lichtes, weil sich mithilfe dieser Modellvorstellung – anders als mit dem Wellenmodell – sämtliche empirischen Befunde erklären lassen (speziell: sofortiges Einsetzen des Effekts, Frequenz- statt Intensitätsabhängigkeit der Elektronenenergie, Existenz einer Grenzfrequenz).

c) **f-$E_{k,max}$-Diagramm**

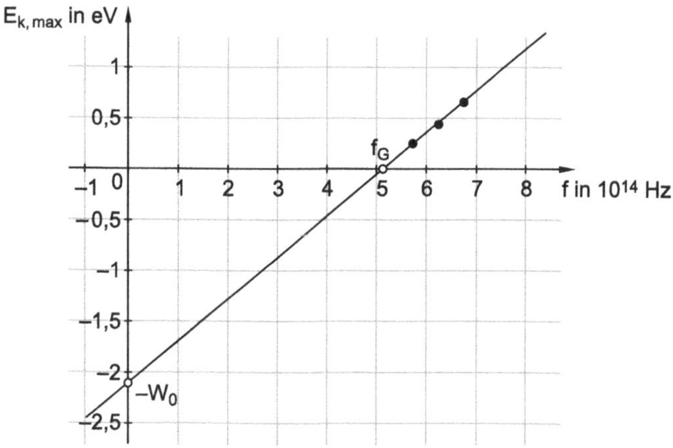

Abb. 3

Die Ausgleichsgerade liefert als

- Schnittpunkt mit der f-Achse die **Grenzfrequenz f_G**, unterhalb der mangels ausreichender Photonenenergie kein Fotoeffekt mehr auftreten kann;
- Schnittpunkt mit der Energieachse den Wert der **Auslösearbeit W_0**, die bei dem verwendeten Kathodenmaterial notwendig ist.

Streng genommen ermittelt man mit der Gegenfeldmethode die Austrittsarbeit des *Anoden-* und nicht des Kathodenmaterials; die hierfür verantwortliche Kontaktspannung zwischen Anode und Kathode bleibt aber im Rahmen der schulischen Betrachtung unberücksichtigt.

d) Die **Planckkonstante h** ist durch die Steigung der Geraden im f-$E_{k,max}$-Diagramm gegeben. Wegen der Grenzfall-Situation $h \cdot f_G = W_0$ gilt:

$$h = \frac{W_0}{f_G} = \underline{\underline{6{,}6 \cdot 10^{-34}\ \text{Js}}}$$

Zum Vergleich: Literaturwert $h = 6{,}6261 \cdot 10^{-34}$ Js. Halten Sie sich an die in der Aufgabenstellung empfohlene Skalierung des f-$E_{k,max}$-Diagramms, Sie können dann genügend genaue Werte für f_G und W_0 problemlos ablesen.

e) Bei Laserlicht der Wellenlänge 523 nm ist die Photonenenergie jeweils

$$h \cdot f = \frac{h \cdot c}{\lambda} = \frac{6{,}626 \cdot 10^{-34}\ \text{Js} \cdot 3{,}0 \cdot 10^{8}\ \frac{\text{m}}{\text{s}}}{523 \cdot 10^{-9}\ \text{m}} = 3{,}8 \cdot 10^{-19}\ \text{J},$$

bei einer Gesamtleistung von 2,0 mW beträgt ihre Zahl das in jeder Sekunde

$$\frac{2{,}0 \cdot 10^{-3}}{3{,}8 \cdot 10^{-19}} \approx 5{,}3 \cdot 10^{15}.$$

Davon lösen 0,010 % oder $5{,}3 \cdot 10^{11}$ Photonen je ein Elektron und damit pro Sekunde die Ladung $5{,}3 \cdot 10^{11} \cdot 1{,}6 \cdot 10^{-19}\,\text{C} \approx 8{,}4 \cdot 10^{-8}\,\text{C}$ aus. Das liefert eine **Fotostromstärke** von

$$\underline{\underline{I = 8{,}4 \cdot 10^{-8}\,\text{A} = 84\,\text{nA}.}}$$

2. a) Bei der Reaktion muss wegen der ausgeglichenen Nukleonenbilanz ein Neutron freiwerden, die **Reaktionsgleichung** lautet:

$$\underline{\underline{{}^{2}_{1}\text{H} + {}^{3}_{1}\text{H} \;\rightarrow\; {}^{4}_{2}\text{He} + {}^{1}_{0}\text{n}}}$$

Mit den angegebenen Massen ergibt sich als frei werdende **Reaktionsenergie**:

$$Q = (m_{H2} + m_{H3} - m_{He4} - m_n) \cdot c^2$$
$$= (2{,}014102 + 3{,}016049 - 4{,}002603 - 1{,}008665)\,u \cdot c^2 = \underline{\underline{17{,}6\,\text{MeV}}}$$

b) Bei einer Effektivleistung von 1 000 MW und einem Wirkungsgrad von 45 % muss eine Primärleistung von

$$\frac{1\,000\,\text{MW}}{0{,}45} = 2\,222\,\text{MW}$$

erzeugt werden, das sind in 24 Stunden

$$2222 \cdot 10^{6}\,\text{W} \cdot 24 \cdot 3600\,\text{s} = 1{,}92 \cdot 10^{14}\,\text{J}.$$

Also müssen täglich

$$\frac{1{,}92 \cdot 10^{14}\,\text{J}}{17{,}6\,\text{MeV}} = \frac{1{,}92 \cdot 10^{14}\,\text{J}}{17{,}6 \cdot 10^{6} \cdot 1{,}60 \cdot 10^{-19}\,\text{J}} = 6{,}82 \cdot 10^{25}$$

Fusionsprozesse stattfinden, wofür man jeden Tag etwa die **Massen**

$$6{,}82 \cdot 10^{25} \cdot 2{,}014102 \cdot 1{,}66054 \cdot 10^{-27}\,\text{kg} = \underline{\underline{0{,}23\,\text{kg Deuterium}}}$$

und

$$6{,}82 \cdot 10^{25} \cdot 3{,}016049 \cdot 1{,}66054 \cdot 10^{-27}\,\text{kg} = \underline{\underline{0{,}34\,\text{kg Tritium}}}$$

benötigt.

c) Die mittlere Bindungsenergie pro Nukleon ist bei He4 wesentlich höher als bei Deuterium und Tritium, diese Differenz wird beim Fusionsprozess frei. Grundsätzlich kommen nur **leichte Elemente für die Fusion** in Frage, weil hier die Bindungsenergie je Nukleon zu den größeren Fusionsprodukten hin tendenziell zunimmt und somit ein positiver Q-Wert vorliegt.
Alternativ gelangt man auf dem abgebildeten Graphen auch nach oben, wenn man „von rechts kommend“ große Kerne wie U238 in zwei kleinere spaltet; die überschüssige Bindungsenergie wird dabei ebenfalls freigesetzt. Dieser Prozess der **Kernspaltung** wird bereits weltweit seit Jahrzehnten zur Energiegewinnung eingesetzt.

d) **Betastrahlung** besteht aus sehr schnellen Elektronen, die aus dem Kern stammen und durch Zerfall je eines Kernneutrons entstehen. Neben dem Elektron wird dabei ein im Kern verbleibendes Proton und – aus Gründen der Energie- und Impulserhaltung – ein Antineutrino erzeugt. Das Spektrum der Betastrahlung ist daher kontinuierlich. Betastrahlung lässt sich leicht durch Holzplatten o. Ä. abschirmen und hat eine Reichweite von einigen Metern.

e) Das Tritium zerfällt exponentiell, die Zerfallsgleichung lautet:

$$N(t) = N_0 \cdot e^{-\frac{\ln 2}{T_{1/2}} \cdot t}$$

Wenn davon 99 % zerfallen, bleiben 1 % übrig. Das geschieht in der **Lagerzeit**

$$\left.\begin{array}{l} N(t_L) = N_0 \cdot 0{,}01 \\ N(t_L) = N_0 \cdot e^{-\frac{\ln 2}{T_{1/2}} \cdot t_L} \end{array}\right\} \Rightarrow \; 0{,}01 = e^{-\frac{\ln 2}{T_{1/2}} \cdot t_L}$$

$$\Rightarrow \quad t_L = -T_{1/2} \cdot \frac{\ln 0{,}01}{\ln 2} = -12{,}3\,\text{a} \cdot (-6{,}644)$$

$$= \underline{\underline{82\,\text{a}}}.$$

f) Als mögliche **Nachteile** könnte man nennen:
- Schwierigkeiten bei der Schaffung der Fusionsbedingungen (extrem hohe Temperaturen und ausgesprochen hohe Drücke);
- hohe Entwicklungskosten;
- radioaktive Belastungen und evtl. Ermüdungserscheinungen des Reaktorwandmaterials insbesondere durch schnelle Neutronen, die zu aktivierten Wandatomen führen und somit auch Entsorgungsprobleme darstellen.

Als mögliche **Vorteile** gelten:
- der geringe Mengenbedarf bei diesen Energieträgern;
- nahezu unerschöpfliche Rohstoffvorkommen.

Aufgabenvorschlag 2

1. **Franck-Hertz-Versuch**

Im Jahre 1913 führten die Physiker James Franck und Gustav Hertz einen Versuch zur Anregung von Quecksilberatomen durch Elektronenstöße durch.

a) Fertigen Sie eine beschriftete Skizze des Franck-Hertz-Experiments an. (6 BE)

b) Das nebenstehende Diagramm wurde bei einer Durchführung des Experiments aufgezeichnet. Erklären Sie das Auftreten des ersten relativen Minimums der Stromstärke (bei der Spannung U_1).

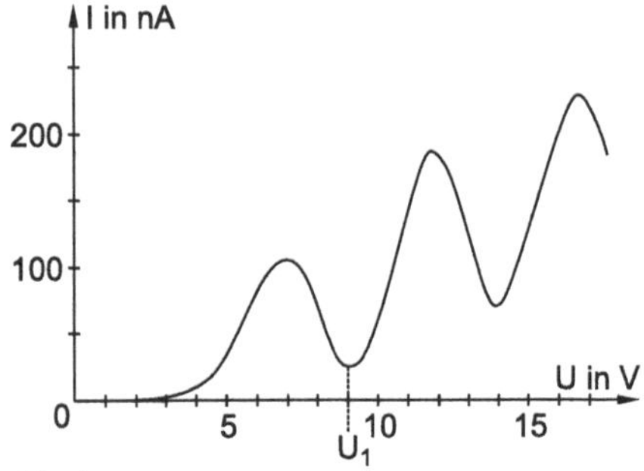

Abb. 1

(5 BE)

c) Berechnen Sie mithilfe des Diagramms die Geschwindigkeit, die ein Elektron mindestens haben muss, um ein Quecksilberatom anregen zu können. (5 BE)

Die angeregten Quecksilberatome geben beim Übergang in den Grundzustand ihre Anregungsenergie in Form von Photonen ab.

d) Berechnen Sie die Wellenlänge der emittierten Strahlung und geben Sie deren Spektralbereich an. (4 BE)

e) Atome können sowohl durch Stöße mit Elektronen als auch durch Photonen angeregt werden. Geben Sie zwei wesentliche Unterschiede dieser beiden Anregungsmöglichkeiten an. (4 BE)

2. **Nuklearbatterien**

In der Raumfahrt werden Nuklearbatterien eingesetzt, die ihre Energie aus dem Zerfall von radioaktiven Isotopen gewinnen. Die dabei freigesetzte thermische Energie wird in elektrische Energie umgewandelt.
In den letzten Jahren wurden sehr kompakte Nuklearbatterien entwickelt; daher wird erwogen, diese auch außerhalb der Raumfahrt einzusetzen. Als Radioisotop wird Tritium ^3H verwendet, das ein reiner β^--Strahler mit der Halbwertszeit $T_{1/2} = 12{,}3$ a und der Atommasse $m(^3H) = 3{,}016049$ u ist.
Die Atommasse des stabilen Reaktionsprodukts beträgt 3,016029 u.
$(1\ u = 1{,}66054 \cdot 10^{-27}\ kg)$

a) Geben Sie die Gleichung für den genannten Zerfall an und berechnen Sie die maximale kinetische Energie der β^--Teilchen. (5 BE)

b) Begründen Sie, weshalb nahezu alle β^--Teilchen eine geringere Energie als die in Teilaufgabe 2 a berechnete besitzen. (3 BE)

Beim Prototyp einer Mini-Nuklearbatterie soll zum Zeitpunkt der Herstellung die Tritium-Aktivität $A_0 = 9{,}6 \cdot 10^{13}$ Bq vorliegen.

c) Berechnen Sie die Masse des in der Batterie anfänglich vorhandenen Tritiums. Auf welchen Prozentsatz der Anfangsaktivität sinkt die Aktivität innerhalb von 4,0 Jahren? (7 BE)

d) Erläutern Sie, welche Schutzvorkehrungen in Hinblick auf die β^--Strahlung getroffen werden müssten, wenn man eine Nuklearbatterie als Stromquelle für ein Handy einsetzen würde. (4 BE)

e) Diskutieren Sie unter Einbeziehung der bisherigen Ergebnisse Vor- und Nachteile eines möglichen Einsatzes von Nuklearbatterien anstelle von herkömmlichen Akkus oder Batterien in verschiedenen Anwendungsbereichen. Beurteilen Sie insbesondere, ob ein Einsatz in der Konsumelektronik sinnvoll wäre. (4 BE)

3. **Antimaterie**

Zur Herstellung von Antiprotonen werden Protonen mit hoher Energie auf ein Target (z. B. Kupfer) geschossen. Dabei entstehen durch Kernreaktionen Proton-Antiproton-Paare. Protonen und Antiprotonen unterscheiden sich im Vorzeichen ihrer Ladungen, besitzen aber gleiche Massen.

a) Stellen Sie unter Verwendung des Standardmodells der Elementarteilchen den Aufbau von Proton und Antiproton dar. Gehen Sie dabei auch auf die Ladungen ein. (4 BE)

b) Berechnen Sie die relativistische Masse eines Antiprotons mit der kinetischen Energie 7,5 GeV. Drücken Sie das Ergebnis als Vielfaches der Ruhemasse des Antiprotons aus. (5 BE)

c) Bei einem Proton-Antiproton-Paar kann eine sogenannte Paarvernichtung stattfinden, d. h. die Masse beider Teilchen wird vollständig in Energie umgewandelt, die in Form von γ-Quanten abgestrahlt wird. Betrachten Sie den Spezialfall, dass die beiden Teilchen vor der Zerstrahlung ruhen und zeigen Sie hierfür mithilfe einer Impulsbetrachtung, dass ein Zerstrahlen in ein einziges γ-Quant nicht möglich ist. (4 BE)

(60 BE)

Tipps und Hinweise

Tipps zu Teilaufgabe 1 a

- Bauelemente: Röhre (Triode) mit Quecksilberdampf, Glühkathode, Gitteranode, Auffangplatte, Messverstärker, Amperemeter, drei Spannungsquellen
- Hinter der Beschleunigungsstrecke liegt ein Gegenfeld an.

Tipps zu Teilaufgabe 1 b

- Beschreiben Sie die Wechselwirkung zwischen den beschleunigten Elektronen und den Quecksilberatomen. Es treten (je nach Größe der Beschleunigungsspannung) elastische und unelastische Stöße auf.
- Quecksilberatome lassen sich mit etwa 4,9 eV in den ersten angeregten Zustand bringen.

Tipps zu Teilaufgabe 1 c

- Verwenden Sie einen Energieansatz.
- Bei diesem Energiewert kann man nichtrelativistisch rechnen.

Tipp zu Teilaufgabe 1 d

- Der sichtbare Spektralbereich liegt grob zwischen 400 nm und 800 nm.

Tipp zu Teilaufgabe 1 e

- Überlegen Sie in beiden Fällen: Kann Energie bei der Anregung „übrig" bleiben? Was passiert ggf. mit der Restenergie?

Tipps zu Teilaufgabe 2 a

- Achten Sie bei der Massenbilanz auf die veränderte Kernladungszahl.
- Das im Text genannte „stabile Reaktionsprodukt" ist neutrales(!) He3.

Tipp zu Teilaufgabe 2 b

- Hier spielt das Antineutrino eine wichtige Rolle.

Tipps zu Teilaufgabe 2 c

- Berechnen Sie hier zunächst die Zerfallskonstante des Tritium.
- Sie benötigen den Zusammenhang zwischen Aktivität und Teilchenzahl sowie das Zerfallsgesetz.

Tipps zu Teilaufgabe 2 d

- Wie und wo werden Handys eingesetzt?
- Berücksichtigen Sie die Auswirkungen mechanischer Einflüsse.

Tipps zu Teilaufgabe 2 e

- Mögliche Aspekte: Energiegehalt, Gewicht, Wartung, Sicherheit, Kosten. Vergleichen Sie mit herkömmlichen (tragbaren) Stromquellen.
- Schließen Sie auf mögliche Einsatzgebiete (sinnvoll/nicht sinnvoll) und vergessen Sie nicht, den Einsatz in der Konsumelektronik zu bewerten.

Tipp zu Teilaufgabe 3 a

- Quarks tragen gedrittelte Ladungen.

Tipp zu Teilaufgabe 3 b

- Gehen Sie bei Proton und Antiproton von gleicher Masse aus.

Tipp zu Teilaufgabe 3 c

- Argumentieren Sie mit der Impulserhaltung.

Lösungen zum Aufgabenvorschlag 2

1. a) **Skizze zum Franck-Hertz-Versuch**

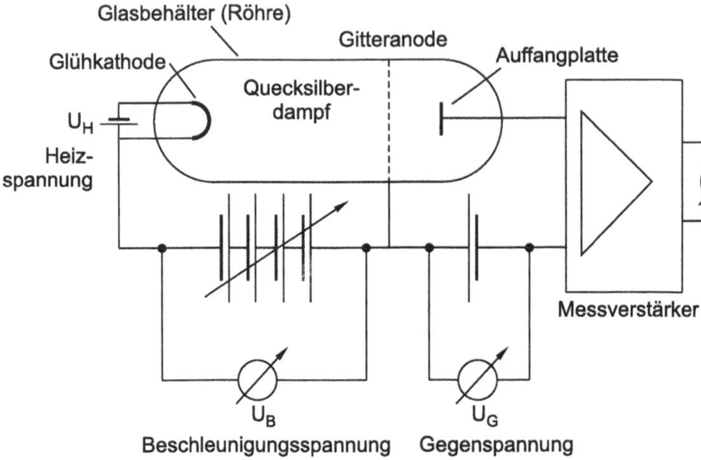

Abb. 2

Gemessen wird die Stromstärke I in Abhängigkeit von der Beschleunigungsspannung U_B. Die geringe Gegenspannung U_G unten rechts dient dazu, Elektronen mit sehr kleiner Energie vom Erreichen der Platte abzuhalten.

b) Misst man das Diagramm der Abb. 1 aus, fällt zunächst auf, dass die Maxima einen konstanten Abstand von rund 4,9 V haben. Dass das erste Maximum erst bei einer etwas höheren Beschleunigungsspannung $U_{max,1}$ auftritt, liegt an dem Gegenfeld, das die Elektronen hinter der Anode überwinden müssen. Bis zu diesem Maximum hin führt eine Erhöhung der Beschleunigungsspannung zu einer höheren kinetischen Energie der durch Glühemission freigesetzten Elektronen. Da die Stöße mit den Quecksilberatomen für $U < U_{max,1}$ elastisch sind, erleiden die Elektronen keinen Energieverlust und erreichen in zunehmender Anzahl die Auffangplatte. Die Stromstärke I wächst an. Jenseits von $U_{max,1}$ sinkt die Stromstärke dann auf U_1 ab. Grund: Die kinetische Energie, welche die Elektronen kurz vor dem Gitter besitzen, ist gleich der niedrigsten Anregungsenergie der Quecksilberatome im Grundzustand. Ein Teil der Elektronen stößt unelastisch mit den Quecksilberatomen, die Elektronen geben ihre kinetische Energie ab und können folglich nicht mehr die Auffangplatte erreichen; die Stromstärke I sinkt. Bei weiter wachsender Beschleunigungsspannung steigt sie wieder an, weil die Elektronen weiter vor dem Gitter die nötige Energie für unelastische Stöße erreichen, sodass sie auf der Reststrecke wieder genügend beschleunigt werden können, um zur Auffangplatte zu gelangen. Bei U_1 bildet sich daher ein **Minimum** aus.

Bei weiterer Spannungserhöhung wandert die Stoßzone weiter in Richtung Glühkathode (Abb. 2). Die nach dem ersten Stoß durchflogene Beschleunigungsstrecke wird wieder größer, ihre kinetische Energie bis zum Gitter auch wieder, bis schließlich ein zweites Mal kurz vor dem Gitter die Anregungsenergie des Quecksilbers erreicht ist. Dem zweiten Maximum folgt damit das zweite Minimum usw.

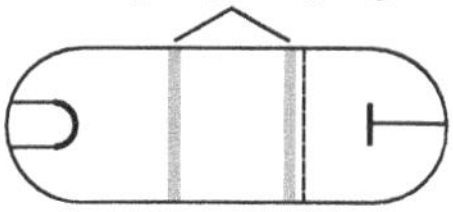

Abb. 3

c) Der Abstand zwischen zwei Minima beträgt 4,9 V, die kinetische Energie des das Elektrons muss also gleich der Anregungsenergie 4,9 eV sein:

$$\frac{1}{2}m \cdot v^2 = 4{,}9 \cdot 1{,}6 \cdot 10^{-19}\ \text{J}$$

Es besitzt dann die **Geschwindigkeit**:

$$v = \sqrt{\frac{2 \cdot 4{,}9 \cdot 1{,}6 \cdot 10^{-19}\ \text{J}}{9{,}11 \cdot 10^{-31}\ \text{kg}}} = \underline{\underline{1{,}3 \cdot 10^6\ \frac{\text{m}}{\text{s}}}}$$

v beträgt damit rund 0,4 % der Lichtgeschwindigkeit, der nichtrelativistische Ansatz für die kinetische Energie ist also gerechtfertigt.

d) Die Photonenenergie ist die ganze Anregungsenergie, also 4,9 eV. Für die **Wellenlänge** ergibt sich mit der Formel

$$h \cdot f = h \cdot \frac{c}{\lambda} = 4{,}9\ \text{eV}$$

der Wert

$$\lambda = \frac{h \cdot c}{4{,}9\ \text{eV}} = \frac{6{,}63 \cdot 10^{-34}\ \text{Js} \cdot 3{,}0 \cdot 10^8\ \frac{\text{m}}{\text{s}}}{4{,}9 \cdot 1{,}6 \cdot 10^{-19}\ \text{J}} = \underline{\underline{254\ \text{nm}}}$$

Die emittierte Strahlung liegt damit im **UV-Bereich**.

e) **Unterschiede bei der Anregung durch Photonen und durch Elektronen**

- Bei Photonen ist nur eine Anregung möglich, wenn das Atom die gesamte Energie aufnimmt.
  Bei Stößen mit Elektronen dagegen ist ein teilweiser Energieübertrag möglich (wenn die Gesamtenergie mindestens gleich der Anregungsenergie ist), die Elektronen haben dann nach dem Stoß die ggf. verbleibende Restenergie.
- Photonen gleicher Frequenz (monochromatisches Licht) können höchstens ein Energieniveau eines Atoms anregen.
  Elektronen gleicher Energie (monoenergetische Elektronenstrahlung) können mehrere Energieniveaus anregen.

2. a) Die **Reaktionsgleichung** ist

$$\underline{\underline{{}^{3}_{1}H \rightarrow {}^{3}_{2}He + {}^{0}_{-1}\beta + {}^{0}_{0}\overline{\nu}.}}$$

Die **maximale kinetische Energie** der Betateilchen ist gleich dem Q-Wert:

$$Q = (m_{H3} - m_{He3}) \cdot c^2 = (3{,}016049 - 3{,}016029)\ u \cdot c^2$$
$$= 0{,}000020 \cdot 931{,}5\ \text{MeV} = \underline{\underline{19\ \text{keV}}}$$

Beachten Sie, dass in der Berechnung das Beta-Elektron nicht erscheint: Das He3-Atom sucht sich wegen der beiden Protonen im Kern ein zusätzliches Elektron aus der Umgebung, das dann den Verlust des Betateilchens ausgleicht.

b) Das Energiespektrum beim Betazerfall ist kontinuierlich. Die Energie eines Betateilchens ist dann maximal, wenn es die gesamte Reaktionsenergie alleine abführt (siehe Teilaufgabe 2 a). In der Regel verteilt sich die Reaktionsenergie auf Betateilchen und Antineutrino, sodass die Betateilchen eine kleinere Energie als Q besitzen.

Wegen des nicht diskreten Betaspektrums – wie man es aufgrund der wohldefinierten Reaktionsenergie erwarten würde – wurde seinerzeit die Existenz eines weiteren Teilchens gefordert (Neutrino bzw. Antineutrino). Nur bei einem Drei- (nicht aber bei einem Zwei-) Körperproblem lässt sich die gleichzeitige Energie- und Impulserhaltung mit kontinuierlichen Lösungen erklären.

c) Die gewünschte Anfangsaktivität

$$A_0 = \lambda \cdot N_0 = \frac{\ln 2}{T_{1/2}} \cdot \frac{m}{m_{H3}}$$

erhält man bei einer **Anfangsmasse Tritium** von

$$m = \frac{A_0 \cdot m_{H3} \cdot T_{1/2}}{\ln 2}$$
$$= \frac{9{,}6 \cdot 10^{13}\ \text{Bq} \cdot 3{,}016049 \cdot 1{,}66054 \cdot 10^{-27}\ \text{kg} \cdot 12{,}3 \cdot 365 \cdot 24 \cdot 3600\ \text{s}}{\ln 2}$$
$$= \underline{\underline{2{,}7 \cdot 10^{-4}\ \text{kg} = 0{,}27\ \text{g}.}}$$

Nach 4,0 Jahren ist die Aktivität wegen

$$A(4{,}0\ a) = A_0 \cdot e^{-\frac{\ln 2}{12{,}3\ a} \cdot 4{,}0\ a} = A_0 \cdot 0{,}798$$

auf etwa **80 %** gesunken.

d) **Schutzvorkehrungen**
Bei der Nutzung in einem Handy liegt der Abstand zwischen Nuklearbatterie und Mensch auf jeden Fall innerhalb der Reichweite der Betateilchen in Luft (≈ 10 cm bei Tritium). Zum Schutz der Gesundheit muss die Betastrahlung

daher durch geeignete Materialien abgeschirmt werden. Außerdem muss ein Austreten des radioaktiven Materials durch undichte Stellen o. Ä. mit Sicherheit ausgeschlossen werden können.

e) **Vorteile**
Nuklearbatterien sind wartungsfrei, autonom und liefern langfristig Energie. Als ideale Anwendungen bieten sich daher ferngesteuerte oder selbständig arbeitende Geräte an Orten an, die für die übliche Akkutechnik oder Solarversorgung ungeeignet sind, wie Tiefsee, Bergbau oder sonnenferne Raumfahrt. Weitere Vorteile sind geringe Baugröße und niedriges Gewicht.

Nachteile
Hier steht natürlich die Gefährdung durch radioaktive Strahlung im Vordergrund. Die hohe Aktivität und die doch relativ lange Halbwertszeit sorgen für ein hohes und langfristiges Risiko bei beschädigter Kapselung oder Abschirmung. Die nötigen Sicherheitsmaßnahmen erfordern höhere (direkte und indirekte) Kosten.

Der **Einsatz in Konsumelektronikartikeln** würde große Mengen radioaktiver Substanzen unkontrolliert in Umlauf bringen (Entsorgung!), bei unsachgemäßer Behandlung drohen hohe Gesundheitsrisiken.

Ob die Vor- oder die Nachteile überwiegen, hängt vom Einsatzgebiet ab. Für Anwendungen in der Weltraumtechnik fällt die Bewertung sicher anders aus als etwa beim genannten Einsatz in der Unterhaltungselektronik.

3. a) **Protonen** bestehen aus zwei up-Quarks (u, Ladung je $\frac{2}{3}e$) und einem down-Quark (d, Ladung $-\frac{1}{3}e$), abgekürzt uud. Sie tragen somit die Gesamtladung

$$\frac{2}{3}e + \frac{2}{3}e + \left(-\frac{1}{3}e\right) = +e.$$

Beim **Antiproton** findet man entsprechend die Kombination $\overline{u}\overline{u}\overline{d}$ der Antiquarks $\overline{u}$ und $\overline{d}$ mit entgegengesetzten Ladungen, also insgesamt $-e$.

b) Die **relativistische Masse** folgt aus der Energiebilanz, wobei Proton und Antiproton die gleiche Ruhemasse $m_0 = 938{,}27\ \text{MeV}$ besitzen:

$$m \cdot c^2 = m_0 \cdot c^2 + E_{kin} \quad \Leftrightarrow \quad m = m_0 + \frac{E_{kin}}{c^2}$$

$$\frac{m}{m_0} = 1 + \frac{E_{kin}}{m_0 \cdot c^2} = 1 + \frac{7{,}5 \cdot 10^9\ \text{eV}}{938{,}27 \cdot 10^6\ \text{eV}} = \underline{\underline{9{,}0}}$$

c) Wenn vorher beide Teilchen ruhen, dann ist der **Gesamtimpuls null**. Gäbe es beim Zerstrahlungsprozess nur ein einziges Gammaquant, das sich mit $v = c$ bewegt, dann wäre dadurch der Impulserhaltungssatz verletzt.

Aufgabenvorschlag 1

Längenangaben: $1\ \text{pc} = 3{,}26\ \text{Lj} = 3{,}09 \cdot 10^{13}\ \text{km}$
$1\ \text{AE} = 1{,}496 \cdot 10^{8}\ \text{km}$

1. **Ida – ein Asteroid mit Mond**
Der Asteroid Ida (Durchmesser: 70 km) umrundet die Sonne in 4,84 Jahren auf einer Bahn mit numerischer Exzentrizität 0,045. Die Raumsonde Galileo flog 1993 auf ihrem Weg zu Jupiter an Ida vorbei und sandte detailreiche Bilder von Ida und deren Umgebung zur Erde.

a) Erörtern Sie Gemeinsamkeiten und Unterschiede von Asteroiden und Kometen hinsichtlich ihres Aufbaus und ihrer Erscheinung. (6 BE)

b) Berechnen Sie die große Halbachse der Idabahn.
Bestimmen Sie, um wie viel Prozent Ida im Aphel weiter von der Sonne entfernt ist als im Perihel. (6 BE)

Auf den Bildern der Raumsonde entdeckte man einen Begleiter von Ida, der den Namen Dactyl erhielt. Ida war damit der erste Asteroid, bei dem ein Mond nachgewiesen werden konnte. Dactyl ist im Vergleich zu Ida sehr klein und bewegt sich in 37 h auf einer nahezu kreisförmigen Bahn mit Radius 108 km um den Asteroiden.

c) Bestimmen Sie aus den Bahndaten von Dactyl die Masse m_I von Ida.
[Zur Kontrolle: $m_I = 4{,}2 \cdot 10^{16}\ \text{kg}$] (4 BE)

d) Berechnen Sie die Fallbeschleunigung g_I auf der Oberfläche von Ida.
Um welchen Faktor ist die Erdbeschleunigung größer als g_I?
Folgern Sie daraus, welche Schwierigkeiten ein Astronaut bei der Fortbewegung auf Ida zu erwarten hätte. (5 BE)

2. **Die Sonne**
Die Sonne ist ein typischer Hauptreihenstern mit folgenden Daten:
Leuchtkraft $L_\odot = 3{,}82 \cdot 10^{26}\ \text{W}$ scheinbare Helligkeit $m_\odot = -26{,}8$
Durchmesser $d_\odot = 1{,}39 \cdot 10^{6}\ \text{km}$ absolute Helligkeit $M_\odot = 4{,}8$

a) Um die Leuchtkraft der Sonne zu berechnen, benötigt man die Solarkonstante und den Abstand zwischen Erde und Sonne. Erläutern Sie für eine der beiden Größen ein Verfahren zu ihrer Bestimmung. (5 BE)

b) Berechnen Sie die mittlere Oberflächentemperatur der Sonne $T_\odot$ unter Verwendung ihrer Leuchtkraft und ihres Durchmessers.
[Zur Kontrolle: $T_\odot = 5{,}77 \cdot 10^{3}\ \text{K}$] (3 BE)

c) Skizzieren Sie die Intensitätsverteilung der Sonnenstrahlung in Abhängigkeit von der Wellenlänge und erläutern Sie, wie man aus diesem Spektrum die Oberflächentemperatur der Sonne bestimmen kann. (4 BE)

d) Ein Sonnenfleck strahlt 80 % weniger Energie ab als ein gleich großer Bereich der durchschnittlich strahlenden Sonnenoberfläche.
Berechnen Sie daraus die Temperatur eines Sonnenflecks. (4 BE)

3. **Wolf 359**

Der Stern Wolf 359 ist ein roter Zwerg mit einer jährlichen Parallaxe von 0,419". Seine scheinbare Helligkeit beträgt 13,5, seine Oberflächentemperatur $2{,}8 \cdot 10^3$ K.

Hinweis: Die in Aufgabe 2 angegebenen Daten zur Sonne dürfen weiterhin verwendet werden.

a) Berechnen Sie die Entfernung r_W von Wolf 359 und entscheiden Sie durch Vergleich mit einem Ihnen bekannten Stern, ob Wolf 359 den nahen oder den weiter entfernten Sternen zuzuordnen ist.
[Zur Kontrolle: $r_W = 2{,}39$ pc] (3 BE)

b) Bestimmen Sie die Leuchtkraft L_W von Wolf 359 als Bruchteil der Sonnenleuchtkraft.
[Zur Kontrolle: $L_W = 1{,}9 \cdot 10^{-5}\ L_\odot$] (6 BE)

c) Wolf 359 ist ein Hauptreihenstern. Berechnen Sie seine Masse m_W als Bruchteil der Sonnenmasse.
[Zur Kontrolle: $m_W = 0{,}03\ m_\odot$] (3 BE)

d) Skizzieren Sie ein Hertzsprung-Russell-Diagramm und zeichnen Sie darin die Sonne, Wolf 359 sowie die wichtigsten Sterngruppen ein. (4 BE)

Die Verweildauer τ eines Sterns auf der Hauptreihe hängt von seiner Masse m ab; es gilt: $\tau \sim m^{-2}$. Die Verweildauer der Sonne beträgt 7 Milliarden Jahre.

e) Berechnen Sie die Verweildauer τ_W von Wolf 359 und beschreiben Sie seine weitere Entwicklung. (7 BE)

(60 BE)

Tipps und Hinweise

Tipps zu Teilaufgabe 1 a

- Gefragt sind Aufbau und Erscheinung der Himmelskörper.
- Welche der angegebenen Objekte verändert seine Erscheinung?

Tipps zu Teilaufgabe 1 b

- Die große Halbachse erhalten Sie mithilfe des 3. Kepler'schen Gesetzes.
- Achten Sie bei der Prozentrechnung auf den richtigen Grundwert.

Tipp zu Teilaufgabe 1 c

- Verwenden Sie entweder den grundlegenden Ansatz Gravitationskraft = Zentralkraft oder das ausführlichere 3. Kepler'sche Gesetz.

Tipps zu Teilaufgabe 1 d

- Denken Sie daran, dass auf der Oberfläche die Gravitationskraft der Gewichtskraft entspricht.
- Wie beeinflusst die Größe der Fallbeschleunigung unser Gehen? Bedenken Sie, dass die Muskelkraft des Astronauten auf der Erde und auf Ida gleich ist.

Tipp zu Teilaufgabe 2 a

- Beschreiben Sie entweder einen Versuch zur Bestimmung der Solarkonstante (Erwärmung eines Körpers über eine bestimmte Zeit) oder eine Möglichkeit zur Bestimmung der Entfernung über die Sonne (nutzen Sie die Venus als Hilfsobjekt).

Tipp zu Teilaufgabe 2 b

- Verwenden Sie das Gesetz von Stefan und Boltzmann.

Tipp zu Teilaufgabe 2 c

- Gemeint ist hier die Kurve des Planck'schen Strahlungsgesetzes.

Tipps zu Teilaufgabe 2 d

- Achtung! Der Fleck strahlt 80 % weniger Energie ab – wie viel Energie strahlt er dann ab?
- Verwenden Sie wiederum Stefan und Boltzmann geschickt.

Tipp zu Teilaufgabe 3 a

- Benutzen Sie die Parallaxenangabe und denken Sie an den nächstgelegenen Fixstern.

Tipp zu Teilaufgabe 3 b

Die Leuchtkraft berechnen Sie mit der Beziehung zwischen den absoluten Helligkeiten zweier Sterne. Verwenden Sie zusätzlich das Entfernungsmodul.

Tipps zu Teilaufgabe 3 c

Mit welcher Größe kann die Masse für Hauptreihensterne in Beziehung gebracht werden?

Beachten Sie, dass in der Aufgabenstellung der Formelbuchstabe m sowohl für die scheinbare Helligkeit als auch für die Masse verwendet wird.

Tipp zu Teilaufgabe 3 d

Beginnen sie mit der Wahl der Achsen (Spektralklassen oder Temperatur gegen L* oder M) und legen Sie den Ort der Sonne fest. Zeichnen Sie dann die wesentlichen Gebiete in das HR-Diagramm ein und ordnen Sie abschließend den Stern Wolf ein.

Tipps zu Teilaufgabe 3 e

Bestimmen Sie aus der angegeben Verhältnisgleichung die Verweildauer auf der Hauptreihe.

Bedenken Sie für die weitere Entwicklung, in welcher Größenordnung die berechnete (bzw. angegebene) Masse liegt.

Lösungen zum Aufgabenvorschlag 1

1. a) **Asteroiden** bestehen üblicherweise aus Gestein und verändern ihr Aussehen nicht. Sie sind oftmals größer als Kometenkerne, die äußeren Formen sind durchaus ähnlich.

Abb. 1: Ida mit Mond

Kometen kann man anschaulich als „schmutzige Lockerschneelawinen" beschreiben (nach Whipple und neuesten Erkenntnissen). Sie verändern ihr Aussehen auf der Bahn je nach Sonnennähe: In weiter Entfernung von der Sonne erkennt man nur den kleinen Kometenkern, in ca. Jupiterabstand (≈ 5 AE) werden die Koma und in einigen AE Sonnenentfernung die charakteristischen Schweife ausgebildet.

b) *Gegeben:* $T = 4{,}84\ a$; $\varepsilon = 0{,}045$

Aus dem dritten Kepler'schen Gesetz folgt die **Länge der großen Halbachse**:

$$\frac{T^2}{T_{Erde}^2} = \frac{a^3}{a_{Erde}^3} \quad \Rightarrow \quad a = 1\ \text{AE} \cdot \sqrt[3]{\frac{T^2}{T_{Erde}^2}} = \sqrt[3]{4{,}84^2}\ \text{AE} = \underline{\underline{2{,}86\ \text{AE}}}$$

Berechnung der

- Periheldistanz: $r_p = a - a \cdot \varepsilon = (2{,}86 - 0{,}045 \cdot 2{,}86)\ \text{AE} = 2{,}73\ \text{AE}$
- Apheldistanz: $r_a = a + a \cdot \varepsilon = (2{,}86 + 0{,}045 \cdot 2{,}86)\ \text{AE} = 2{,}99\ \text{AE}$

Die **prozentuale Abweichung** der Apheldistanz bezogen auf die Periheldistanz berechnet sich zu

$$\frac{r_a - r_p}{r_p} = \frac{2{,}99 - 2{,}73}{2{,}73} = 0{,}095 = \underline{\underline{9{,}5\ \%}}.$$

c) *Gegeben:* $T_D = 37\ h$; $r = 108\ km$

Da Daktyl im Vergleich zu Ida sehr klein ist, darf man annehmen, dass der gemeinsame Schwerpunkt mit dem Mittelpunkt der kreisförmigen Umlaufbahn Daktyls zusammenfällt. Die Gravitationskraft wirkt als Zentripetalkraft, sodass mit $\omega = \frac{2\pi}{T}$ gilt:

$$F_G = F_Z \quad \Leftrightarrow \quad G \cdot \frac{m_I \cdot m_D}{r^2} = m_D \cdot \omega_D^2 \cdot r$$

$$\Rightarrow \qquad m_I = \frac{\omega_D^2 \cdot r^3}{G} = \frac{4\pi^2 \cdot r^3}{T_D^2 \cdot G}$$

Mit den angegebenen Zahlenwerten bzw. G aus der Formelsammlung berechnet man für die **Masse von Ida**:

$$m_I = \frac{4\pi^2 \cdot (108 \cdot 10^3\,\mathrm{m})^3}{(37 \cdot 3600\,\mathrm{s})^2 \cdot 6{,}67 \cdot 10^{-11}\,\frac{\mathrm{m}^3}{\mathrm{kg} \cdot \mathrm{s}^2}} = \underline{\underline{4{,}2 \cdot 10^{16}\,\mathrm{kg}}}$$

Sie können zur Berechnung von m_I alternativ vom dritten Kepler'schen Gesetz in seiner ausführlicheren Form ausgehen. Schlagen Sie die entsprechende Formel in Ihrer Formelsammlung nach.

d) *Gegeben:* $R_I = 35\,\mathrm{km}$

Die Gewichtskraft auf der Oberfläche von Ida ist gleich der Gravitationskraft im Abstand des Radius von Ida. Die **Fallbeschleunigung** beträgt dort daher:

$$m \cdot g_I = G \cdot \frac{m \cdot m_I}{R_I^2}$$

$$\Rightarrow \quad g_I = G \cdot \frac{m_I}{R_I^2} = 6{,}67 \cdot 10^{-11}\,\frac{\mathrm{m}^3}{\mathrm{kg} \cdot \mathrm{s}^2} \cdot \frac{4{,}2 \cdot 10^{16}\,\mathrm{kg}}{(35 \cdot 10^3\,\mathrm{m})^2} = \underline{\underline{2{,}3 \cdot 10^{-3}\,\frac{\mathrm{m}}{\mathrm{s}^2}}}$$

Die Erdbeschleunigung beträgt $9{,}81\,\frac{\mathrm{m}}{\mathrm{s}^2}$, d. h., sie ist um den **Faktor**

$$\frac{9{,}81}{2{,}3 \cdot 10^{-3}} = \underline{\underline{4{,}3 \cdot 10^3}}$$

größer als die auf Ida. Bei einer derart kleinen Fallbeschleunigung würde sich ein Astronaut auf Ida bei jedem Schritt sehr stark von der Oberfläche abstoßen – dadurch wäre eine kontrollierte Vorwärtsbewegung nur schwer möglich.

2. a) **Ermittlung der Solarkonstante S**

Ein Körper der spezifischen Wärmekapazität c, mit der Masse m und der Fläche A wird über eine geeignete Zeit Δt der Sonne ausgesetzt und erwärmt. Dabei nimmt die Temperatur um den Betrag ΔT zu. S berechnet sich aus der zugeführten Wärme $Q = c \cdot m \cdot \Delta T$ pro Zeiteinheit und Flächeneinheit.

Alternativ: Ermittlung des Abstands Erde–Sonne

Er lässt sich am einfachsten mit dem folgenden Verfahren bestimmen: Man beobachtet die Venus, registriert ihre siderische Umlaufzeit von der Sonne und berechnet mithilfe des dritten Kepler'schen Gesetz die große Halbachse der Venus. In der unteren Konjunktion der Venus vermisst man die Entfernung Erde–Venus mithilfe von Radar (Laufzeitmessung einer elektromagnetischen Welle mit der Ausbreitungsgeschwindigkeit c). Die Entfernung Erde–Sonne setzt sich aus der großen Halbachse der Venus und den vermessenen Abstand Erde–Venus zusammen. (Das Ergebnis kann noch insoweit verbessert werden, wenn man weiß, in welchem Bahnpunkt die Venus in der unteren Konjunktion war – also wenn man die Exzentrizität der Venusbahn mitberücksichtigen kann.)

b) *Gegeben:* $L_\odot = 3{,}82 \cdot 10^{26}$ W; $d_\odot = 2R_\odot = 1{,}39 \cdot 10^6$ km

Die **mittlere Oberflächentemperatur** erhält man durch Umstellen des Gesetzes von Stefan und Boltzmann:

$$L_\odot = \sigma \cdot 4\pi \cdot R_\odot^2 \cdot T_\odot^4$$

$$\Rightarrow \quad T_\odot = \sqrt[4]{\frac{L_\odot}{\sigma \cdot 4\pi \cdot R_\odot^2}} = \sqrt[4]{\frac{3{,}82 \cdot 10^{26}\ \text{W}}{5{,}67 \cdot 10^{-8}\ \frac{\text{W}}{\text{m}^2 \cdot \text{K}^4} \cdot 4\pi \cdot \left(\frac{1}{2} \cdot 1{,}39 \cdot 10^9\ \text{m}\right)^2}}$$

$$= \underline{\underline{5{,}77 \cdot 10^3\ \text{K}}}$$

c) In Abb. 2 ist die **Intensitätsverteilung** in Abhängigkeit von der Wellenlänge für die Sonne und für eine Schwarzen Körper vergleichbarer Temperatur skizziert.

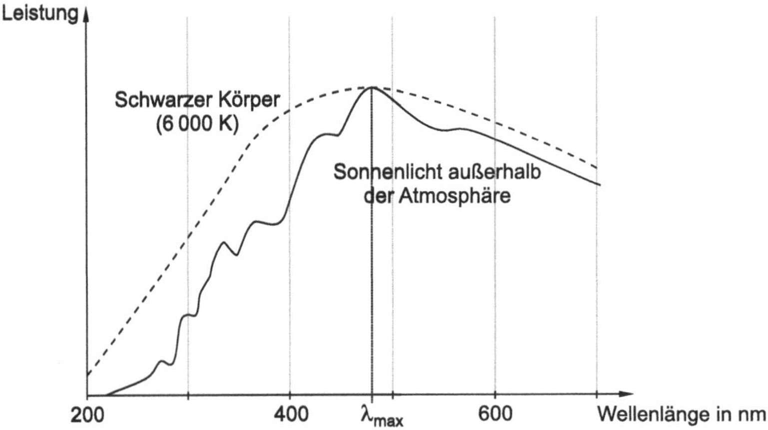

Abb. 2: Planck'sche Strahlungskurve der Sonne

Es reicht, wenn Sie den Verlauf des Schwarzen Körpers skizzieren.

Das Maximum der Strahlungsintensität liegt bei $\lambda_{max} \approx 480$ nm. Mithilfe des **Wien'schen Verschiebungsgesetzes** kann man aus λ_{max} die Oberflächentemperatur bestimmen (b: Wien-Konstante):

$$\underline{\underline{T = \frac{b}{\lambda_{max}}}}$$

Sie müssen T nicht berechnen.

d) Wenn ein Sonnenfleck 80 % weniger Energie als ein gleich großer Bereich der normalen Sonnenoberfläche abstrahlt, dann strahlt er 20 % der Energie ab, die von der normalen Sonnenoberfläche abgestrahlt wird, d. h. $\frac{L_{SF}}{L_\odot} = 0{,}20$.

Setzt man Stefan und Boltzmann für den „normalen“ Bereich und für den Sonnenfleck an, so erhält man

$$L_{SF} = \sigma \cdot A_{SF} \cdot T_{SF}^4 \quad \text{und}$$

$$L_{\odot} = \sigma \cdot A_{\odot} \cdot T_{\odot}^4;$$

dabei ist $A_{SF} = A_{\odot}$. Division beider Gleichungen und Umstellen liefert für die **Temperatur des Sonnenflecks**:

$$\frac{L_{SF}}{L_{\odot}} = \frac{T_{SF}^4}{T_{\odot}^4} \quad \Rightarrow \quad T_{SF} = \sqrt[4]{0,20} \cdot T_{\odot} = \sqrt[4]{0,20} \cdot 5,77 \cdot 10^3\,\text{K} = \underline{\underline{3,86 \cdot 10^3\,\text{K}}}$$

3. a) *Gegeben:* $p = 0,419''$

Aus der gegebenen Parallaxe von Wolf berechnet man die **Entfernung**

$$r_W = \frac{1''}{p} \cdot \text{pc} = \frac{1}{0,419}\,\text{pc} = \underline{\underline{2,39\,\text{pc}}}.$$

Damit gehört Wolf zu den Sternen, die der Sonne sehr nahe sind: Alpha Centauri, der Stern, der der Sonne am nächsten ist, hat eine Entfernung von 1,3 pc.

b) *Gegeben:* $m_W = 13,5$; $m_{\odot} = -26,8$; $M_{\odot} = 4,8$

Zur Berechnung der **Leuchtkraft** benötigt man zuerst die absolute Helligkeit, welche man mit dem Entfernungsmodul bestimmt:

$$m_W - M_W = 5 \cdot \lg\left(\frac{r_W}{10\,\text{pc}}\right)$$

$$\Rightarrow \quad M_W = m_W - 5 \cdot \lg\left(\frac{r_W}{10\,\text{pc}}\right) = 13,5 - 5 \cdot \lg 0,239 = 16,6$$

Die absoluten Helligkeiten hängen mit den Leuchtkräften über

$$M_W - M_{\odot} = -2,5 \cdot \lg \frac{L_W}{L_{\odot}}$$

zusammen. Mit der Abkürzung $L_W^* = \frac{L_W}{L_{\odot}}$ folgt daraus:

$$L_W^* = 10^{\frac{M_W - M_{\odot}}{-2,5}} = 10^{\frac{16,6 - 4,8}{-2,5}} = 10^{-4,72} = \underline{\underline{1,9 \cdot 10^{-5}}}$$

c) Als Hauptreihenstern lässt sich die **Masse von Wolf** mit der Masse-Leuchtkraft-Beziehung bestimmen, $L \sim m^3$. Der Vergleich mit der Sonne ergibt:

$$\frac{L_W}{L_{\odot}} = \left(\frac{m_W}{m_{\odot}}\right)^3 \quad \text{bzw.} \quad L_W^* = (m_W^*)^3$$

$$\Rightarrow \quad m_W^* = \sqrt[3]{L_W^*} = \sqrt[3]{1,9 \cdot 10^{-5}} = \underline{\underline{0,03}}$$

d) **Hertzsprung-Russell-Diagramm**

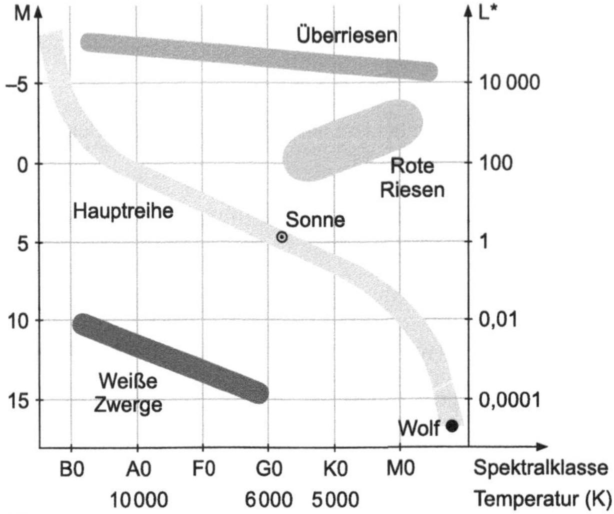

Abb. 3

e) Um die **Verweildauer von Wolf** abzuschätzen, betrachtet man wieder die Verhältnisgleichung im Vergleich zur Sonne und kann schreiben (Achtung: indirekte Proportionalität!):

$$\frac{\tau_W}{\tau_\odot} = \left(\frac{m_\odot}{m_W}\right)^2$$

$$\Rightarrow \quad \tau_W = \frac{1}{0{,}03^2} \cdot 7 \cdot 10^9 \text{ a} = \underline{\underline{8 \cdot 10^{12} \text{ a}}}$$

Entwicklung

Als massearmer Stern enden die Fusionsprozesse im Inneren des Kerns bei Helium. Die Brennzone wandert weiter ins Sternäußere, wodurch Wolf zu einem roten Riesen wird. Er stößt die äußeren Sternhüllen ab und der Kern wird zu einem weißen Zwerg.

Bildnachweis

Abb. 1: © NASA (http://photojournal.jpl.nasa.gov/jpeg/PIA00069.jpg)

Aufgabenvorschlag 2

Längenangaben: 1 pc = 3,26 Lj = $3{,}09 \cdot 10^{13}$ km
1 AE = $1{,}496 \cdot 10^{8}$ km

1. **Der Stern Epsilon Eridani**
   Das Sternbild Eridanus erstreckt sich vom Himmelsäquator aus weit in den südlichen Sternenhimmel hinein. Der zu diesem Sternbild gehörende Stern Epsilon Eridani (ε Eri) ist nach Alpha Centauri und Sirius der drittnächste mit bloßem Auge beobachtbare Stern.

Angaben zu ε Eri:	Angaben zur Sonne:
scheinbare Helligkeit $m_\varepsilon = 3{,}73$	Leuchtkraft $L_\odot = 3{,}82 \cdot 10^{26}$ W
jährliche Parallaxe $p_\varepsilon = 0{,}311''$	absolute Helligkeit $M_\odot = 4{,}8$
Oberflächentemperatur $T_\varepsilon = 5{,}1 \cdot 10^{3}$ K	Masse $m_\odot = 1{,}989 \cdot 10^{30}$ kg

   a) Zeigen Sie, dass ε Eri 10,5 Lj von der Sonne entfernt ist. (3 BE)

   b) ε Eri liegt 9° unter dem Himmelsäquator. Wie groß ist der maximale Winkel gegenüber dem Horizont, unter dem der Stern in der Mitte Bayerns (geografische Breite 49°) beobachtet werden kann? Begründen Sie Ihre Antwort unter Verwendung einer Skizze. (4 BE)

   c) Ermitteln Sie die absolute Helligkeit M_ε von ε Eri und bestimmen Sie seine Leuchtkraft L_ε als Bruchteil der Sonnenleuchtkraft. [Zur Kontrolle: $M_\varepsilon = 6{,}19$; $L_\varepsilon = 0{,}28\, L_\odot$] (6 BE)

   d) Skizzieren Sie ein Hertzsprung-Russell-Diagramm und tragen Sie in dieses die Sonne, ε Eri sowie die wichtigsten Sterngruppen ein. (4 BE)

   e) Erläutern Sie anhand des Hertzsprung-Russell-Diagramms die Entwicklung von Sternen. (6 BE)

   f) ε Eri ist ein Stern der Milchstraße. Zeichnen Sie eine schematische Seitenansicht der Milchstraße und geben Sie die zugehörigen Größenordnungen an. (4 BE)

   g) Sind Objekte deutlich weiter entfernt als ε Eri, müssen andere Methoden der Entfernungsbestimmung als die Messung der jährlichen Parallaxe angewendet werden. Erläutern Sie für nah gelegene und für weit entfernte Galaxien jeweils ein geeignetes Verfahren zur Bestimmung ihrer Entfernung. (8 BE)

2. **Exoplanet um Epsilon Eridani**

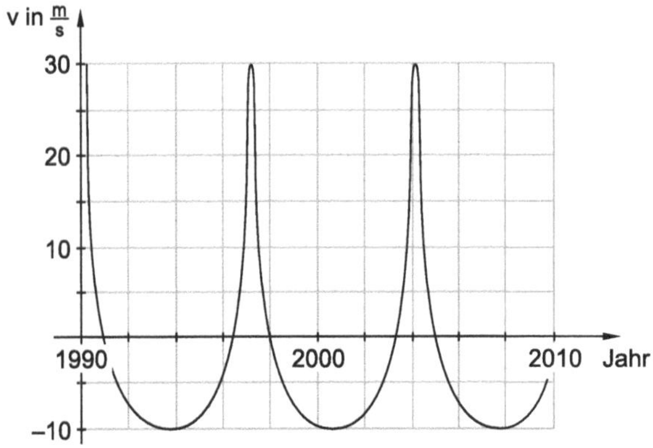

Abb. 1

Im Jahr 1990 gab es erste Hinweise auf einen Exoplaneten, der ε Eri umläuft. Der Stern und sein Planet bewegen sich dabei um ihren gemeinsamen Schwerpunkt.
Im Diagramm ist stark vereinfacht die Radialgeschwindigkeit v von ε Eri, bereinigt um die Radialbewegung des gemeinsamen Schwerpunkts, über einen Zeitraum von 20 Jahren aufgetragen.

a) Der Exoplanet umrundet den Stern ε Eri auf einer elliptischen, nicht kreisförmigen Bahn. Begründen Sie dies anhand des Diagramms. (4 BE)

Da die Masse M von ε Eri erheblich größer ist als die des Exoplaneten, soll für die folgenden Berechnungen angenommen werden, dass die Bewegung des Planeten auf einer Kepler-Ellipse um den Mittelpunkt des Zentralgestirns erfolgt. Aus der Formel für die Bahngeschwindigkeit eines Planeten kann dann die Beziehung

$$v_A \cdot v_P = \frac{G \cdot M}{a}$$

hergeleitet werden; dabei sind $v_A = 6{,}1\,\frac{km}{s}$ bzw. $v_P = 34{,}4\,\frac{km}{s}$ die kleinste bzw. die größte Geschwindigkeit des Exoplaneten und a die große Halbachse seiner Bahn. Überdies gilt für die Bewegung des Exoplaneten:

$$\frac{4\pi^2}{T^2} = \frac{G \cdot M}{a^3}$$

b) Zeigen Sie, dass $a^2 = \frac{v_A \cdot v_P \cdot T^2}{4\pi^2}$ gilt.

Entnehmen Sie dem Diagramm die Umlaufdauer T des Exoplaneten und bestätigen Sie damit, dass die große Halbachse seiner Bahn $a = 3{,}4$ AE beträgt. (7 BE)

c) Berechnen Sie M in Vielfachen der Sonnenmasse. (3 BE)

d) Die numerische Exzentrizität der Planetenbahn beträgt 0,70. Berechnen Sie daraus den maximalen Abstand des Planeten von ε Eri sowie den maximalen Winkelabstand von ε Eri, unter dem wir den Planeten von der Erde aus im Idealfall sehen könnten. (5 BE)

e) Schätzen Sie mithilfe der Leuchtkraft $L_\varepsilon = 0{,}28\,L_\odot$ von ε Eri die Oberflächentemperatur des Exoplaneten im kleinsten Abstand zu ε Eri ($r_P = 1{,}0$ AE) ab und beurteilen Sie, ob sich auf diesem Planeten Leben auf der Basis von Wasser entwickeln kann. Nehmen Sie vereinfachend an, dass sich der Planet im Strahlungsgleichgewicht befindet und mit seiner gesamten Oberfläche gleichmäßig abstrahlt. (6 BE)

(60 BE)

Tipps und Hinweise

Tipp zu Teilaufgabe 1 a

Verwenden sie den Wert der trigonometrischen Parallaxe.

Tipp zu Teilaufgabe 1 b

Zeichnen Sie sich ein Schnittbild der scheinbaren Himmelskugel mit allen notwendigen Linien, wie Horizont, Himmelsäquator, Zenit …

Tipp zu Teilaufgabe 1 c

Verwenden Sie – in passender Reihenfolge – die Beziehung zwischen den absoluten Helligkeiten M_1 und M_2 zweier Sterne sowie den Entfernungsmodul.

Tipp zu Teilaufgabe 1 d

Beginnen Sie mit einer sinnvollen Achseinteilung (Spektralklassen oder Temperatur gegen L* oder M), legen Sie den Ort der Sonne fest und ergänzen sie die wesentlichen Sterngebiete im HR-Diagramm.

Tipp zu Teilaufgabe 1 e

Denken Sie an die unterschiedlichen Endstadien und die dazugehörigen Massengrenzen.

Tipp zu Teilaufgabe 1 f

Vergessen Sie keinen der Hauptbestandteile, wie Kern der Galaxie, Scheibe, Halo … Tragen Sie die auch den Durchmesser sowie den Abstand der Sonne vom galaktischen Zentrum ein.

Tipps zu Teilaufgabe 2 a

- Schauen Sie sich das Diagramm genau an. Denken Sie beim Vorzeichen an die Rot- bzw. Blauverschiebung, klären sie unsymmetrisches Verhalten.
- Entwerfen sie aus den Daten eine Bahn des Planeten um den Stern.

Tipp zu Teilaufgabe 2 b

- Setzen Sie die angegebenen Formeln geschickt zusammen; in beiden kommt der Term $G \cdot M$ vor.

Tipps zu Teilaufgabe 2 c

- Sie haben mehrere Lösungswege.
- Epsilon Eridani liegt nach Aufgabe 1 auf der Hauptreihe.
- Alternativ: Verwenden Sie das dritte Kepler'sche Gesetz.

Tipps zu Teilaufgabe 2 d

- Die Aphelentfernung ergibt sich aus der großen Halbachse und der numerischen Exzentrizität.
- Die Verhältnisgleichung von Winkel und Bogen führt zum gewünschten Winkelabstand.

Tipps zu Teilaufgabe 2 e

- Berechnung der Temperatur: Nehmen Sie an, dass die aufgenommene Energie vom Stern gleichmäßig über die Oberfläche des Planeten verteilt wird und der Planet sie wie ein schwarzer Körper wieder abgibt.
- Bewerten Sie Ihr Ergebnis: Kann flüssiges Wasser existieren?

Lösungen zum Aufgabenvorschlag 2

1. *Gegeben:* $p_\varepsilon = 0{,}311''$

   a) Die **Entfernung** berechnet sich mithilfe der trigonometrischen Parallaxe zu:

   $$\frac{r_\varepsilon}{1\,\text{pc}} = \frac{1''}{p_\varepsilon}$$

   $$\Rightarrow \quad r_\varepsilon = \frac{1}{0{,}311}\,\text{pc} = 3{,}22\,\text{pc} = 3{,}22 \cdot 3{,}26\,\text{ly} = \underline{\underline{10{,}5\,\text{Lj}}}$$

   b) Abb. 2 zeigt die Situation an der projizierten Himmelskugel.

   h: Horizont
   N_1: Himmelsnordpol
   Z: Zenit
   β: geografische Breite
   N: Nadir
   HÄ: Himmelsäquator
   φ: Polhöhe

   Die **maximalen Höhe über dem Horizont** (in der oberen Kulmination) erreicht der Stern bei einem Winkel von

   $$\delta = 90° - \beta - \gamma$$
   $$= 90° - 49° - 9° = \underline{\underline{32°}}$$

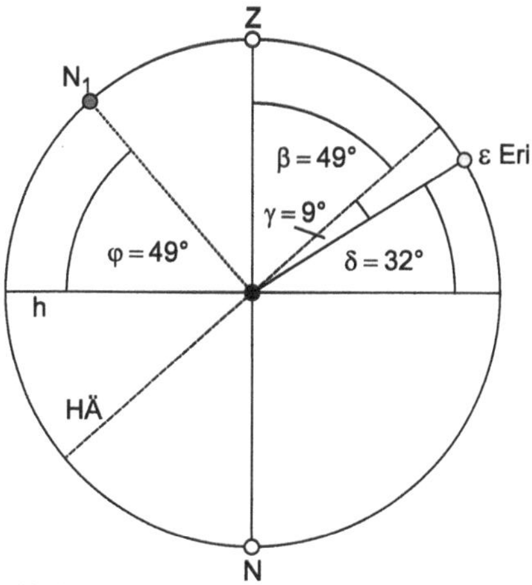

Abb. 2

   Zur Orientierung: Die Polhöhe φ (Winkel zwischen dem Horizont und der Polachse) und die geografische Breite β (Winkel zwischen dem Himmelsäquator und der Zenitlinie) sind als Winkel zwischen zwei paarweise zueinander senkrecht stehenden Geraden gleich.

   c) *Gegeben:* $m_\varepsilon = 3{,}73$; $M_\odot = 4{,}8$

   Die **absolute Helligkeit** von ε Eri berechnet man mit dem Entfernungsmodul:

   $$m_\varepsilon - M_\varepsilon = 5 \cdot \lg\left(\frac{r_\varepsilon}{10\,\text{pc}}\right)$$

   $$\Rightarrow \quad M_\varepsilon = m_\varepsilon - 5 \cdot \lg\left(\frac{r_\varepsilon}{10\,\text{pc}}\right)$$

   $$= 3{,}73 - 5 \cdot \lg 0{,}322 = \underline{\underline{6{,}2}}$$

Die absoluten Helligkeiten hängen mit den Leuchtkräften über

$$M_\varepsilon - M_\odot = -2{,}5 \cdot \lg \frac{L_\varepsilon}{L_\odot}$$

zusammen. Die **relative Leuchtkraft** $L^*_\varepsilon = \frac{L_\varepsilon}{L_\odot}$ ergibt sich daraus zu:

$$L^*_\varepsilon = 10^{\frac{M_\varepsilon - M_\odot}{-2{,}5}} = 10^{\frac{6{,}2-4{,}8}{-2{,}5}} = 10^{-0{,}56} = \underline{\underline{0{,}28}}$$

d) **Hertzsprung-Russell-Diagramm**

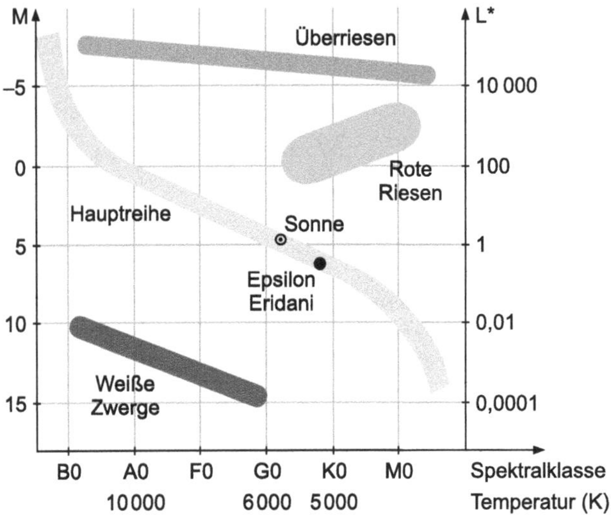

Abb. 3

e) **Sternentwicklung**
Sterne der Spektralklassen A, F, G, K und M, deren Endmassen unter 1,4 Sonnenmassen liegen, werden zunächst rote Riesen, stoßen ihre Hüllen ab und enden als heiße weiße Zwerge, die langsam auskühlen. Massereichere Sterne der oberen Spektralklassen O und B, deren Endmassen über 1,4 Sonnenmassen liegen, werden zunächst zu Überriesen. Es finden sich die verschiedenen Brennzonen in dem Riesenstern, der eventuell bis zu Eisen in seinem Kern fusioniert. Anschließend findet eine Supernova statt. Der Kern endet, sofern seine Masse unter der Volkhoff-Oppenheimer Grenze (von ca. 3,5 Sonnenmassen) liegt, als Neutronenstern; liegt sie über den 3,5 Sonnenmassen, wird er zum Schwarzen Loch.

f) **Schematische Seitenansicht der Milchstraße**

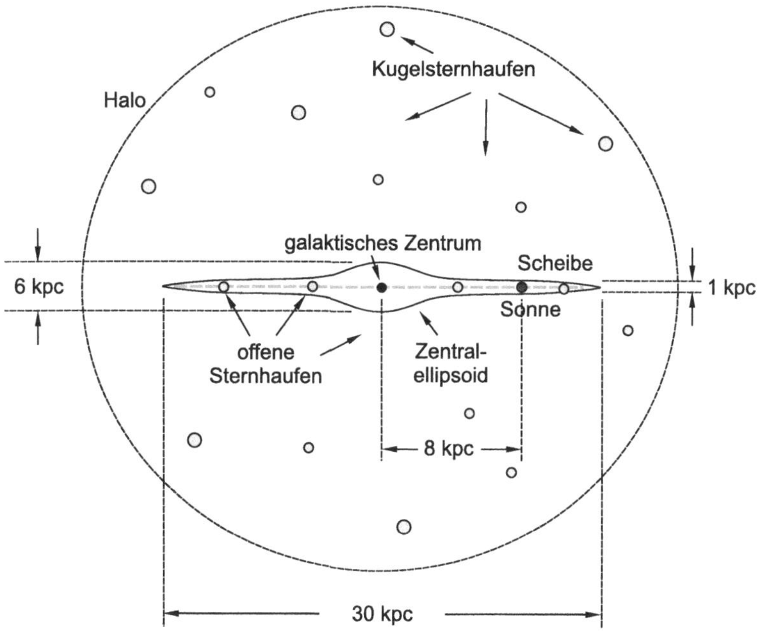

Abb. 4

g) Für nah gelegene Sterne verwendet man die **trigonometrische Parallaxe**:
Man beobachtet den Stern vor dem weiter entfernten Sternenhintergrund im Laufe eines Jahres und vermisst dabei den Winkel p, unter dem der Bahnradius der Erde vom Stern aus gesehen erscheint. Für die Entfernung r gilt dann (Abb. 5)

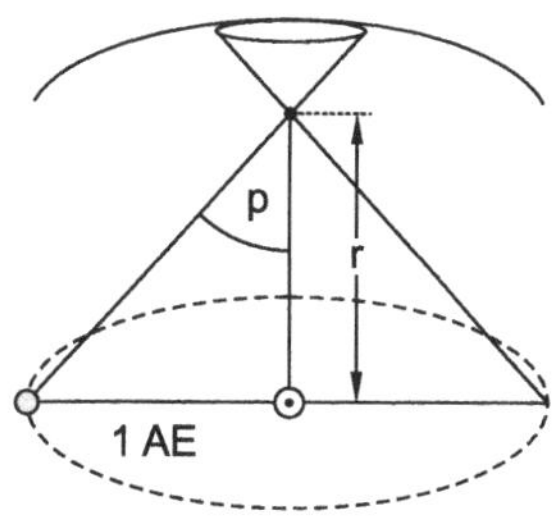

Abb. 5

$$\tan p = \frac{1\,\text{AE}}{r} \quad \Rightarrow \quad r = \frac{1\,\text{AE}}{\tan p} \approx \frac{1\,\text{AE}}{p},$$

wobei für kleine Winkel $p = \tan p$ gesetzt werden darf.

Bei **weiter entfernten Sternen** eignen sich zunächst die **photometrischen Methoden**. Dabei wird die absolute Helligkeit aus bekannten Daten bestimmt, z. B. bei

- RR-Lyrae Sternen ($M = 0{,}6$);
- δ-Cepheiden (Bestimmung der absoluten Helligkeit mithilfe der Perioden-Leuchtkraftbeziehung);
- Supernovae.

Anschließend lässt sich mithilfe des Entfernungsmoduls

$$m - M = 5 \cdot \lg\left(\frac{r}{10}\,\text{pc}\right)$$

die Entfernung r berechnen.

Bei **noch weiter entfernten Objekten** verwendet man das **Hubble-Gesetz**

$$v = H_0 \cdot r.$$

Die hierzu nötige Geschwindigkeit kann durch die entsprechende Verschiebung von Spektrallinien (Dopplereffekt) berechnet werden.

2. a) Wie man dem Diagramm der Abb. 1 entnehmen kann, bewegt sich der Planet periodisch von uns weg bzw. auf uns zu. Die Bewegung von uns weg erreicht $30\ \text{m} \cdot \text{s}^{-1}$, die auf uns zu $10\ \text{m} \cdot \text{s}^{-1}$. Das bedeutet, dass er an der Stelle, an der er sich von uns weg bewegt, dem Stern näher ist als dort, wo er sich auf uns zu bewegt. Damit ist seine Bahngeschwindigkeit nicht konstant – und deswegen bewegt er sich gemäß Kepler auf einer **elliptischen Bahn** (Abb. 6).

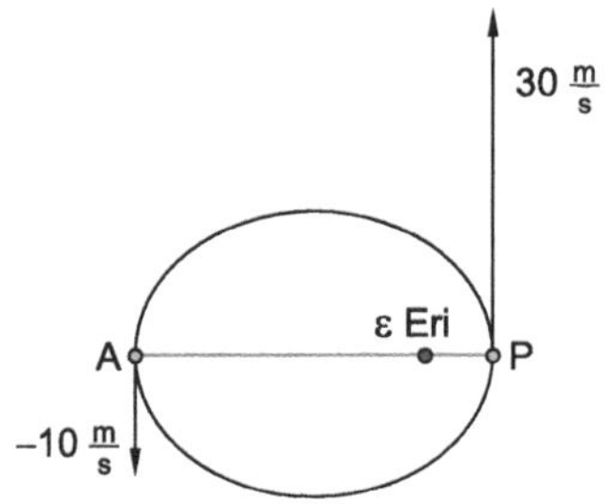

Abb. 6

b) *Gegeben:* $v_A = 6{,}1\ \frac{\text{km}}{\text{s}}$; $v_A = 34{,}4\ \frac{\text{km}}{\text{s}}$

Man löst beide angegebenen Gleichungen nach $G \cdot M$ auf. Bei der ersten Gleichung erhält man

$$G \cdot M = a \cdot v_A \cdot v_P,$$

für die zweite (sie entspricht dem dritten Kepler'schen Gesetz)

$$G \cdot M = \frac{4\pi^2 \cdot a^3}{T^2}.$$

Gleichsetzen der rechten Seiten, Kürzen und Umstellen liefert die gesuchte **Formel für a²**:

$$\frac{4\pi^2 \cdot a^3}{T^2} = a \cdot v_A \cdot v_P \quad \Rightarrow \quad a^2 = \underline{\underline{\frac{v_A \cdot v_P \cdot T^2}{4\pi^2}}}$$

Der Abb. 1 entnimmt man als Umlaufzeit ca. 7 Jahre (Abstand der Maxima), sodass man für die **große Halbachse** der Exoplanetenbahn erhält:

$$a = \frac{T}{2\pi} \cdot \sqrt{v_A \cdot v_P}$$

$$= \frac{7 \cdot 365{,}25 \cdot 24 \cdot 3600\ \text{s}}{2\pi} \cdot \sqrt{6{,}1 \cdot 34{,}4}\ \frac{\text{km}}{\text{s}} = 5{,}1 \cdot 10^8\ \text{km} = \underline{\underline{3{,}4\ \text{AE}}}$$

c) *Gegeben:* $L_\varepsilon = 0{,}28\,L_\odot$ bzw. $L_\varepsilon^* = \frac{L_\varepsilon}{L_\odot} = 0{,}28$ (Teilaufgabe 1 c)

Da es sich bei ε Eri um einen Hauptreihenstern handelt, gilt die Masse-Leuchtkraft-Beziehung $L \sim M^3$. Bezogen auf die Sonnenmasse beträgt seine **Masse**:

$$L_\varepsilon^* = (M_\varepsilon^*)^3 \quad \Rightarrow \quad M_\varepsilon^* = \sqrt[3]{L_\varepsilon^*} = \sqrt[3]{0{,}28} = \underline{\underline{0{,}65}}$$

Eine andere (genauere) Möglichkeit ist eine Berechnung über das dritte Kepler'sche Gesetz, wobei man das System Erde–Sonne als Bezugssystem wählt:

$$M_\varepsilon = \frac{4\pi^2}{G} \cdot \frac{a^3}{T^2} \text{ und } M_\odot = \frac{4\pi^2}{G} \cdot \frac{(1\,\text{AE})^3}{(1\,\text{a})^2}$$

Division der beiden Gleichungen liefert:

$$M_\varepsilon^* = \frac{3{,}4^3}{7^2} = \underline{\underline{0{,}80}}$$

d) *Gegeben:* $\varepsilon = 0{,}70$; $r_\varepsilon = 10{,}5\,\text{Lj} = 6{,}64 \cdot 10^5\,\text{AE}$ (Teilaufgabe 1 a)

Die **Aphelentfernung** berechnet man zu

$$r_A = a + a \cdot \varepsilon = a \cdot (1+\varepsilon) = 3{,}4\,\text{AE} \cdot 1{,}7 = \underline{\underline{5{,}8\,\text{AE}}}$$

Den scheinbaren **maximalen Winkelabstand α** bestimmt man, indem man α als Mittelpunktswinkel ins Verhältnis zum Vollwinkel setzt:

$$\frac{\alpha}{360°} = \frac{r_A}{2\pi \cdot r_\varepsilon} \quad \Rightarrow \quad \alpha = \frac{r_A}{2\pi \cdot r_\varepsilon} \cdot 360° = \frac{5{,}8\,\text{AE} \cdot 360 \cdot 3600''}{2\pi \cdot 6{,}64 \cdot 10^5\,\text{AE}} = \underline{\underline{1{,}8''}}$$

e) *Gegeben:* $r_P = 1\,\text{AE} = 1{,}5 \cdot 10^{11}\,\text{m}$; $L_\odot = 3{,}82 \cdot 10^{26}\,\text{W}$

Der Planet nimmt Energie von seinem Stern auf und strahlt sie wieder in den interplanetaren Raum ab. Nachdem hier kein Albedo angegeben ist, weiß man nicht, welcher Teil der ankommenden Energie absorbiert wird, sodass man nur von der gesamten ankommenden Energie ausgehen kann:

$$E_{auf} = S_\varepsilon \cdot R^2 \cdot \pi = \frac{L_\varepsilon}{4\pi \cdot r_P^2} \cdot R^2 \cdot \pi = \frac{L_\varepsilon}{4 r_P^2} \cdot R^2$$

Darin bezeichnet R den Planetenradius. Die abgestrahlte Energie berechnet sich mit Stefan und Boltzmann zu:

$$E_{ab} = \sigma \cdot 4\pi \cdot R^2 \cdot T^4$$

Durch Gleichsetzen von E_{auf} und E_{ab} erhält man die **Oberflächentemperatur**:

$$\frac{L_\varepsilon}{4 r_P^2} \cdot R^2 = \sigma \cdot 4\pi \cdot R^2 \cdot T^4$$

$$\Rightarrow \quad T = \sqrt[4]{\frac{L_\varepsilon}{16\pi \cdot r_P^2 \cdot \sigma}} = \sqrt[4]{\frac{0{,}28 \cdot 3{,}8 \cdot 10^{26}\,\text{W}}{16\pi \cdot (1{,}5 \cdot 10^{11}\,\text{m})^2 \cdot 5{,}67 \cdot 10^{-8}\,\frac{\text{W}}{\text{m}^2 \cdot \text{K}^4}}} \approx \underline{\underline{200\,\text{K}}}$$

Die berechnete Temperatur ist so niedrig, dass Wasser kaum in flüssiger Form vorkommt und somit Leben in unserer Form dort **nicht** existieren kann.

Abitur Physik (Bayern) 2012
Themenbereich I: Elektromagnetische Felder, Relativitätstheorie

Aufgabenvorschlag 1

1. **Protonen und Pionen in der Medizin**
In darauf spezialisierten Instituten werden Tumore mit geladenen Teilchen, sogenannten Pionen, bestrahlt. Zu deren Erzeugung benötigt man Protonen hoher Energie. Ruhende Protonen werden daher zunächst beschleunigt und anschließend in einen Speicherring eingeleitet.
Gehen Sie im Weiteren vereinfachend davon aus, dass die im Speicherring gesammelten Protonen mit der Geschwindigkeit $v = 0{,}79\ c$ durch den Einsatz geeigneter Ablenkmagnete auf einer Kreisbahn mit Radius $r = 8{,}8$ m gehalten werden.

a) Zeichnen Sie einen Ausschnitt der Protonen-Kreisbahn mit Kennzeichnung der magnetischen Feldlinienrichtung. Tragen Sie außerdem in einem Punkt der Kreisbahn für ein Proton die Richtung des Geschwindigkeitsvektors sowie die der Lorenzkraft ein. (4 BE)

b) Berechnen Sie die Umlaufdauer eines Protons im Speicherring und die Anzahl seiner Umläufe innerhalb einer Sekunde. (4 BE)

c) Zeigen Sie, dass ein solches Proton die Masse $1{,}6 \cdot m_0$ (m_0: Ruhemasse des Protons) und eine kinetische Energie von mehr als 0,5 GeV besitzt. (5 BE)

d) Berechnen Sie den Betrag der magnetischen Flussdichte im Speicherring. (4 BE)

Mittels der Protonen aus dem Speicherring werden Pionen erzeugt, die allerdings sehr rasch zerfallen. Im Weiteren werden Pionen betrachtet, die sich näherungsweise mit Lichtgeschwindigkeit durch einen 8,0 m langen Kanal auf den Patienten zubewegen.

e) Ermitteln Sie mithilfe des nebenstehenden Zerfallsdiagramms, wie viel Prozent der ursprünglichen Pionen man bei Vernachlässigung relativistischer Effekte am Ende des Kanals erwarten würde. (3 BE)

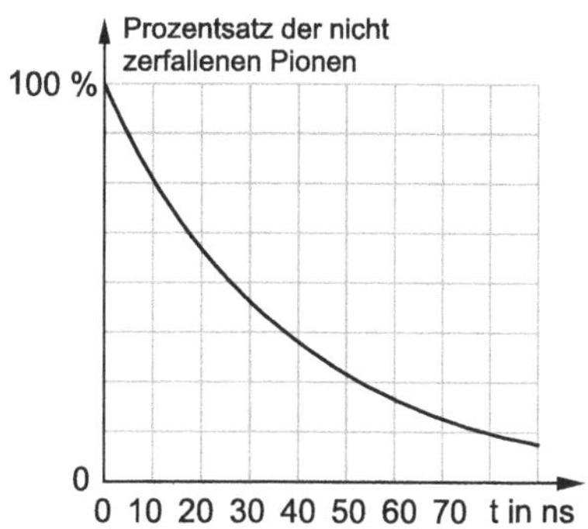

Abb. 1

f) Erklären Sie, warum in Wirklichkeit viel mehr Pionen am Ende des Kanals ankommen, als der in Teilaufgabe 1e ermittelte Prozentsatz angibt. (5 BE)

2. **DVB-T – „Überall-Fernsehen“**

Seit einigen Jahren ist Fernsehen in Deutschland über das sogenannte DVB-T (Digital Video Broadcasting – Terrestrial) zu empfangen.
Eine dafür geeignete, vertikal orientierte Sendeantenne strahlt mit einer Frequenz von 578 MHz.

a) In großer Entfernung vom Sender ist die Empfangsfeldstärke sehr klein, sodass nur mit einer Dachantenne ein störungsfreier Empfang möglich ist. Berechnen Sie die kleinste sinnvolle Länge des Empfangsdipols und geben Sie an, wie er für einen optimalen Empfang ausgerichtet sein muss. (4 BE)

b) Um die Empfangsqualität zu verbessern, wird eine Metallplatte hinter der Empfangsantenne senkrecht zur Einfallsrichtung der Strahlung montiert. Nennen Sie das hier auftretende physikalische Phänomen, verdeutlichen Sie es durch eine Skizze und berechnen Sie für die Frequenz 578 MHz den kleinsten sinnvollen Abstand zwischen Antenne und Platte. (5 BE)

Es wird ein Schwingkreis aus Spule und Kondensator betrachtet, dessen Eigenfrequenz mit der Frequenz des DVB-T-Senders übereinstimmen soll.

c) Die langgestreckte, zylindrische Spule hat die Länge 8,0 cm, den Durchmesser 4,0 mm und 12 Windungen. Berechnen Sie die Kapazität des zugehörigen Schwingkreiskondensators. (6 BE)

d) Begründen Sie jeweils kurz, dass es sich bei einer Antenne auch um einen Schwingkreis handelt und dennoch eine Empfangsantenne nicht gleichwertig durch einen Schwingkreis aus Spule und Kondensator ersetzt werden kann. (4 BE)

3. **Interferenzexperimente mit Laserlicht**

Ein Laser emittiert rotes Licht einer unbekannten Wellenlänge λ. Für ein Experiment stehen Ihnen ein optisches Gitter bekannter Gitterkonstante b, ein Schirm und ein Maßband mit Millimeter-Skala zur Verfügung.

a) Beschreiben Sie unter Verwendung einer Skizze, wie man mit den gegebenen Hilfsmitteln die Wellenlänge λ des Laserlichts bestimmen kann. Gehen Sie insbesondere darauf ein, welche Größen gemessen werden müssen und wie die Auswertung erfolgt. (7 BE)

b) Im Experiment ergibt sich für die Wellenlänge des Laserlichts $\lambda = 6{,}3 \cdot 10^{-7}$ m. Ermitteln Sie, welche Bedingung die Gitterkonstante b erfüllen muss, damit bei senkrechter Einstrahlung die Interferenzmaxima mindestens bis zur 10. Ordnung entstehen können. (4 BE)

c) Beschreiben und begründen Sie jeweils knapp, wie sich das Interferenzmuster auf dem Schirm verändert, wenn bei sonst gleichen Versuchsbedingungen

α) grünes Laserlicht verwendet wird,

β) das Gitter bei unverändert senkrechtem Einfall des Laserstrahls um 90° gedreht wird. (5 BE)

(60 BE)

Tipps und Hinweise zum Aufgabenvorschlag 1

Tipps zu Teilaufgabe 1

a: Die Lorentzkraft ist die Zentripetalkraft (Dreifinger-Regel der rechten Hand!).

b: Verwenden Sie für die Berechnung den Kreisumfang.

c: Rechnen Sie relativistisch (Faustregel $0{,}79\,c > 0{,}1c$).

d: Lösungsansatz: Die Lorentzkraft ist hier die Zentripetalkraft.

e: Berechnen Sie zunächst die Flugdauer der Pionen.

f: Berücksichtigen Sie typische relativistische Effekte, die sich auf die Flugzeit bzw. die Kanallänge auswirken.

Tipps zu Teilaufgabe 2

a: Der Empfangsdipol kleinstmöglicher sinnvoller Länge hat die halbe Wellenlänge.

b: Es geht hier um stehende Wellen. An welchen Stellen wird deren Amplitude maximal?

c: Berechnen Sie erst die Induktivität und dann mit der Thomsonformel die Kapazität.

d: Wie kann man sich eine Antenne (Hertz'scher Dipol) aus einem Schwingkreis entstanden denken? Vergleichen Sie die Energieabstrahlung beider Systeme.

Tipps zu Teilaufgabe 3

a: Beleuchten Sie das Gitter mit dem Laserlicht und fangen Sie das Interferenzmuster auf einem Schirm dahinter auf!

b: Beachten Sie den Wertebereich der Sinusfunktion!

c: Grünes Laserlicht ist energiereicher als rotes.

Lösungen zum Aufgabenvorschlag 1

1. a) Abb. 2 zeigt einen **Ausschnitt der Protonen-Kreisbahn** für den Fall, dass das Magnetfeld senkrecht in die Zeichenebene hinein gerichtet ist; das Proton läuft dann gegen den Uhrzeigersinn. Die Lorentzkraft zeigt stets zum Kreismittelpunkt.

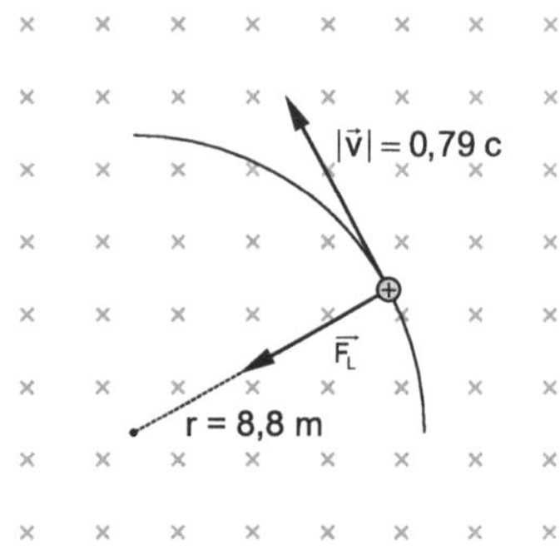

Abb. 2

Sie können natürlich die Magnetfeldrichtung entgegengesetzt wählen (aus der Zeichenebene heraus). Dann läuft das Proton im Uhrzeigersinn.

b) Die **Umlaufdauer** lässt sich sofort aus den gegebenen Daten berechnen:

$$T = \frac{2\pi \cdot r}{v} = \frac{2\pi \cdot 8{,}8\ \text{m}}{0{,}79 \cdot 3{,}0 \cdot 10^8\ \frac{\text{m}}{\text{s}}} = \underline{\underline{2{,}3 \cdot 10^{-7}\ \text{s}}}$$

Deren Kehrwert liefert die **Umläufe je Sekunde**:

$$f = \frac{1}{T} = \underline{\underline{4{,}3 \cdot 10^6\ \frac{1}{\text{s}}}}$$

c) Wegen der hohen Geschwindigkeit muss relativistisch gerechnet werden. Für die **relativistische Masse** des Protons gilt

$$m = \frac{m_0}{\sqrt{1-\left(\frac{v}{c}\right)^2}} = \frac{m_0}{\sqrt{1-(0{,}79)^2}} = \underline{\underline{1{,}6\,m_0}}$$

und für seine **kinetische Energie**:

$$E_{kin} = E - E_0 = m \cdot c^2 - m_0 \cdot c^2 = 1{,}6\,m_0 \cdot c^2 - m_0 \cdot c^2$$
$$= 0{,}6\,m_0 \cdot c^2 = 0{,}6 \cdot 938{,}26\ \text{MeV} = \underline{\underline{563\ \text{MeV}\ >\ 0{,}5\ \text{GeV}}}$$

Die Ruheenergie des Protons finden Sie in der Formelsammlung.

d) Die Lorentzkraft ist eine Zentripetalkraft. Daraus folgt für den **Betrag der magnetischen Flussdichte**:

$$F_L = F_Z$$
$$e \cdot v \cdot B = \frac{m \cdot v^2}{r}$$
$$\Rightarrow\ B = \frac{m \cdot v}{e \cdot r} = \frac{1{,}6 \cdot 1{,}67 \cdot 10^{-27}\ \text{kg} \cdot 0{,}79 \cdot 3{,}0 \cdot 10^8\ \frac{\text{m}}{\text{s}}}{1{,}6 \cdot 10^{-19}\ \text{C} \cdot 8{,}8\ \text{m}} = \underline{\underline{0{,}45\ \text{T}}}$$

e) Für die Flugdauer t in dem 8 m langen Kanal ergibt sich

$$t = \frac{s}{v} = \frac{s}{c}$$

$$= \frac{8\ \text{m}}{3{,}0 \cdot 10^8\ \frac{\text{m}}{\text{s}}} = 27\ \text{ns},$$

sodass gemäß Abb. 3 am Kanalende noch etwa **50 % der ursprünglich vorhandenen Pionen** zu erwarten sind.

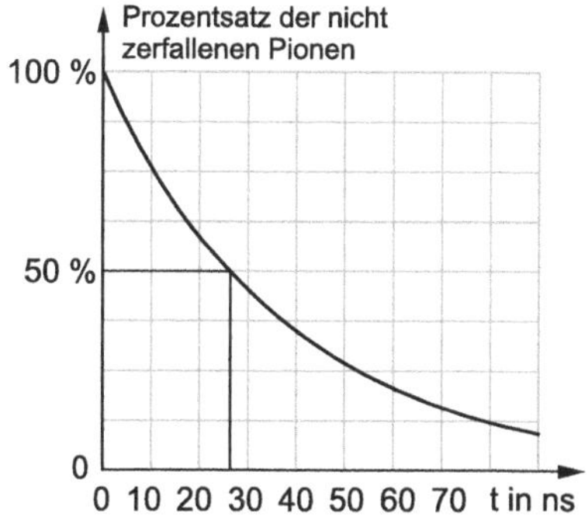

Abb. 3

f) Der Anteil „überlebender" Pionen am Kanalende ist deutlich höher, weil bei der Abschätzung in Teilaufgabe 1 e relativistische Effekte (die Pionen fliegen fast mit Lichtgeschwindigkeit) vernachlässigt werden. Berücksichtigt man die **Längenkontraktion** des Kanals (der im Bezugssystem der Pionen deutlich kürzer ist als 8 m) bzw. die **Zeitdilatation** (die Zeit der Pionen im Kanal vergeht aus der Sicht des Beobachters langsamer, sie benötigen im Bezugssystem des Beobachters deutlich weniger als 27 ns für den Flug), ist der höhere Pionenanteil plausibel.

2. a) Der Empfangsdipol sollte **parallel zum Sendedipol** ausgerichtet sein, also ebenfalls vertikal. Als **Mindestlänge** ergibt sich die halbe Wellenlänge:

$$\ell = \frac{\lambda}{2} = \frac{c}{2f}$$

$$= \frac{3{,}00 \cdot 10^8\ \frac{\text{m}}{\text{s}}}{2 \cdot 578 \cdot 10^6\ \text{Hz}} = \underline{\underline{0{,}259\ \text{m}}}$$

b) Es bildet sich durch Reflexion eine **stehende Welle** vor der Metallwand. Dort ist ein Knoten; beim ersten „Bauch" im Abstand d einer Viertelwellenlänge vor der Wand sollte dann der Empfänger sitzen. Für diesen **Minimalabstand** ergibt sich:

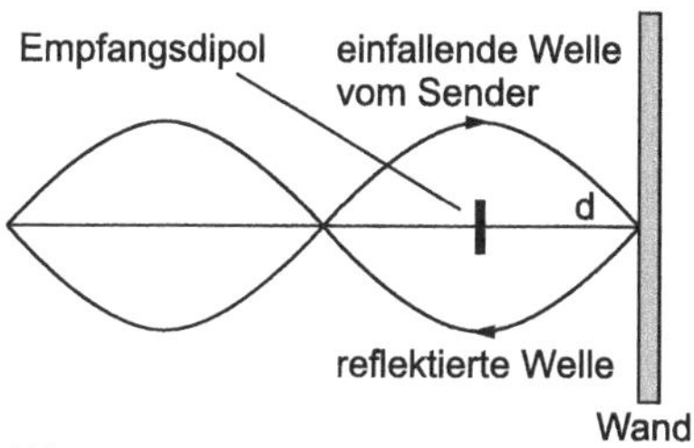

Abb. 4

$$d = \frac{\lambda}{4} = \frac{c}{4f}$$

$$= \frac{3{,}00 \cdot 10^8\ \frac{\text{m}}{\text{s}}}{4 \cdot 578 \cdot 10^6\ \text{Hz}} = \underline{\underline{0{,}130\ \text{m}}}$$

c) Zunächst berechnet man aus den Spulendaten die Induktivität L (langgestreckte zylindrische Spule):

$$L = \mu_0 \cdot \frac{N^2 \cdot A}{\ell} = \mu_0 \cdot \frac{N^2 \cdot \left(\frac{d}{2}\right)^2 \cdot \pi}{\ell}$$

$$= 4\pi \cdot 10^{-7} \frac{Vs}{Am} \cdot \frac{12^2 \cdot (2{,}0 \cdot 10^{-3}\,m)^2 \cdot \pi}{8{,}0 \cdot 10^{-2}\,m} = 2{,}84 \cdot 10^{-8}\,H$$

Daraus folgt mithilfe der Thomsonformel für die **Kapazität** C:

$$f = \frac{1}{2\pi \cdot \sqrt{L \cdot C}}$$

$$\Rightarrow \quad C = \frac{\left(\frac{1}{2\pi \cdot f}\right)}{L} = \frac{1}{4\pi^2 \cdot f^2 \cdot L} = \frac{1}{4\pi^2 \cdot (578 \cdot 10^6\,Hz)^2 \cdot 2{,}84 \cdot 10^{-8}\,H}$$

$$= \underline{\underline{2{,}7 \cdot 10^{-12}\,F = 2{,}7\,pF}}$$

d) Bei einem Schwingkreis wird nach der Thomsonformel die Frequenz immer höher, je kleiner Induktivität und Kapazität der verwendeten Spule bzw. des Kondensators werden. Betrachtet man eine Dipol-Antenne als aufgebogene „Spule“ minimaler Induktivität, deren Enden (als gedachte Mini-„Kondensator-Platten“) eine (winzig kleine) Kapazität darstellen, dann lässt sich der **Sende- oder Empfangsdipol durchaus als Schwingkreis** bezeichnen.

Der große **Unterschied** zwischen Dipol-Antenne und „normalem“ Schwingkreis besteht in der Dämpfung: Ein Sendedipol strahlt als offener Schwingkreis mit einer gewissen Sendeleistung in den Raum ab, ein Empfangsdipol nimmt als ebenfalls offener Schwingkreis solche Sendesignale auf. Dagegen sind herkömmliche Schwingkreise geschlossen, sie strahlen fast nicht in den Raum ab. Zur gegenseitigen Anregung müssen zwei solche Schwingkreise explizit gekoppelt werden (kapazitiv über einen gemeinsamen Kondensator oder induktiv über eine Spule).

3. a) **Bestimmung der Wellenlänge**

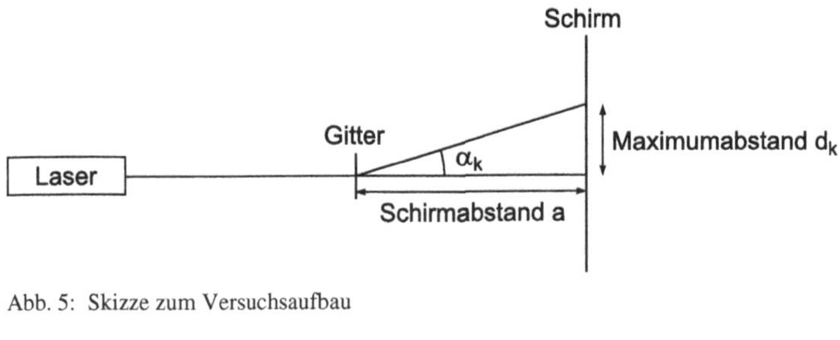

Abb. 5: Skizze zum Versuchsaufbau

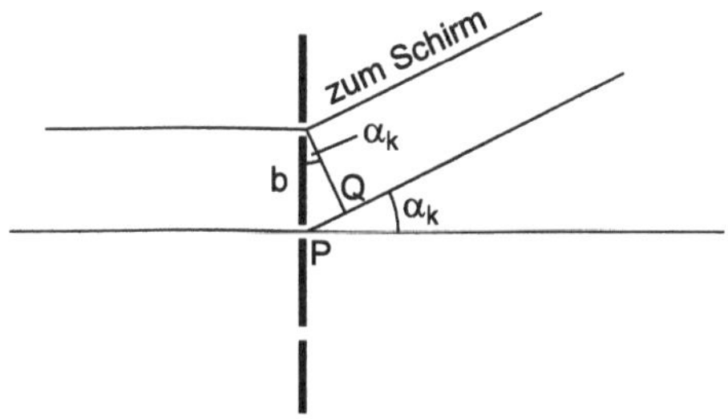

Abb. 6 Detailansicht am Gitter

Das Laserlicht fällt von links auf das Gitter und wird dort gebeugt (Abb. 5). Die rechts von den Spalten ausgehenden Strahlen haben einen Gangunterschied, der im Fall eines Maximums ein ganzzahliges Vielfaches der Wellenlänge ist. Es gilt dann (Abb. 6):

$$\overline{PQ} = \Delta s = b \cdot \sin\alpha_k = k \cdot \lambda \;\Rightarrow\; \sin\alpha_k = \frac{k \cdot \lambda}{b} \quad (k = 1, 2, \ldots) \qquad (1)$$

Die Maxima k-ter Ordnung liegen auf dem Schirm im Abstand a (Messwert) hinter dem Gitter seitlich um die Strecke d_k (Messwert) versetzt neben dem nullten Hauptmaximum. Es gilt:

$$\tan\alpha_k = \frac{d_k}{a} \qquad (2)$$

Für kleine Winkel bis ca. 10° gilt die Kleinwinkelnäherung (Bogenmaß!) $\alpha \approx \sin\alpha \approx \tan\alpha$ und damit durch Kombination von (1) und (2):

$$\frac{k \cdot \lambda}{b} = \frac{d_k}{a} \qquad (3)$$

Die Wellenlänge lässt sich also beispielsweise für das Maximum 1. Ordnung ($k = 1$) aus den gemessenen Längen a und d_1 sowie der bekannten Gitterkonstante b berechnen zu

$$\lambda = b \cdot \frac{d_1}{a}.$$

b) Um auch die Maxima zehnter Ordnung beobachten zu können ($k = 10$), muss nach (1) $10 \cdot \lambda \leq b$ gelten (weil der Sinus höchstens den Wert 1 erreicht) und damit die Gitterkonstante b die folgende Bedingung erfüllen:

$$b \geq 10 \cdot \lambda = 10 \cdot 630\text{ nm} \;\Rightarrow\; \underline{\underline{b \geq 6{,}3\,\mu\text{m}}}$$

c) Grünes Laserlicht hat eine höhere Energie als rotes, die Wellenlänge ist kleiner. Damit verringern sich wegen (3) die Abstände der Maxima benachbarter Ordnungen, das Interferenzmuster wird horizontal **gestaucht**.

Eine Gitterdrehung um 90 Grad führt zu einer **Drehung** des Interferenzmusters um ebenfalls 90 Grad.

Aufgabenvorschlag 2

1. **Linearbeschleuniger**
Mit einem Linearbeschleuniger, dessen Aufbau die nachfolgende Abbildung schematisch zeigt, können Protonen geradlinig beschleunigt werden.

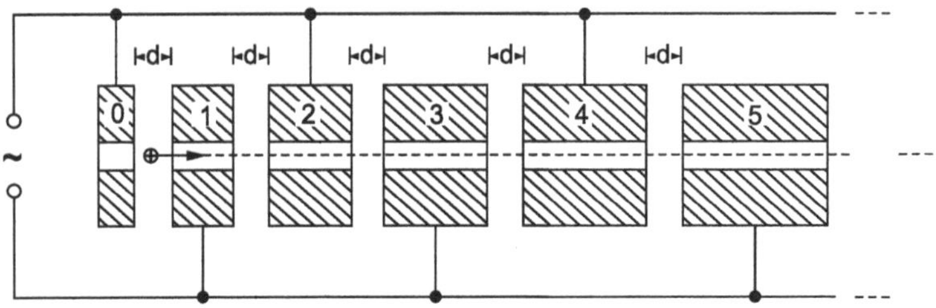

Abb. 1

Betrachtet wird ein Proton, das am Ende der 0-ten Röhre mit vernachlässigbarer Anfangsgeschwindigkeit in den Beschleuniger eingebracht wird. Zwischen je zwei aufeinanderfolgenden Röhren wird das Proton in einem schmalen Spalt der Breite $d = 2{,}0$ cm wie in einem Plattenkondensator mit Plattenabstand d und der anliegenden Spannung $6{,}0 \cdot 10^5$ V beschleunigt. Dies wird durch eine an den Röhren anliegende Wechselspannung der Frequenz $f = 20$ MHz und des Scheitelwerts $U_0 = 6{,}0 \cdot 10^5$ V erreicht. Die Aufenthaltsdauer des Protons in den Spalten soll vernachlässigt werden. Im Inneren der Röhren liegt kein elektrisches Feld vor.

a) Berechnen Sie den Betrag der elektrischen Kraft auf das Proton und seine Beschleunigung im Spalt zwischen zwei Röhren. Bestimmen Sie die Zunahme ΔE_{kin} der kinetischen Energie in jedem der Spalte.
[Zur Kontrolle: $\Delta E_{kin} = 9{,}6 \cdot 10^{-14}$ J] (8 BE)

b) Erläutern Sie, wie sich das Proton im Inneren der Röhren bewegt, und berechnen Sie sowohl die kinetische Energie als auch die Geschwindigkeit v_7 des Protons am Ende des 7. Spalts. Begründen Sie, warum eine nicht-relativistische Rechnung gerechtfertigt ist.
[Zur Kontrolle: $v_7 = 2{,}8 \cdot 10^7 \frac{m}{s}$] (8 BE)

c) Erläutern Sie, weshalb die Röhren in Bewegungsrichtung des Protons eine immer größere Länge haben müssen. Berechnen Sie die Länge s_7 der 7. Röhre. (7 BE)

2. **Kapazitiver Dehnungsmessstreifen**

In einem Dehnungsmessstreifen wird der Plattenabstand d eines eingebauten Messkondensators durch Dehnung verringert. Als Kondensator wird ein luftgefüllter Plattenkondensator mit quadratischen Platten der Seitenlänge 4,0 mm verwendet, der im ungedehnten Ausgangszustand des Messstreifens einen Plattenabstand von 1,0 mm hat.

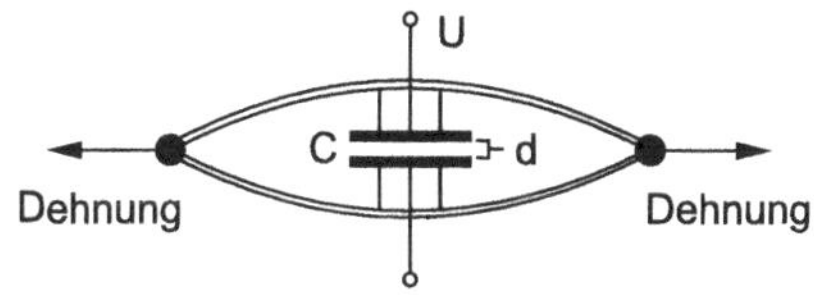

Abb. 2

a) Berechnen Sie die Kapazität C des Messkondensators im Ausgangszustand und seine Ladung bei einer anliegenden Spannung von 12,0 V. [Zur Kontrolle: $C = 0{,}14\ \text{pF}$] (5 BE)

b) Der Messkondensator wird nach dem Ladevorgang von der Stromquelle getrennt. Beschreiben und begründen Sie, ob und gegebenenfalls wie sich die Ladung, die Kapazität und die Spannung des Kondensators bei Dehnung des Messstreifens ändern. (6 BE)

Nun bildet der Messkondensator zusammen mit einer Spule ($L = 20\ \text{mH}$) einen elektromagnetischen Schwingkreis.

c) Berechnen Sie die Eigenfrequenz des Schwingkreises ohne Dehnung des Messstreifens. (3 BE)

d) Leiten Sie eine Formel für die Eigenfrequenz f des Schwingkreises in Abhängigkeit vom Plattenabstand d her. Wie verändert sich die Eigenfrequenz des Schwingkreises, wenn aufgrund einer Dehnung des Messstreifens der Plattenabstand halbiert wird? (5 BE)

3. **Induktionskochfeld**

Bei einem Induktionskochfeld durchsetzt ein magnetisches Wechselfeld der Flussdichte $B(t) = B_0 \cdot \sin(\omega \cdot t)$ einen metallischen Topfboden.

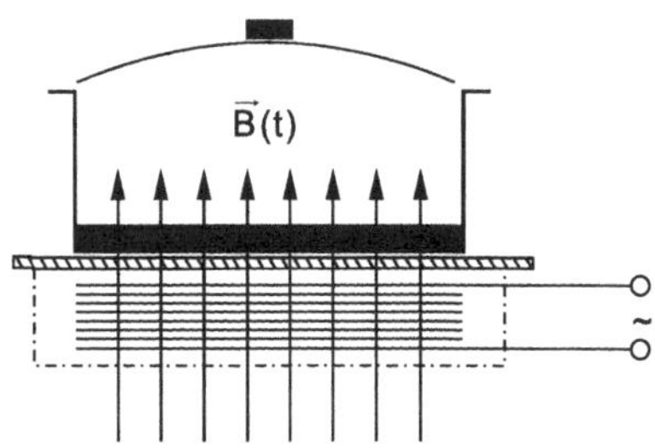

Abb. 3

a) Erklären Sie, warum sich der Boden eines Eisentopfs, der auf dem eingeschalteten Kochfeld steht, erwärmt. (4 BE)

Nun wird anstelle des Topfs eine Induktionsspule mit $N = 500$ Windungen so auf das eingeschaltete Kochfeld gelegt, dass ihre Querschnittsfläche ($A = 30\ \text{cm}^2$) vollständig und senkrecht vom Magnetfeld durchsetzt wird.

b) Zeigen Sie, dass zwischen den Enden der Spule eine Induktionsspannung mit $U_i(t) = -N \cdot A \cdot B_0 \cdot \omega \cdot \cos(\omega \cdot t)$ entsteht. (5 BE)

c) Ein an die Spule angeschlossenes Oszilloskop zeigt den nebenstehenden zeitlichen Verlauf der Induktionsspannung $U_i(t)$. Ermitteln Sie zusammen mit dem Ergebnis der Teilaufgabe 3 b den Scheitelwert B_0 des magnetischen Wechselfeldes.

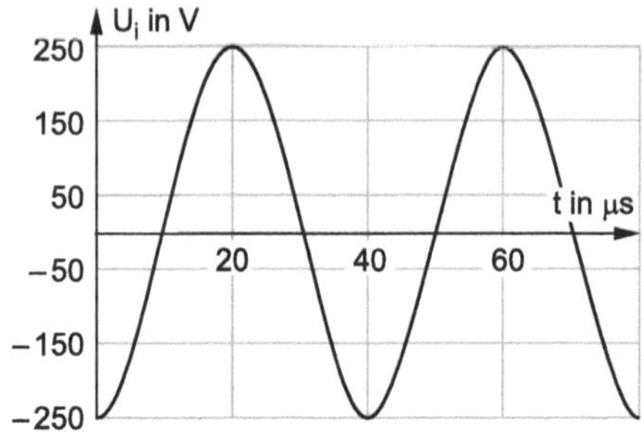

Abb. 4

(6 BE)

d) Begründen Sie, weshalb zur Erzeugung hoher Induktionsspannungen bei Induktionskochfeldern Wechselspannungen im kHz-Bereich und nicht solche mit der Frequenz 50 Hz der Netz-Wechselspannung verwendet werden. (3 BE)

(60 BE)

Tipps und Hinweise zum Aufgabenvorschlag 2

Tipps zu Teilaufgabe 1

a: Die Kraft hängt mit der Feldstärke zusammen. Zu deren Bestimmung beachten Sie den Hinweis, dass der Zwischenraum wie ein Plattenkondensator zu behandeln ist.

b: Beachten Sie gegebenenfalls das Kontrollergebnis zu Teilaufgabe 1a.

c: Wie wirkt sich die Spannungsfrequenz auf die Flugzeit im Rohrinneren aus?

Tipps zu Teilaufgabe 2

a: Verwenden Sie die Standardformeln für Kapazität und Ladung.

b: Überlegen Sie zunächst, welche Größen sich nach dem Abtrennen von der Spannungsquelle konstant bleiben, und beachten Sie die Formeln aus a.

c: Verwenden Sie die Thomsonformel.

d: Einsetzen von $0{,}5d_0$ in die Thomsonformel liefert auch dieses Ergebnis.

Tipps zu Teilaufgabe 3

a: Der Topfboden ist metallisch und besitzt einen elektrischen Widerstand.

b: Verwenden Sie das Induktionsgesetz (Zusammenhang zwischen Induktionsspannung und zeitlicher Änderung des magnetischen Flusses).

c: Lesen Sie fehlende Angaben zur Berechnung des Flussdichte-Scheitelwertes (mit der soeben in Teilaufgabe 3 b bestätigten Formel) aus dem Diagramm ab.

d: Wie hängen Frequenz und Wirbelstromstärke zusammen?

Lösungen zum Aufgabenvorschlag 2

1. a) Der Bereich zwischen zwei Röhren wird als Plattenkondensator betrachtet, also gilt die Beziehung $E = \frac{U}{d}$ und damit für die **elektrische Kraft** auf das Proton mit Ladung e:

$$F_{el} = E \cdot e = \frac{U \cdot e}{d} = \frac{6{,}0 \cdot 10^5\ V \cdot 1{,}6 \cdot 10^{-19}\ C}{0{,}020\ m} = \underline{\underline{4{,}8 \cdot 10^{-12}\ N}}$$

Die **Beschleunigung** beträgt wegen $F = m \cdot a$ dann

$$a = \frac{F}{m} = \frac{4{,}8 \cdot 10^{-12}\ N}{1{,}67 \cdot 10^{-27}\ kg} = \underline{\underline{2{,}9 \cdot 10^{15}\ \frac{m}{s^2}}}.$$

Die **Zunahme an kinetischer Energie** ist jeweils

$$\Delta E_{kin} = U \cdot e = 6{,}0 \cdot 10^5\ V \cdot 1{,}60 \cdot 10^{-19}\ C = \underline{\underline{9{,}60 \cdot 10^{-14}\ J}}.$$

b) Das Röhreninnere ist laut Angabe feldfrei, also wirkt dort keine Kraft auf die Protonen und diese fliegen geradlinig und mit konstanter Geschwindigkeit in Richtung nächstem Spalt. Die **kinetische Energie** am Ende des 7. Spaltes ist

$$E_7 = 7 \cdot \Delta E_{kin} = 7 \cdot 9{,}60 \cdot 10^{-14}\ J = \underline{\underline{6{,}72 \cdot 10^{-13}\ J}}.$$

Die Protonen erreichen dabei eine **Geschwindigkeit** von

$$E_7 = \frac{1}{2} m_0 \cdot v_7^2 \quad \Rightarrow \quad v_7 = \sqrt{\frac{2E_7}{m_0}} = \sqrt{\frac{2 \cdot 6{,}72 \cdot 10^{-13}\ J}{1{,}67 \cdot 10^{-27}\ kg}} = \underline{\underline{2{,}84 \cdot 10^7\ \frac{m}{s}}}.$$

Die nicht-relativistische Rechnung ist (im Nachhinein) gerechtfertigt, weil die Geschwindigkeit weniger als 10 % der Lichtgeschwindigkeit beträgt.

c) Die Frequenz der Wechselspannung ist konstant bei 20 MHz, die Flugzeit zwischen zwei Spalten also auch immer $\frac{T}{2}$. Da die Protonen von Spalt zu Spalt schneller werden, muss die feldfreie Flugstrecke zwischen den Spalten (also die Röhrenlänge) entsprechend größer werden, damit die Protonen „im Takt" bleiben. Für die **Länge der 7. Röhre** muss gelten:

$$s_7 = v_7 \cdot \frac{T}{2} = v_7 \cdot \frac{1}{2f} = 2{,}84 \cdot 10^7\ \frac{m}{s} \cdot \frac{1}{2 \cdot 20 \cdot 10^6\ Hz} = \underline{\underline{71\ cm}}$$

2. a) Beim mit Luft gefüllten Plattenkondensator ist die **Kapazität**

$$C = \varepsilon_0 \cdot \frac{A}{d} = 8{,}85 \cdot 10^{-12}\ \frac{As}{Vm} \cdot \frac{(0{,}0040\ m)^2}{0{,}0010\ m} = \underline{\underline{1{,}4 \cdot 10^{-13}\ F = 0{,}14\ pF}} \qquad (1)$$

und seine gespeicherte **Ladung**

$$Q = C \cdot U = 1{,}4 \cdot 10^{-13}\ F \cdot 12{,}0\ V = \underline{\underline{1{,}7 \cdot 10^{-12}\ C}}. \qquad (2)$$

b) Die **Ladung** Q bleibt auch bei Dehnung **konstant**, weil nach Abtrennen der Stromquelle kein Zu- oder Abfluss von Ladungen möglich ist.
Verringert sich der Plattenabstand d, werden die **Kapazität** wegen $C \sim \frac{1}{d}$ **größer** und die **Spannung** wegen $U = \frac{Q}{C} \Rightarrow U \sim d$ **kleiner**.

c) Mit der Thomsonformel ergibt sich für die **Eigenfrequenz** des Schwingkreises:

$$f_0 = \frac{1}{2\pi \cdot \sqrt{L \cdot C}} = \frac{1}{2\pi \cdot \sqrt{0{,}020\,\text{H} \cdot 1{,}4 \cdot 10^{-13}\,\text{F}}} = \underline{\underline{3{,}0 \cdot 10^{6}\,\text{Hz} = 3{,}0\,\text{MHz}}}$$

d) Man setzt allgemein die Thomsonformel an und bekommt die **Frequenzfunktion**:

$$f(d) = \frac{1}{2\pi \cdot \sqrt{L \cdot C(d)}} = \frac{1}{2\pi \cdot \sqrt{L \cdot \varepsilon_0 \cdot \frac{A}{d}}} = 9{,}46 \cdot 10^{7} \cdot \frac{1}{s \cdot \sqrt{m}} \sqrt{d}$$

Wegen $f(d) \sim \sqrt{d}$ erhält man bei halbiertem Plattenabstand eine um den Faktor $\sqrt{0{,}5}$ gegenüber der Eigenfrequenz **verringerte Frequenz**:

$$\frac{f(0{,}5d_0)}{f_0} = \frac{f(0{,}5d_0)}{f(d_0)} = \frac{\sqrt{0{,}5d_0}}{\sqrt{d_0}} = \sqrt{\frac{0{,}5d_0}{d_0}} = \underline{\underline{\sqrt{0{,}5}}}$$

3. a) Das ständig sich umpolende Magnetfeld erzeugt im Topfboden **Wirbelströme**, die wegen des ohmschen Widerstandes zur Erwärmung des Bodens führen.

b) Der magnetische Fluss ist $\Phi(t) = A \cdot B(t) = A \cdot B_0 \cdot \sin(\omega \cdot t)$. Die **Induktionsspannung** ergibt sich aus dem Induktionsgesetz:

$$U_{ind}(t) = -N \cdot \dot{\Phi}(t) = \underline{\underline{-N \cdot A \cdot B_0 \cdot \omega \cdot \cos(\omega \cdot t)}}$$

c) Der **Scheitelwert des magnetischen Wechselfeldes** ist im Term der Scheitelspannung enthalten, der in Teilaufgabe 3 b bestimmt wurde:

$$U_{ind}(t) = -N \cdot A \cdot B_0 \cdot \omega \cdot \cos(\omega \cdot t) = -U_0 \cdot \cos(\omega \cdot t)$$

$$\Rightarrow \quad U_0 = N \cdot A \cdot B_0 \cdot \omega$$

N und A sind gegeben, U_0 kann unmittelbar aus dem Diagramm abgelesen werden, $\omega = \frac{2\pi}{T}$ durch Ablesen der Schwingungsdauer T. Dann folgt:

$$B_0 = \frac{U_0}{N \cdot A \cdot \frac{2\pi}{T}} = \frac{250\,\text{V}}{500 \cdot 0{,}0030\,\text{m}^2 \cdot \frac{2\pi}{40 \cdot 10^{-6}\,\text{s}}} = \underline{\underline{1{,}1 \cdot 10^{-3}\,\text{T} = 1{,}1\,\text{mT}}}$$

d) Die **Induktionsspannung** und damit auch die Wirbelstromstärke ist **proportional zur Frequenz** ω, also tritt der Erwärmungseffekt bei Frequenzen im kHz-Bereich wesentlich stärker auf als bei nur 50 Hz. Außerdem ist eine niedrigere Frequenz wegen $f \sim (L \cdot C)^{-0{,}5}$ mit größeren Induktivitäten und/oder Kapazitäten und damit mit höheren Kosten/größerem Platzbedarf verbunden.

Abitur Physik (Bayern) 2012
Themenbereich II: Aufbau der Materie

Aufgabenvorschlag 1

1. **Eindimensionaler Potenzialtopf**
Retinal ist ein Molekül, das beim Sehvorgang eine wichtige Rolle spielt. Es besteht aus einer Kette von Kohlenstoffatomen, entlang der 12 Elektronen sich frei bewegen können.

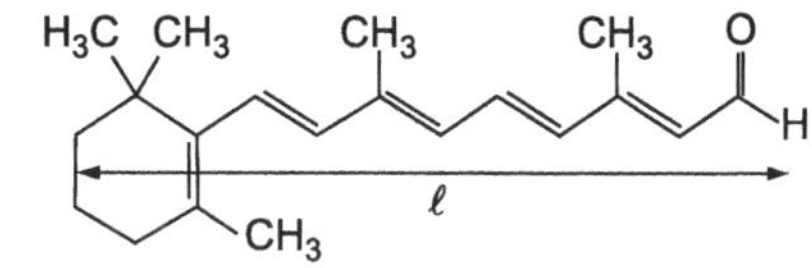

Abb. 1

Das Verhalten der Elektronen lässt sich näherungsweise durch das Modell eines eindimensionalen, unendlich hohen Potenzialtopfs der Breite $\ell = 1{,}44$ nm beschreiben.

a) Begründen Sie anschaulich und ohne Rechnung, warum ein im Potenzialtopf „eingesperrtes" Elektron grundsätzlich nur diskrete Energien annehmen kann. Erläutern Sie, warum seine kinetische Energie im Grundzustand nicht null sein kann. (6 BE)

b) Im Inneren des Tops gilt $E_{pot} = 0$; für die Wellenlänge λ_n eines Elektrons im n-ten Quantenzustand ist

$$\lambda_n = \frac{2\ell}{n} \quad (n = 1, 2, 3\ldots)$$

bekannt. Leiten Sie damit den Term

$$E_n = E_{n,\,kin} = \frac{h^2}{8m \cdot \ell^2} \cdot n^2$$

für die Energie E_n des Elektrons im n-ten Quantenzustand her. (6 BE)

Mit Ψ_n wird die Wellenfunktion eines Elektrons und mit $|\Psi_n|^2$ die zugehörige Wahrscheinlichkeitsdichte des n-ten Quantenzustands $(n = 1, 2, 3\ldots)$ bezeichnet.

c) Geben Sie die Quantenzahlen n an, für welche die Wahrscheinlichkeitsdichte $|\Psi_n|^2$ des Elektrons in der Mitte des Potenzialtopfs null ist. (3 BE)

Im Absorptionsspektrum des Moleküls findet man bei der Wellenlänge 500 nm eine Linie, die dem Übergang vom Grundzustand des Moleküls in den ersten angeregten Zustand entspricht.

d) Begründen Sie, warum im Grundzustand eines Retinal-Moleküls die Energieniveaus E_1 bis E_6 besetzt sind. (3 BE)

e) Berechnen Sie mithilfe des Potenzialtopfmodells die Wellenlänge λ der Absorptionslinie. Um wie viel Prozent weicht dieser berechnete Wert vom experimentell bestimmten Wert ab?
[Zur Kontrolle: $\lambda = 526$ nm] (8 BE)

f) Ein realistischeres Modell berücksichtigt, dass die Potenzialwände nicht unendlich hoch sind. Skizzieren Sie für einen solchen Potenzialtopf die Wahrscheinlichkeitsdichte eines Elektrons im Quantenzustand $n = 2$ und erläutern Sie den wesentlichen Unterschied bezüglich des Elektronenverhaltens zum unendlich hohen Potenzialtopf. (5 BE)

2. **Altersbestimmung mit der ^{14}C-Methode**

Wandmalereien, wie z. B. die Darstellung in der Chauvet-Höhle in Frankreich, gehören zu den ältesten Kulturleistungen der Menschheit. Ihr Alter kann mit der sogenannten ^{14}C-Methode, auch bekannt als Radiokohlenstoff- oder Radiokarbonmethode, bestimmt werden.

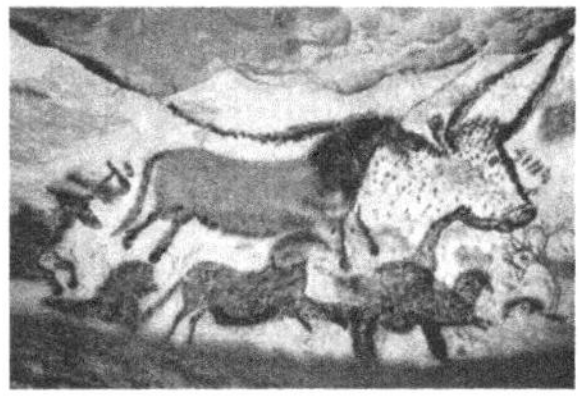
Abb. 2

Gegebene Atommassen: $m(^{14}C) = 14{,}0032420$ u; $m(^{14}N) = 14{,}0030744$ u; $m(^{1}H) = 1{,}00782522$ u; $(1\,u = 1{,}66054 \cdot 10^{-27}$ kg)

Das Kohlenstoffisotop ^{14}C entsteht, wenn ein Neutron der kosmischen Strahlung in der Atmosphäre auf ein ^{14}N-Atom trifft.

a) Stellen Sie die Reaktionsgleichung auf und zeigen Sie, dass es sich um einen exothermen Prozess handelt. (6 BE)

^{14}C ist radioaktiv und zerfällt mit einer Halbwertszeit von etwa 5730 Jahren durch β^--Zerfall.

b) Geben Sie die Gleichung für den ^{14}C-Zerfall an. Erklären Sie, wie es möglich ist, dass trotz des Zerfalls das Teilchenzahlverhältnis des instabilen ^{14}C-Isotops zum stabilen ^{12}C-Isotop in der Atmosphäre konstant bleibt. (6 BE)

Solange Organismen leben, ist in ihnen das Teilchenzahlverhältnis der beiden genannten Kohlenstoffisotope ebenfalls konstant. Danach sinkt der Anteil der ^{14}C-Atome aufgrund des β^--Zerfalls, was zur Altersdatierung verwendet werden kann. Einem Höhlenbildnis wird etwas Farbe entnommen und daraus auf chemischem Wege eine Kohlenstoff-Probe der Masse 10 mg gewonnen. Die Anzahl der ^{14}C-Atome in der Probe ist $1{,}3 \cdot 10^7$.

c) Weisen Sie rechnerisch nach, dass die Masse der ^{14}C-Atome einen verschwindend geringen Anteil der Probe ausmacht. (4 BE)

Abb. 2, Quelle: Ascot Elite/Cinetext. Cave of Forgotten Dreams, Dokumentarfilm, USA/CDN/FR/GB/BRD 2010, Regie: Werner Herzog.

d) Berechnen Sie die Aktivität der Probe und beurteilen Sie, ob sich eine Aktivitätsmessung zur Altersbestimmung dieser Probe eignet, wenn das verwendete Zählrohr eine Nullrate von 10 min^{-1} misst. (4 BE)

e) Mithilfe eines Massenspektrographen wird festgestellt, dass die Anzahl der ^{14}C-Atome in der Probe gegenüber einer Vergleichsprobe aus der Atmosphäre um 97,9 % abgenommen hat. Ermitteln Sie daraus das Alter des Höhlenbildes. (5 BE)

f) Bei genauerer Untersuchung stellt sich heraus, dass der ^{14}C-Anteil am atmosphärischen Kohlenstoff über einen langen Zeitraum nicht konstant war. Zur Zeit der Felsmalerei waren mehr Neutronen in der kosmischen Strahlung vorhanden als heute. Begründen Sie, ob das in Teilaufgabe 2e berechnete Alter des Höhlenbildes geringer oder höher als das tatsächliche Alter ist. (4 BE)

(60 BE)

Tipps und Hinweise zum Aufgabenvorschlag 1

Tipps zu Teilaufgabe 1

a: Schlüsselbegriffe: stehende Welle, Heisenberg'sche Unschärferelation. Die Informationen in Teilaufgabe b weisen ihr Denken in die richtige Richtung.

b: Verwenden Sie die Impulsbeziehung für de-Broglie-Wellen und den Zusammenhang zwischen kinetischer Energie und Impuls.

c: Die Wellenfunktion ist sinusförmig. Überlegen Sie, welche Periodenlänge sie besitzt; daraus können Sie auf die Nullstellen in Topfmitte schließen.

d: Berücksichtigen Sie das Prinzip von Pauli und die Angabe, dass hier 12 Elektronen beteiligt sind.

e: Verwenden Sie den Anregungsübergang zwischen $n=6$ und $n=7$.

f: Beachten Sie, dass in unendlich hohen Potenzialtopfwänden die Aufenthaltswahrscheinlichkeit an den Rändern null ist.

Tipps zu Teilaufgabe 2

a: Berechnen Sie den Q-Wert oder den Massendefekt.

b: Argumentieren Sie mit einem „Fließgleichgewicht" (Zerfall–Erzeugung).

c: Vergleichen Sie die Masse der C14-Atome mit der Masse der Gesamtprobe.

d: Sie benötigen die Zerfallskonstante; diese bekommen Sie aus der Halbwertszeit.

e: Wenden Sie das Zerfallsgesetz an. Der Anteil der noch vorhandenen C14-Atome ist angegeben.

f: Die Zahl der ursprünglich vorhandenen C14-Atome ist jetzt höher. Was folgt?

Lösungen zum Aufgabenvorschlag 1

1. a) Das sich frei im Potenzialtopf mit unendlich hohen Wänden bewegende Elektron lässt sich als **stehende de-Broglie-Welle** beschreiben (Modell: beidseitig eingespannte schwingende Saite). Wie im mechanischen Fall stehender Wellen sind nur bestimmte Wellenlängen und damit diskrete Energiezustände möglich. Die Grundschwingung (bei der die Topfbreite der halben Wellenlänge entspricht) besitzt die niedrigste Energie, die aber von null verschieden ist. Darin drückt sich die **Heisenberg'schen Unschärferelation** aus, nach der Ort und Impuls (und damit kinetische Energie) eines quantenmechanischen Teilchens nicht gleichzeitig exakt messbar sind – gerade das wäre aber bei $E_{kin} = 0$ der Fall (ruhendes Teilchen).

   b) Für den Impuls des Elektrons im Topf gilt mit $\lambda_n = \frac{2\ell}{n}$:

$$p_n = \frac{h}{\lambda_n} = \frac{h \cdot n}{2\ell}$$

   Die **Energie im n-ten Quantenzustand** erhält man, indem man den Impulsterm in die Formel für die kinetische Energie einsetzt:

$$E_n = \frac{1}{2} m \cdot v_n^2 = \frac{1}{2m} \cdot m^2 \cdot v_n^2 = \frac{p_n^2}{2m} = \frac{\left(\frac{h \cdot n}{2\ell}\right)^2}{2m} = \underline{\underline{\frac{h^2}{8m \cdot \ell^2} \cdot n^2}}$$

   c) Die Wahrscheinlichkeitsdichte ist in der Topfmitte für **geradzahlige** Quantenzahlen $n = 2; 4; 6; \ldots$ null.

   Laut Aufgabenstellung genügt es, die Quantenzahlen nur anzugeben, es ist also keine Begründung verlangt. Zum besseren Verständnis erfolgt sie hier: Die Wellenfunktionen im Potenzialtopf verlaufen sinusförmig und besitzen stets Nullstellen an den Rändern ($x = 0$ und $x = \ell$):

$$\Psi_n(x) \sim \sin(k_n \cdot x) = \sin\left(\frac{2\pi}{\lambda_n} \cdot x\right) = \sin\left(\frac{2\pi \cdot n}{2\ell} \cdot x\right) = \sin\left(\frac{\pi \cdot x}{\ell} \cdot n\right)$$

   Die Wahrscheinlichkeitsdichte $|\Psi_n|^2$ hat dort Nullstellen, wo $\Psi_n(x)$ null wird. In der Topfmitte sind diese durch die folgende Bedingung bestimmt:

$$\Psi_n\left(\frac{\ell}{2}\right) = 0 \;\Rightarrow\; \sin\left(\frac{\pi \cdot \frac{\ell}{2}}{\ell} \cdot n\right) = 0 \;\Leftrightarrow\; \sin\left(\frac{\pi}{2} \cdot n\right) = 0$$

$$\Rightarrow\; \frac{\pi}{2} \cdot n = k \cdot \pi \;\Rightarrow\; \underline{\underline{n = 2k \quad (k \in \mathbb{N})}}$$

   d) Nach dem Pauli-Prinzip kann jeder Zustand doppelt besetzt sein, bei insgesamt 12 Elektronen sind das gerade die genannten Zustände 1 bis 6.

e) Wenn im Grundzustand die Energieniveaus 1 bis 6 besetzt sind, dann handelt es sich bei der Anregungslinie um den Übergang zwischen n = 6 und n = 7. Der Energieunterschied zwischen diesen Niveaus ist

$$\left.\begin{aligned} \Delta E &= E_7 - E_6 = \frac{h^2}{8m \cdot \ell^2} \cdot \left(7^2 - 6^2\right) \\ \Delta E &= \frac{h \cdot c}{\lambda} \end{aligned}\right\} \Rightarrow \quad \frac{13h^2}{8m \cdot \ell^2} = \frac{h \cdot c}{\lambda}$$

und damit die **Wellenlänge** der Spektrallinie:

$$\lambda = \frac{8m \cdot \ell^2 \cdot c}{13h} = \frac{8 \cdot 9{,}11 \cdot 10^{-31}\,\text{kg} \cdot \left(1{,}44 \cdot 10^{-9}\,\text{m}\right)^2 \cdot 3{,}00 \cdot 10^8\,\frac{\text{m}}{\text{s}}}{13 \cdot 6{,}626 \cdot 10^{-34}\,\text{Js}} = \underline{\underline{526\,\text{nm}}}$$

Die **prozentuale Abweichung** vom experimentell bestimmten Wert beträgt:

$$\frac{\Delta\lambda}{\lambda_{exp}} = \frac{\lambda - \lambda_{exp}}{\lambda_{exp}} = \frac{526\,\text{nm} - 500\,\text{nm}}{500\,\text{nm}} = 0{,}052 = \underline{\underline{5{,}2\,\%}}$$

Der Modellwert liegt um 5,2 % über dem gemessenen Wert.

f) Im Zustand n = 2 gilt bei unendlich hohen Wänden $\lambda = \ell$, $\Psi_2(x)$ und damit $|\Psi_2|^2$ besitzen außer am Rand genau eine weitere Nullstelle in Topfmitte.
Im Gegensatz dazu ist beim **Potenzialtopf mit endlich hohen Wänden** die Aufenthaltswahrscheinlichkeit der Elektronen außerhalb des Topfes zwar im Allgemeinen klein, aber nicht null (Abb. 3).

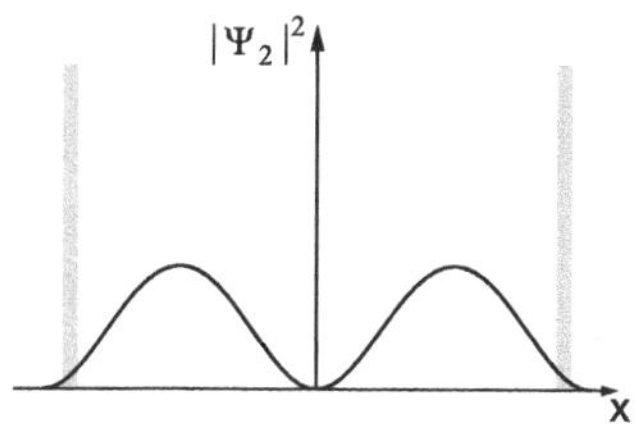

Abb. 3

2. a) Die **Reaktionsgleichung** lautet:

$$\underline{\underline{{}^{14}_{7}N + {}^{1}_{0}n \rightarrow {}^{14}_{6}C + {}^{1}_{1}p}}$$

Die Massenbilanz ist

(14,0030744 + 1,008665 – 14,0032420 – 1,00782522) u = 0,00067218 u > 0,

also sind die Reaktionsprodukte zusammen leichter als die Ausgangsteilchen und die Reaktion damit **exotherm**.

b) **Zerfallsgleichung für C14:**

$$\underline{\underline{{}^{14}_{6}C \rightarrow {}^{14}_{7}N + {}^{0}_{-1}e + {}^{0}_{0}\overline{\nu}}}$$

Während bereits vorhandene C14-Atome ständig zerfallen, werden in der Atmosphäre auch fortlaufend neue C14-Atome erzeugt, sodass sich ein (kleiner, aber konstanter) Anteil des C14 am Gesamtkohlenstoff der Atmosphäre dauerhaft eingestellt hat.

c) Die **Masse der C14-Atome** beträgt mit $u = 1{,}66054 \cdot 10^{-27}$ kg:

$$1{,}3 \cdot 10^{7} \cdot 14\,u = 1{,}3 \cdot 10^{7} \cdot 14 \cdot 1{,}66054 \cdot 10^{-27}\,kg$$
$$= 3{,}0 \cdot 10^{-19}\,kg = \underline{\underline{3{,}0 \cdot 10^{-13}\,mg}}$$

und ist damit wesentlich kleiner als die Probenmasse von 10 mg.

d) Die **Aktivität** ist mit

$$A(t) = \lambda \cdot N(C14) = \frac{\ln 2}{5\,730\,a} \cdot 1{,}3 \cdot 10^{7} = 1\,573\,\frac{1}{a} = 0{,}0030\,\frac{1}{min} \ll 10\,\frac{1}{min}$$

deutlich kleiner als die Nullrate. Die Aktivitätsmethode eignet sich hier also **nicht gut**.

e) Es sind noch 2,1 % der C14-Atome vorhanden, also folgt für das **Bildalter**:

$$N_{C14}(t) = 0{,}021 \cdot N_{C14}(0) = e^{-\lambda \cdot t} \cdot N_{C14}(0)$$
$$\Rightarrow \quad 0{,}021 = e^{-\lambda \cdot t}$$
$$t = -\frac{\ln 0{,}021}{\lambda} = -\frac{5\,730\,a \cdot \ln 0{,}021}{\ln 2} = \underline{\underline{3{,}2 \cdot 10^{4}\,a}}$$

Das Höhlenbild ist ca. 32 000 Jahre alt.

f) Wenn in der kosmischen Strahlung mehr Neutronen vorhanden waren als heute, dann ist die Erzeugungsrate des C14 im Vergleich zum Zerfall höher gewesen, das Gleichgewicht hat sich auf einem höheren C14-Anteil als in der bisherigen Rechnung angenommen eingestellt. Das bedeutet, dass die heute gemessene Anzahl der C14-Atome von $1{,}3 \cdot 10^{7}$ einen geringeren Anteil an der ursprünglichen Anzahl darstellt, also weniger als 2,1 % noch vorhanden sind. Damit wird das in Teilaufgabe 2 e berechnete Alter größer: Das dort berechnete Bildalter ist zu klein, die Malerei ist **in Wirklichkeit älter**.

Aufgabenvorschlag 2

1. **Der Radioisotopengenerator des Marsrovers „Curiosity“**
Voraussichtlich ab August 2012 soll das Roboterfahrzeug „Curiosity“ die Marsoberfläche erkunden. Das Fahrzeug ist mit einem Radioisotopengenerator ausgestattet, der die beim α-Zerfall des Isotops ^{238}Pu entstehende Wärmeleistung nutzt und sie mithilfe von Thermoelementen des Wirkungsgrads 5,5 % in elektrische Leistung umwandelt.
Die Halbwertszeit von ^{238}Pu beträgt 87,7 a, die Atommasse 238,049560 u ($1\,u = 1{,}66054 \cdot 10^{-27}$ kg).

a) Stellen Sie die Zerfallsgleichung für den α-Zerfall von ^{238}Pu auf und berechnen Sie die gesamte pro Zerfall freiwerdende Energie Q. Die Atommasse eines ^{4}He-Atoms beträgt 4,002603 u, die des Zerfallsprodukts 234,040952 u.
[Zur Kontrolle: $Q = 5{,}59$ MeV] (6 BE)

b) Berechnen Sie die Wärmeleistung P, die in 1,0 g des Plutoniumisotops aufgrund der Aktivität entsteht.
[Zur Kontrolle: $P = 0{,}57$ W] (6 BE)

c) Nach der 250 Tage dauernden Anreise zum Mars soll „Curiosity“ dort ein Marsjahr (687 Tage) lang aktiv sein. Berechnen Sie, um wie viel Prozent die Aktivität des Plutoniums während des Zeitraums vom Start auf der Erde bis zum Ende der Mission gesunken ist. (5 BE)

Für den Betrieb des Marsrovers muss vom Zeitpunkt des Starts bis zum Ende der Mission eine elektrische Leistung von rund 0,1 kW dauerhaft bereitgestellt werden.

d) Ermitteln Sie unter Berücksichtigung des Wirkungsgrads des Thermoelements die Masse an ^{238}Pu, die zum Zeitpunkt des Starts im Isotopengenerator dafür eingebaut sein muss. (4 BE)

e) Vor 40 Jahren wurde im Radioisotopengenerator des sowjetischen Mondrovers „Lunochod“ der α-Strahler ^{210}Po verwendet. Beurteilen Sie, ob auch ^{210}Po für den Marsrover als Energiequelle geeignet wäre. (5 BE)

Isotop	Atommasse	Wärmeleistung pro Gramm	Halbwertszeit
^{238}Pu	238,049560 u	0,57 W	87,7 a
^{210}Po	209,982874 u	144 W	138 d

2. **Messinstrumente an Bord des Marsrovers**
Das Messinstrument „ChemCam“ besteht aus einem Laser und einem Spektrometer. Der Laser sendet Lichtpulse der Dauer 5,0 ns mit der Wellenlänge 1 067 nm aus, die jeweils eine Energie von 30 mJ transportieren.

a) Berechnen Sie die Leistung eines Lichtpulses sowie die Anzahl der mit diesem Puls ausgesendeten Photonen. (5 BE)

Trifft ein solcher Lichtpuls auf einen Fels, so verdampfen Teile des Gesteins schlagartig. Dadurch wird das Ausgangsmaterial in seine Atome bzw. deren Ionen zerlegt. Die Atome bzw. Ionen liegen dabei in einem angeregten Zustand vor und senden ein für die Probe charakteristisches Licht aus, dessen Spektrallinien mit einem Spektrometer registriert werden. Im Folgenden wird das Spektrum von Wasserstoff untersucht, da dessen Auftreten auf das Vorhandensein von Wasser auf dem Mars hinweisen könnte.

b) Berechnen Sie die ersten fünf Energieniveaus von Wasserstoff und zeichnen Sie mit diesen ein Energieniveauschema. (6 BE)

c) Berechnen Sie mit den Ergebnissen von Teilaufgabe 2b die Wellenlängen der drei langwelligsten sichtbaren Spektrallinien von Wasserstoff und zeichnen Sie die drei zugehörigen Energieübergänge in das Energieniveauschema von Teilaufgabe 2b ein. (6 BE)

Außer mit der „ChemCam" kann „Curiosity" die Beschaffenheit des Marsgesteins auch mithilfe röntgenspektroskopischer Methoden untersuchen.

d) Fertigen Sie eine beschriftete Skizze einer Röntgenröhre inklusive der elektrischen Schaltung an. (5 BE)

e) In den nachfolgenden Abbildungen handelt es sich jeweils um Emissionsspektren von Röntgenröhren. Begründen Sie zu jeder Abbildung kurz, welche Veränderung im experimentellen Aufbau den Wechsel von der durchgezogenen zur gestrichelten Kurve bewirkt hat.

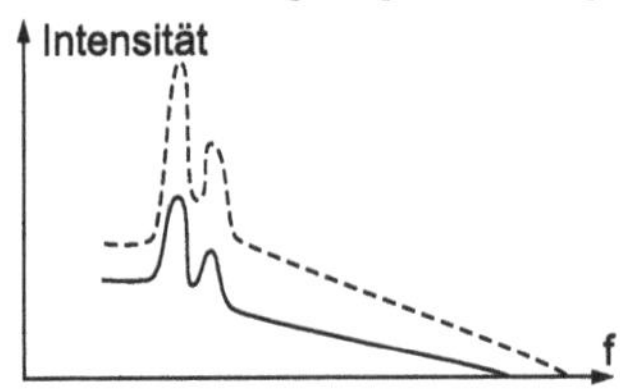

Abb. 1

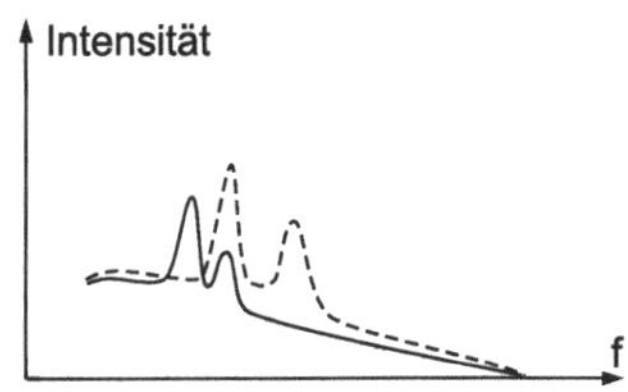

Abb. 2

(4 BE)

f) Mit dem Gesetz von Moseley

$$\frac{1}{\lambda_\alpha} = \frac{3}{4} R_H \cdot (Z-1)^2$$

lässt sich aus der Röntgenwellenlänge λ_α der K_α-Linie näherungsweise die Ordnungszahl Z des Anodenmaterials ermitteln (R_H ist die Rydbergkonstante für das Wasserstoffatom). Bestimmen Sie das Anodenmaterial für $\lambda_\alpha = 0{,}152$ nm. (4 BE)

g) Bei „Curiosity" soll das zu untersuchende Gestein mit α-Teilchen beschossen werden. Dabei wird Röntgenstrahlung vom Gestein emittiert, die Rückschlüsse auf die darin enthaltenen Elemente erlaubt. Erklären Sie die Vorgänge im Gestein. (4 BE)

(60 BE)

Tipps und Hinweise zum Aufgabenvorschlag 2

Tipps zu Teilaufgabe 1

a: Den Q-Wert erhalten Sie über die Massenbilanz der Zerfallsreaktion.

b: Verwenden Sie die Aktivität des Pu238 und das Ergebnis aus Teilaufgabe 1 a.

c: Beachten Sie, dass auch während des Fluges von der Erde in das Zielgebiet Pu238 zerfällt, obwohl in dieser Phase Curiosity die elektrische Leistung noch nicht nutzen kann.

d: Berücksichtigen Sie, dass von den 0,57 W thermischer Leistung je Gramm nur 5,5 % in elektrische Leistung umgewandelt werden.

e: Beachten Sie nicht nur die Wärmeleistung je Gramm, sondern auch die Halbwertszeiten. Berücksichtigen Sie die Dauer der Mission.

Tipps zu Teilaufgabe 2

a: Die Leistung folgt aus der Standardformel, zur Berechnung der Photonenanzahl benötigen Sie zunächst die Energie eines einzelnen Photons.

b: Verwenden Sie die Serienformel.

c: Sichtbar ist Licht mit Photonenenergien von 1,5 eV bis 3 eV.

d: Achten Sie auf die richtige Polung der Hochspannungsquelle.

e: Sind die Peaks der Kurven bzw. die Grenzfrequenz verändert?

f: Lösen Sie die Moseley-Formel nach Z auf und schlagen Sie das zugehörige chemische Element in Ihrer Formelsammlung nach.

g: Die Alphateilchen sind so energiereich, dass sie die Atomhülle im Gestein angreifen können.

Lösungen zum Aufgabenvorschlag 2

1. a) Die **Zerfallsgleichung** für den Pu238-Zerfall ist

$$\underline{\underline{{}^{238}_{94}\text{Pu} \rightarrow {}^{234}_{92}\text{U} + {}^{4}_{2}\text{He}.}}$$

Der Massendefekt beträgt

$$\Delta m = m_{Pu238} - m_{U234} - m_{He4} = 238{,}049560\ \text{u} - 234{,}040952\ \text{u} - 4{,}002603\ \text{u}$$
$$= 0{,}006005\ \text{u}$$

und **der Q-Wert** daher:

$$Q = \Delta m \cdot c^2 = 0{,}006005 \cdot 1{,}66054 \cdot 10^{-27}\ \text{kg} \cdot \left(2{,}998 \cdot 10^{-8}\ \frac{\text{m}}{\text{s}}\right)^2$$
$$= 8{,}96 \cdot 10^{-13}\ \text{J} = \underline{\underline{5{,}59\ \text{MeV}}}$$

b) Bei jedem Zerfall werden 5,59 MeV frei, die Anzahl der Zerfälle pro Sekunde ist die Aktivität:

$$A = \lambda \cdot N = \frac{\ln 2}{T_{\frac{1}{2}}} \cdot \frac{m_{Probe}}{m_{Pu238}}$$

Die **Leistung** ergibt sich damit zu:

$$P = A \cdot Q = \frac{\ln 2}{T_{\frac{1}{2}}} \cdot \frac{m_{Probe}}{m_{Pu238}} \cdot Q$$

$$= \frac{\ln 2}{87{,}7\ \text{a}} \cdot \frac{0{,}0010\ \text{kg}}{238{,}049560 \cdot 1{,}66054 \cdot 10^{-27}\ \text{kg}} \cdot 8{,}96 \cdot 10^{-13}\ \text{J}$$

$$= 1{,}79 \cdot 10^7\ \frac{\text{J}}{\text{a}} = 1{,}79 \cdot 10^7\ \frac{\text{J}}{365 \cdot 24 \cdot 60 \cdot 60\ \text{s}} = \underline{\underline{0{,}57\ \text{W}}}$$

c) Die Restaktivität nach Anflug sowie einem Marsjahr ist

$$A(687\ \text{d} + 250\ \text{d}) = A(937\ \text{d})$$
$$= A_0 \cdot e^{-\lambda \cdot 937\ \text{d}} = A_0 \cdot e^{-\frac{\ln 2}{87{,}7 \cdot 365\ \text{d}} \cdot 937\ \text{d}} = A_0 \cdot 0{,}980,$$

also ist die **Aktivität um 2,0 % gesunken.**

d) Jedes Gramm Pu238 liefert thermisch 0,57 W, davon werden 5,5 % in elektrische Leistung umgewandelt. Für eine elektrische Dauerleistung von 0,1 kW muss also eine **Pu238-Masse** von

$$\frac{0{,}1\ \text{kW}}{0{,}57\ \frac{\text{W}}{\text{g}} \cdot 0{,}055} = \frac{0{,}1 \cdot 10^3\ \text{W} \cdot 0{,}0010\ \text{kg}}{0{,}57\ \text{W} \cdot 0{,}055} = \underline{\underline{3{,}2\ \text{kg}}}$$

eingebaut werden.

e) Die Wärmeleistung ist bei Po210 zwar etwa 250-mal höher, dafür ist bei Pu238 die Halbwertszeit etwa 232-mal größer. Bis zum Ende der Mission nach 937 Tagen wäre die Aktivität bei Po210 auf unter 1 % gesunken:

$$A(937\,d) = A_0 \cdot e^{-\frac{\ln 2}{138\,d} \cdot 937\,d} = A_0 \cdot 0{,}0090$$

Po210 eignet sich daher **nicht** als Energiequelle für den Marsrover.

2. a) Die **Leistung** eines Pulses ergibt sich zu $P = \frac{0{,}030\,J}{5{,}0 \cdot 10^{-9}\,s} = \underline{\underline{6{,}0\,MW}}.$

Die Energie eines einzelnen Photons ist $E_{Photon} = h \cdot f = \frac{h \cdot c}{\lambda}$, die **Anzahl der Photonen pro Laserpuls** folglich

$$N = \frac{0{,}030\,J}{\frac{h \cdot c}{\lambda}} = \frac{\lambda \cdot 0{,}030\,J}{h \cdot c} = \frac{1067 \cdot 10^{-9}\,m \cdot 0{,}030\,J}{6{,}626 \cdot 10^{-34}\,Js \cdot 3{,}0 \cdot 10^8\,\frac{m}{s}} = \underline{\underline{1{,}6 \cdot 10^{17}}}.$$

b) Für die **ersten fünf Energieniveaus** des Wasserstoff ergeben sich mit der Formel

$$E_n = 13{,}6\,eV \cdot \left(1 - \frac{1}{n^2}\right)$$

und den Quantenzahlen n ($n = 1, 2, 3, \ldots$) die Werte

$\underline{\underline{E_1 = 0\,eV}}$,

$\underline{\underline{E_2 = 10{,}20\,eV}}$,

$\underline{\underline{E_3 = 12{,}09\,eV \approx 12{,}1\,eV}}$,

$\underline{\underline{E_4 = 12{,}75\,eV \approx 12{,}8\,eV}}$,

$\underline{\underline{E_5 = 13{,}06\,eV \approx 13{,}1\,eV}}$.

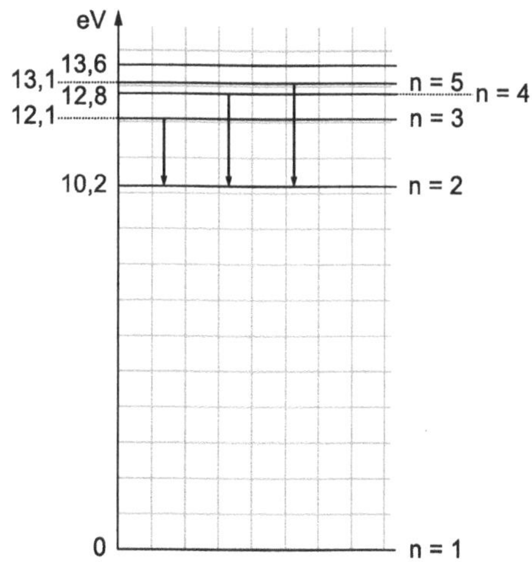

Abb. 3 Sichtbare Übergänge: siehe Teilaufgabe 2 c

Abb. 3 zeigt das **Energieniveauschema**.

Alternativ können Sie die Energieniveaus auch durch die stets negative Bindungsenergie $E_n = -13{,}6\,eV \cdot n^{-2}$ beschreiben: Die Niveaus werden dann negativ gezählt (gebundene Zustände), das Nullniveau zeigt den Übergang zwischen gebundenen zu ungebundenen Zuständen an (Ionisierung).

c) **Sichtbares Licht** besitzt Photonen, deren Energien zwischen ca. 1,5 und 3 eV liegen. Die drei energieärmsten Übergänge, die hier darunter fallen, sind:

$$E_{3 \to 2} = 12{,}09\,eV - 10{,}20\,eV = 1{,}89\,eV$$

$$E_{4 \to 2} = 12{,}75\,eV - 10{,}2\,eV = 2{,}55\,eV$$

$$E_{5 \to 2} = 13{,}06\,eV - 10{,}2\,eV = 2{,}86\,eV$$

Die zugehörigen **Wellenlängen** ergeben sich zu:

$$\lambda_{3\to 2} = \frac{h \cdot c}{E_{3\to 2}} = \frac{4{,}136 \cdot 10^{-15}\,\text{eVs} \cdot 2{,}998 \cdot 10^{8}\,\frac{\text{m}}{\text{s}}}{1{,}89\,\text{eV}} = \underline{\underline{656\,\text{nm}}}$$

$$\lambda_{4\to 2} = \frac{h \cdot c}{E_{4\to 2}} = \frac{4{,}136 \cdot 10^{-15}\,\text{eVs} \cdot 2{,}998 \cdot 10^{8}\,\frac{\text{m}}{\text{s}}}{2{,}55\,\text{eV}} = \underline{\underline{486\,\text{nm}}}$$

$$\lambda_{5\to 2} = \frac{h \cdot c}{E_{5\to 2}} = \frac{4{,}136 \cdot 10^{-15}\,\text{eVs} \cdot 2{,}998 \cdot 10^{8}\,\frac{\text{m}}{\text{s}}}{2{,}86\,\text{eV}} = \underline{\underline{434\,\text{nm}}}$$

d) **Röntgenröhre**

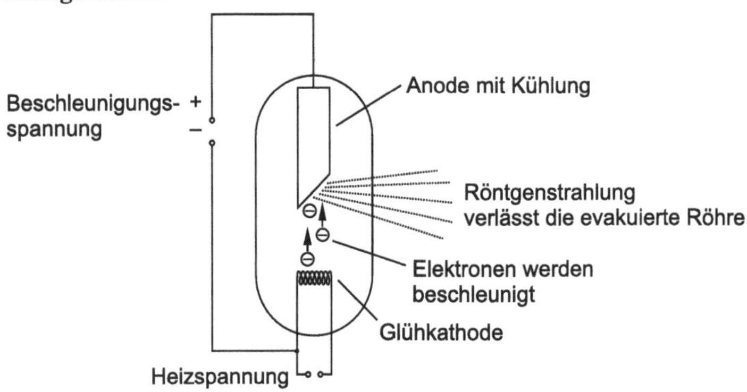

Abb. 4

e) Bei **Abb. 1** ist die Grenzfrequenz (= Nullstelle) bei der gestrichelten Kurve größer, die Lage der Peaks ist unverändert. Das ist ein Hinweis darauf, dass bei gleichem Anodenmaterial die **Beschleunigungsspannung erhöht** wurde.

Bei **Abb. 2** ist die Grenzfrequenz unverändert. Die Peaks sind dagegen deutlich verschoben, das charakteristische Spektrum ist also ein anderes. Offensichtlich wurde – bei gleicher Beschleunigungsspannung – das **Anodenmaterial ausgetauscht**.

f) Die Moseley-Formel $\lambda_\alpha^{-1} = \frac{3}{4} R_H \cdot (Z-1)^2$ wird nach Z aufgelöst:

$$Z = 1 + \sqrt{\frac{4}{3R_H \cdot \lambda_\alpha}} = 1 + \sqrt{\frac{4}{3 \cdot 1{,}097 \cdot 10^{7}\,\frac{1}{\text{m}} \cdot 0{,}152 \cdot 10^{-9}\,\text{m}}} = \underline{\underline{29}}$$

Die Anode besteht aus **Kupfer**.

g) Die Alphateilchen schlagen Elektronen aus den inneren Schalen der Gesteinsatome. Die Lücken werden anschließend von Elektronen höherer Schalen aufgefüllt. Dabei wird charakteristische Röntgenstrahlung emittiert, anhand derer sich die im Gestein enthaltenen chemischen Elemente identifizieren lassen.

Abitur Physik (Bayern) 2012
Themenbereich III: Astrophysik

Aufgabenvorschlag 1

Längenangaben: $1\ \text{pc} = 3{,}26\ \text{Lj} = 3{,}09 \cdot 10^{13}\ \text{km}$
$1\ \text{AE} = 1{,}496 \cdot 10^{8}\ \text{km}$

Daten zur Sonne: $L_\odot = 3{,}82 \cdot 10^{26}\ \text{W}$
$R_\odot = 6{,}96 \cdot 10^{8}\ \text{m}$
$M_\odot = 4{,}8$

1. **Sedna**
Im Jahre 2003 wurde jenseits des Kuipergürtels der Asteroid Sedna entdeckt. Sein kürzester Abstand von der Sonne beträgt 76,3 AE, seine Umlaufzeit $12{,}6 \cdot 10^{3}$ Jahre.

   a) Berechnen Sie die große Halbachse a und den Aphelabstand r_A.
   [Zur Kontrolle: $a = 541$ AE; $r_A = 1{,}01 \cdot 10^{3}$ AE] (4 BE)

   b) Zeichnen Sie, um die Abstandsverhältnisse zu veranschaulichen, auf einer Geraden liegend die Sonne, Pluto im mittleren Sonnenabstand von 39,5 AE sowie Sedna im Perihel und Aphel.
   (Maßstab: 1 000 AE $\hat{=}$ 20 cm) (5 BE)

   c) Bestimmen Sie die durchschnittliche Oberflächentemperatur von Sedna im Perihel unter der Annahme, dass 25 % der eingestrahlten Sonnenenergie reflektiert werden und der rotierende Asteroid sich im Strahlungsgleichgewicht befindet. (6 BE)

   d) Sedna befindet sich derzeit in der Nähe des Perihels und damit auch nahe der Erde. Jemand behauptet, dass die auf der Erde gemessene Intensität seiner Strahlung in etwa ein Viertel der derzeitigen sein wird, wenn er doppelt so weit von der Erde entfernt sein wird.
   Beurteilen Sie die Richtigkeit dieser Behauptung. (4 BE)

2. **Ein Raser in unserer Galaxie**
Mithilfe des Hipparcos-Satelliten kamen Astronomen auf die Spur des Sterns HD 271 791, der besondere Eigenschaften besitzt.

Daten von HD 271 791	
Masse:	$2{,}2 \cdot 10^{31}\ \text{kg} = 11 \cdot m_\odot$
Oberflächentemperatur:	$1{,}8 \cdot 10^{4}\ \text{K} = 3{,}1 \cdot T_\odot$
Scheinbare Helligkeit:	10,6
Leuchtkraft:	$2{,}2 \cdot 10^{4}\ L_\odot$

a) Berechnen Sie den Radius des Sterns HD 271791 in Vielfachen des Sonnenradius und seine Entfernung r zur Erde.
[Zur Kontrolle: r = 21 kpc] (8 BE)

b) Zeichnen Sie in ein Hertzsprung-Russell-Diagramm die wichtigsten Sterngruppen, die Sonne und HD 271791 ein. Begründen Sie, warum letzterer als Blauer Überriese bezeichnet wird. (5 BE)

c) Vergleichen Sie den Aufbau von HD 271791 im heutigen Stadium des Blauen Überriesen mit dem in seinem früheren Stadium als Hauptreihenstern. Geben Sie begründet sein voraussichtliches Endstadium an. (5 BE)

d) Der Stern HD 271791 bewegt sich in einem Jahr um 0,0046 Bogensekunden am Firmament. Berechnen Sie seine Tangentialgeschwindigkeit v_t.
[Zur Kontrolle: $v_t = 4{,}7 \cdot 10^5\ \frac{m}{s}$] (5 BE)

e) Mit nebenstehendem Spektrum des Sterns HD 271791, in dem die verschobene H_β-Absorptionslinie deutlich zu erkennen ist, kann seine Radialgeschwindigkeit bestimmt werden. Die Wellenlänge der unverschobenen Linie ist 486,1 nm. Berechnen Sie die Radialgeschwindigkeit v_r von HD 271791.
[Zur Kontrolle: $v_r = 4{,}3 \cdot 10^5\ \frac{m}{s}$]

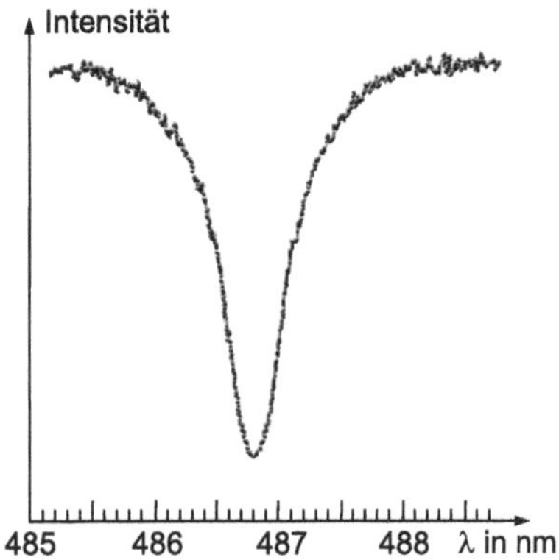

Abb. 1 (4 BE)

f) Bestimmen Sie die Raumgeschwindigkeit von HD 271791. Vergleichen Sie diese mit der Geschwindigkeit $v_\odot = 220\ \text{km/s}$ der Sonne um das galaktische Zentrum. (4 BE)

g) HD 271791 wird als Hypervelocity-Star geführt, da er das Gravitationsfeld der Milchstraße verlassen wird. Welche astronomischen Daten müssen berücksichtigt bzw. bestimmt werden, um dieses Verhalten eines Sterns vorhersagen zu können? (5 BE)

h) Erstellen Sie eine beschriftete Skizze unserer Milchstraße in Seitenansicht, tragen Sie die ungefähre Position der Sonne ein und geben Sie die Größenordnungen der wichtigsten Distanzen an. (5 BE)

(60 BE)

Tipps und Hinweise zum Aufgabenvorschlag 1

Tipps zu Teilaufgabe

a: Wie berechnet man große Halbachsen, wenn man die Umlaufzeit kennt? Denken Sie an die Gesetze von Herrn Kepler!
Wie hängen die Apheldistanz, die Periheldistanz und die große Halbachse zusammen?

b: Rechnen Sie die angegebenen (berechneten) Entfernungen entsprechend dem Maßstab um.

c: Überlegen Sie sich zunächst, was „Strahlungsgleichgewicht" bedeutet.
Stellen Sie Terme für die aufgenommene Strahlung (Scheibe vom Radius R) unter Berücksichtigung der Reflexion und für die abgestrahlte Leistung (Stefan und Boltzmann) auf.

d: Bedenken Sie, dass die Strahlung von der Sonne zu Sedna und nach Reflexion an Sedna zu uns kommen muss.

Tipps zu Teilaufgabe 2

a: Denken Sie an das Gesetz von Stefan und Boltzmann. Über die Leuchtkraft gelangt man zur absoluten Helligkeit, anschließend mithilfe des Entfernungsmoduls zur Entfernung.

b: Zeichnen Sie sorgfältig ein HR-Diagramm mit den gewohnten Gebieten (Hauptreihe, weiße Zwerge, Rote Riesen und Überriesen).
Lokalisieren Sie die Sonne und nehmen Sie die übliche Einteilung nach Spektralklassen und absolute Helligkeit vor. Abschließend tragen Sie HD 271791 ein.
Denken Sie an die Zuordnung der Temperatur zur entsprechenden Spektralklasse.

c: Wie unterscheiden sich Überriesen von Hauptreihensternen?
Denken Sie beim Endstadium an die noch vorhandene Masse.

d: Gehen Sie von der allgemeinen Formel für die Geschwindigkeit auf einer Kreisbahn aus. Der Radius ist aus Teilaufgabe 2 a bekannt. Die Winkelgeschwindigkeit lässt sich mit des angegebenen pro Jahr zurückgelegten Winkels berechnen.
Achten Sie auf die korrekte Umrechnung der Längen-, Zeit- und Winkeleinheiten.
Alternativ können Sie, falls bekannt, auf die im Unterricht hergeleitete Formel zurückgreifen.

e: Die Radialgeschwindigkeit berechnen Sie über die Formel des Dopplereffektes. Um $\Delta\lambda$ zu bekommen, benutzen Sie die Grafik.

f: Die Raumgeschwindigkeit erhalten Sie mithilfe des Satzes von Pythagoras.

g: Bedenken Sie die vielerlei relativen Bewegungen in der Galaxie und an die Ursache der möglichen Bewegungen.

h: Standardmäßig müssen der galaktische Kern, der Zentralbereich und die galaktische Scheibe zu sehen sein.
Auch das Halo sowie die wesentlichen Entfernungen sollten Sie nicht vergessen.

Lösungen zum Aufgabenvorschlag 1

1. *Vorbemerkung:* Sedna wurde im Jahre 2003 unter der Bezeichnung 2003VB12 entdeckt. Seine Perihelentfernung ist relativ genau bekannt. Andere Daten sind noch eher vage. Seine große Umlaufzeit zeigt, dass er nicht zu den Objekten des Kuipergürtel gehört. So ziemlich alles, was zurzeit sicher bekannt ist, ist, dass Sedna rötlich aussieht und dass es wohl an der Oberfläche kein Wasser- oder Methaneis gibt.

Abb. 1: Blick von Sedna – HST
(Quelle: NASA / ESA / Adolf Schaller)

a) Vorgegeben für die Berechnung der großen Halbachse und des Aphelabstandes r_A sind der Perihelabstand von $r_P = 76{,}3$ AE sowie seine siderische Umlaufzeit von $T_S = 12{,}6 \cdot 10^3$ a.

Die **große Halbachse** berechnet man mithilfe des 3. Kepler'schen Gesetzes. Mit $T_E = 1$ a erhält man:

$$\frac{a_S^3}{a_E^3} = \frac{T_S^2}{T_E^2} \quad \Rightarrow \quad a_S = \sqrt[3]{(12{,}6 \cdot 10^3)^2} \cdot 1\ \text{AE} = \underline{\underline{541\ \text{AE}}}$$

Der **Aphelabstand** folgt aus dem Ansatz $r_P + r_A = 2a$:

$$r_A = 2a - r_P = 2 \cdot 541\ \text{AE} - 76{,}3\ \text{AE} = 1\,006\ \text{AE} \approx \underline{\underline{1{,}01 \cdot 10^3\ \text{AE}}}$$

b) Wenn 1 000 AE = 20 cm sind, gilt:

- $r_A \mathrel{\hat{=}} \frac{1\,006}{1\,000} \cdot 20\ \text{cm} = 20{,}1\ \text{cm}$
- $r_P \mathrel{\hat{=}} \frac{76{,}3}{1\,000} \cdot 20\ \text{cm} = 1{,}5\ \text{cm}$
- $r_{Pluto} \mathrel{\hat{=}} \frac{39{,}5}{1\,000} \cdot 20\ \text{cm} = 0{,}8\ \text{cm}$

Abb. 2 verdeutlicht die **Abstandsverhältnisse**.

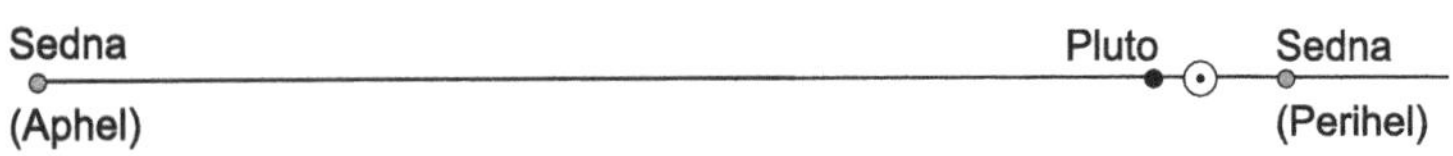

Abb. 2

Aus Platzgründen zeigt Abb. 2 die Verhältnisse in dem verkleinerten Maßstab $1\,000\ \text{AE} \mathrel{\hat{=}} 8\ \text{cm}$.

c) Da sich der Asteroid im thermischen Gleichgewicht befinden soll, ist die aufgenommene Strahlungsleistung gleich der abgegebenen Strahlungsleistung:

$$P_{auf} = P_{ab}.$$

Bezeichnet R_S den Radius von Sedna und E_S seine „Solarkonstante" im Perihel, gilt unter Berücksichtigung der angegebenen Reflexionsrate für die aufgenommene Leistung:

$$P_{auf} = E_S \cdot R_S^2 \cdot \pi \cdot (1 - 0{,}25)$$

E_S kann über

$$E_S = \frac{L_\odot}{4\pi \cdot r_P^2}$$

berechnet werden. Die abgestrahlte Leistung erhält man aus dem Gesetz von Stefan und Boltzmann:

$$P_{ab} = \sigma \cdot 4\pi \cdot R_S^2 \cdot T^4$$

R_S ist zwar nicht gegeben, fällt aber beim Gleichsetzen der beiden Leistungsterme heraus, sodass die **Oberflächentemperatur** T berechnet werden kann:

$$\frac{L_\odot}{4\pi \cdot r_P^2} \cdot R_S^2 \cdot \pi \cdot 0{,}75 = \sigma \cdot 4\pi \cdot R_S^2 \cdot T^4$$

$$\frac{0{,}75\,L_\odot}{4\pi \cdot r_P^2} = \sigma \cdot 4T^4$$

$$T = \sqrt[4]{\frac{0{,}75\,L_\odot}{16\pi \cdot \sigma \cdot r_P^2}}$$

$$= \sqrt[4]{\frac{0{,}75 \cdot 3{,}82 \cdot 10^{26}\ \text{W}}{16\pi \cdot 5{,}67 \cdot 10^{-8}\ \frac{\text{W}}{\text{m}^2 \cdot \text{K}^4} \cdot (76{,}3 \cdot 1{,}496 \cdot 10^{11}\ \text{m})^2}}$$

$$= \underline{\underline{30\ \text{K}}}$$

d) Wenn Sedna sich in der doppelten Entfernung zur Erde aufhält, dann hält er sich auch ca. doppelt so weit von der Sonne auf. Wegen $E \sim r^{-2}$ nimmt die ankommende Strahlung von der Sonne auf $\frac{1}{2^2} = \frac{1}{4}$ ab.

Die Strahlung muss nun aber wieder zurück zur Erde, sodass die auf der Erde ankommende Strahlung aufgrund der verdoppelten Entfernung nur mehr $\frac{1}{4}$ von $\frac{1}{4}$ beträgt, also $\frac{1}{16}$. Die Behauptung ist also **falsch**.

2. **Daten von HD 271791**

Masse:	$2{,}2 \cdot 10^{31}\ \text{kg} = 11 \cdot m_\odot$
Oberflächentemperatur:	$1{,}8 \cdot 10^4\ \text{K} = 3{,}1 \cdot T_\odot$
Scheinbare Helligkeit:	10,6
Leuchtkraft:	$2{,}2 \cdot 10^4\ L_\odot$

Vorbemerkung: Der Stern HD 271791 ist ein sich sehr schnell bewegender Stern eher am Rande der Galaxie. Seine große Geschwindigkeit hat er nicht (wie bei bis lang bekannten „Rasern“) durch das Schwarze Loch im Zentrum unserer Galaxie erreicht.

Entdeckt haben den Stern eine Gruppe von Astronomen unter Leitung von Ulrich Heber, Norbert Przybilla (Universität Erlangen-Nürnberg) und Fernanda Nieva (Max-Planck-Institut für Astrophysik). Sie haben nachgewiesen, dass seine Oberfläche mit chemischen Elementen verunreinigt ist, die in Supernovae erzeugt werden. Ursprünglich muss es sich um ein Doppelsternsystem gehandelt haben, das durch die Explosion des massereicheren Sterns (man spekuliert hier über eine Masse von 55 Sonnenmassen bei einer finalen Umlaufzeit des B-Sternes von einem Tag!) zerrissen wurde. Der Partner wurde dabei ins Weltall hinaus katapultiert.

a) Zur Berechnung des relativen **Sternradius** verwendet man das Gesetz von Stefan und Boltzmann, einmal für den Stern (1) und einmal für die Sonne (2):

$$L = \sigma \cdot 4\pi \cdot R^2 \cdot T^4 \qquad (1)$$

$$L_\odot = \sigma \cdot 4\pi \cdot R_\odot^2 \cdot T_\odot^4 \qquad (2)$$

Division von (2) durch (2) und Umstellen ergibt:

$$\frac{L}{L_\odot} = \frac{R^2}{R_\odot^2} \cdot \frac{T^4}{T_\odot^4}$$

$$\Rightarrow \quad R^* = \sqrt{L^*} \cdot \frac{T_\odot^2}{T^2} = \sqrt{2{,}2 \cdot 10^4} \cdot \frac{1}{3{,}1^2} = \underline{\underline{15}}$$

Um die **Entfernung zur Erde** (eigentlich: Sonne) zu berechnen, nutzt man den Entfernungsmodul:

$$m - M = 5\lg\frac{r}{10\ \text{pc}} \qquad (3)$$

Die hierzu benötigte absolute Helligkeit M erhält man über die Beziehung

$$M - M_\odot = -2{,}5\lg L^*$$

$$\Rightarrow \quad M = M_\odot - 2{,}5\lg L^* = 4{,}8 - 2{,}5\lg\left(2{,}2 \cdot 10^4\right) = 4{,}8 - 10{,}86 = -6{,}06$$

Eingesetzt in (3) folgt:

$$10{,}6 + 6{,}1 = 5\lg\frac{r}{10\ \text{pc}} \quad \Rightarrow \quad r = 10^{\frac{16{,}66}{5}} \cdot 10\ \text{pc} = \underline{\underline{21\ \text{kpc}}}$$

b)

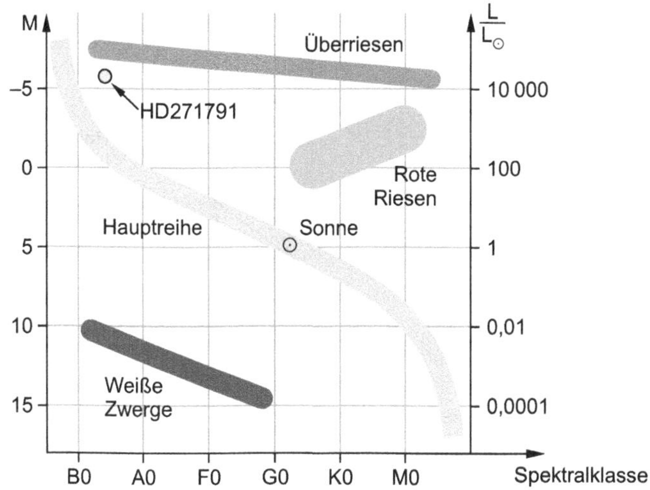

Abb. 3: HR-Diagramm

Bei 18 000 K Oberflächentemperatur gehört HD 271791 zur Spektralklasse B (10 000 K – 28 000 K), womit sein Strahlungsmaximum im UV-Bereich liegt und der Stern damit **bläulich** aussieht. Er liegt aufgrund seiner hohen Leuchtkraft oberhalb der Hauptreihe. Sein Radius von 15 Sonnenradien zeigt, dass er ein **Riesenstern** ist.

Nach dem Wien'schen Verschiebungsgesetz $\lambda_{max} \cdot T = b$ (b: Wien'sche Verschiebungskonstante $2{,}8978 \cdot 10^{-3}$ m · K) liegt das Strahlungsmaximum für $T = 18\,000$ K bei $\lambda_{max} = 161$ nm (UV).

c) **Aufbau:** Als Hauptreihenstern waren die wesentlichen Schichten des Sterns der Kern (in dem die Kernfusion von Wasserstoff zu Helium stattfindet), die Wasserstoffhülle und die „Photosphäre". Im Stadium des Überriesen werden im Zentrum höhere Elemente fusioniert, während in der Hülle zwiebelartig Schichten vorangegangener Fusionen (H zu He, He zu O …) bestehen.

Endstadium: Der Stern hat heute eine Masse von 11 Sonnenmassen, sodass er nach Abstoßen seiner Hülle immer noch mehr als 1,4 Sonnenmassen besitzen wird (Chandrasekhar-Grenze). Er wird daher in einer Supernova enden und anschließend ein Neutronenstern oder ein Schwarzes Loch werden.

d) *Lösungsweg 1*

Die Tangentialgeschwindigkeit des Sterns ist allgemein gegeben durch das Produkt aus der Entfernung r des Sterns und seiner Winkelgeschwindigkeit ω:

$$v_t = r \cdot \omega$$

r wurde in Teilaufgabe 2 a berechnet, umgerechnet in Meter beträgt er

$$r = 21 \cdot 10^3 \cdot 3{,}09 \cdot 10^{16}\ \text{m} = 6{,}489 \cdot 10^{20}\ \text{m}.$$

$\omega = \frac{\varphi}{t}$ (φ im Bogenmaß!) lässt sich mit den Angaben im Text berechnen. Mit

$$\varphi = \left(\frac{0{,}0046}{3600}\right)^{\circ} \cdot \frac{2\pi}{360^{\circ}} = 2{,}23 \cdot 10^{-8}$$

und

$$t = 1\,\text{a} = 365 \cdot 24 \cdot 3\,600\,\text{s}$$
$$= 31{,}536 \cdot 10^{6}\,\text{s}$$

erhält man

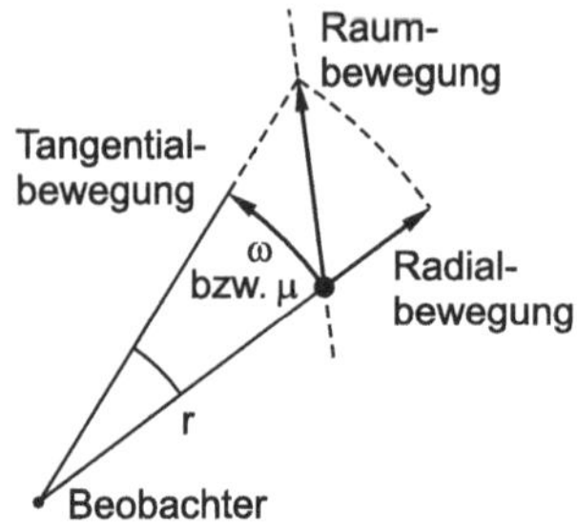

Abb. 4

$$\omega = \frac{2{,}23 \cdot 10^{-8}}{31{,}536 \cdot 10^{6}\,\text{s}} = 7{,}07 \cdot 10^{-16}\,\frac{1}{\text{s}}$$

und für die **Tangentialgeschwindigkeit**:

$$v_t = 6{,}489 \cdot 10^{20}\,\text{m} \cdot 7{,}07 \cdot 10^{-16}\,\frac{1}{\text{s}} = 459 \cdot 10^{3}\,\frac{\text{m}}{\text{s}} \approx \underline{\underline{460\,\frac{\text{km}}{\text{s}}}}$$

Lösungsweg 2

Sie kennen aus dem Unterricht die folgende **Formel für die Tangentialgeschwindigkeit**:

$$v_T = \frac{\mu}{p} \cdot \frac{1\,\text{AE}}{1\,\text{a}} = \frac{\mu}{p} \cdot \frac{1{,}496 \cdot 10^{11}\,\text{m}}{365 \cdot 24 \cdot 60 \cdot 60\,\text{s}} = \frac{\mu}{p} \cdot 4{,}74 \cdot 10^{3}\,\frac{\text{m}}{\text{s}} = \frac{\mu}{p} \cdot 4{,}74\,\frac{\text{km}}{\text{s}}$$

Darin bezeichnet μ die Winkelgeschwindigkeit in Bogensekunden pro Jahr, sie ist im Angabentext mit $m = 0{,}0046\,\frac{''}{a}$ gegeben. Mit dem Ergebnis aus Teilaufgabe 2 a lässt sich die Parallaxe p berechnen,

$$p = \left(\frac{1\,\text{pc}}{21 \cdot 10^{3}\,\text{pc}}\right)'' = \left(4{,}76 \cdot 10^{-5}\right)'',$$

sodass sich $v_T = \frac{0{,}0046}{4{,}76 \cdot 10^{-5}} \cdot 4{,}74\,\frac{\text{km}}{\text{s}} \approx \underline{\underline{460\,\frac{\text{km}}{\text{s}}}}$ ergibt.

e) Dem Diagramm entnimmt man die Wellenlänge 486,8 nm (Abb. 5). Aus der Gleichung für den Dopplereffekt

$$\frac{\Delta\lambda}{\lambda} = \frac{v_r}{c}$$

folgt für die **Radialgeschwindigkeit**:

$$v_r = \frac{486{,}8\,\text{nm} - 486{,}1\,\text{nm}}{486{,}1\,\text{nm}} \cdot c$$
$$= \underline{\underline{4{,}3 \cdot 10^{5}\,\frac{\text{m}}{\text{s}}}}$$

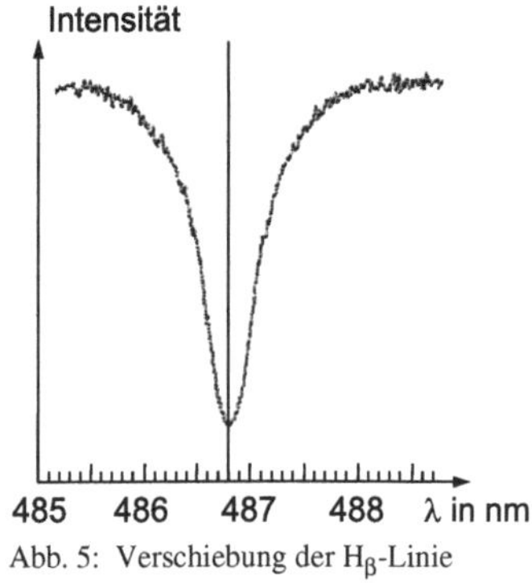

Abb. 5: Verschiebung der H_β-Linie

f) Den Betrag der **Raumgeschwindigkeit** bekommt man mithilfe des Satzes von Pythagoras (Abb. 6):

$$v_{Raum} = \sqrt{v_r^2 + v_t^2}$$
$$= 630 \frac{km}{s}$$

Er ist rund das Dreifache der Rotationsgeschwindigkeit $v_{\odot}$ der Sonne um das galaktische Zentrum.

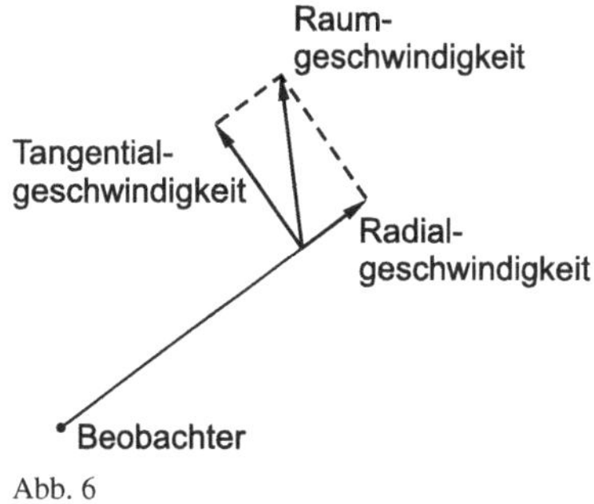

Abb. 6

g) Um vorhersagen zu können, ob ein Stern eine Galaxie verlassen kann, muss zunächst seine **Geschwindigkeit** bzgl. des galaktischen Zentrums bekannt sein. Zusätzlich muss die **Entfernung** des Sternes zum galaktischen Zentrum bestimmt werden. Außerdem muss man die **Massenverteilung** in der Galaxis kennen, um verlässlich den Wert seiner Bahngeschwindigkeit berechnen zu können.

h) **Skizze der Milchstraße** (Seitenansicht)

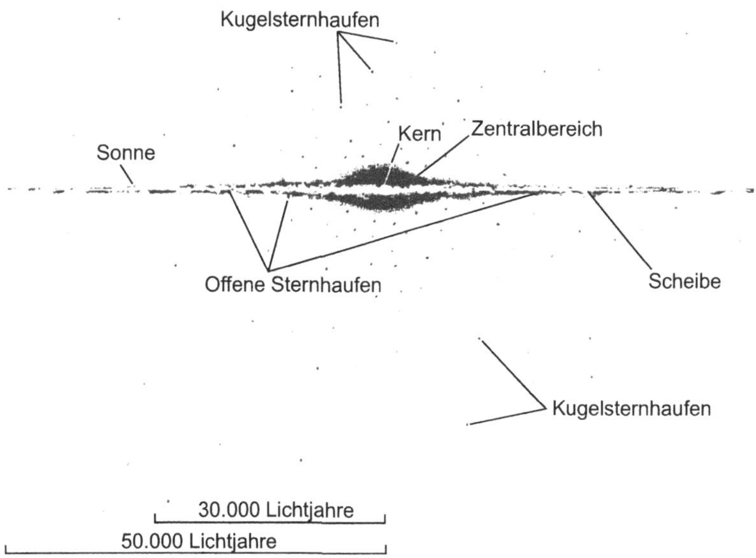

Abb. 7

Aufgabenvorschlag 2

Längenangaben: 1 pc = 3,26 Lj = $3{,}09 \cdot 10^{13}$ km

1. **Die kosmische Entfernungsleiter**
   Der Abstand Erde–Sonne ist Grundlage vieler weiterer astronomischer Entfernungsbestimmungen. Da eine direkte Messung nicht möglich ist, berechnet man ihn zum Beispiel aus dem Abstand Erde–Venus. Diese Entfernung kann man durch Messungen der Laufzeit von Radarsignalen von der Erde zur Venus bestimmen, wenn diese sich in unterer Konjunktion zur Erde befindet.

   a) Die Umlaufzeit der Venus beträgt 225 Tage, die Zeitdauer zwischen zwei aufeinanderfolgenden unteren Konjunktionen 584 Tage. Klären Sie diesen scheinbaren Widerspruch unter Zuhilfenahme einer qualitativen Skizze auf. (5 BE)

   b) Bei unterer Konjunktion beträgt die Laufzeit eines Radarsignals von der Erde zur Venus und zurück 274 s. Berechnen Sie daraus den Abstand d zwischen Erde und Venus bei dieser Konstellation.
   [Zur Kontrolle: $d = 4{,}11 \cdot 10^7$ km] (4 BE)

   c) Die Bahnen von Erde und Venus um die Sonne können in guter Näherung als Kreisbahnen betrachtet werden, wobei der Erdbahnradius 1 AE beträgt. Weisen Sie mithilfe des 3. Kepler'schen Gesetzes und der Umlaufzeit der Venus von 225 Tagen nach, dass der Radius der Venusbahn 0,724 AE beträgt. Berechnen Sie anschließend unter Zuhilfenahme des Ergebnisses von Teilaufgabe 1 b den Abstand Erde–Sonne in km. (8 BE)

   Zur Bestimmung der Entfernung naher Sterne verwendet man die jährliche trigonometrische Parallaxe.

   d) Erläutern Sie unter Verwendung einer Skizze das Prinzip dieser Methode zur Entfernungsbestimmung. (5 BE)

   e) Der Satellit GAIA, der 2013 gestartet werden soll, kann auch eine Parallaxe von 0,00001 Bogensekunden noch messen. Berechnen Sie, wie viele Lichtjahre ein Stern maximal entfernt sein darf, damit dessen Distanz mit GAIA noch bestimmt werden kann. (3 BE)

   Der Satellit GAIA wird auch Sternspektren aufnehmen.

   f) Erläutern Sie, wie mithilfe eines Sternspektrums die Oberflächentemperatur dieses Sterns bestimmt werden kann. (4 BE)

   g) Beschreiben Sie für einen Hauptreihenstern ausführlich eine Methode, wie man ausgehend von dessen Oberflächentemperatur und unter Zuhilfenahme des Hertzsprung-Russell-Diagramms seine Entfernung bestimmen kann. (8 BE)

Zu Beginn des 20. Jahrhunderts entdeckte Henrietta Leavitt, dass zwischen der mittleren absoluten Helligkeit und der Periodendauer der Helligkeitsschwankung von bestimmten Pulsationsveränderlichen, den δ-Cepheiden, ein einfacher Zusammenhang besteht.

h) In der Kleinen Magellan'schen Wolke befindet sich ein δ-Cephei-Stern, dessen scheinbare Helligkeit mit einer Periodendauer von 127 Tagen um einen Mittelwert von 11,6 schwankt. Berechnen Sie damit die Entfernung der Kleinen Magellanschen Wolke in Lichtjahren. (6 BE)

i) Beschreiben Sie ein Verfahren, mit dem der Abstand noch weiter entfernter kosmischer Objekte bestimmt werden kann. (4 BE)

2. **Die Rotationskurven des Sonnensystems und der Milchstraße**
Unter einer Rotationskurve versteht man ein Diagramm, bei dem die Bahngeschwindigkeit v über dem Bahnradius r aufgetragen ist.

a) Berechnen Sie für folgende Planeten unter der Annahme kreisförmiger Bahnen die jeweilige Bahngeschwindigkeit und erstellen Sie damit die Rotationskurve des Sonnensystems. (5 BE)

	Merkur	Mars	Jupiter	Saturn
Bahnradius r in 10^6 km	58	228	778	1 433
Umlaufzeit T in 10^6 s	7,6	59	374	930

Die Sterne der Milchstraße bewegen sich um das galaktische Zentrum. Das folgende Diagramm zeigt die Rotationskurve der Milchstraße.

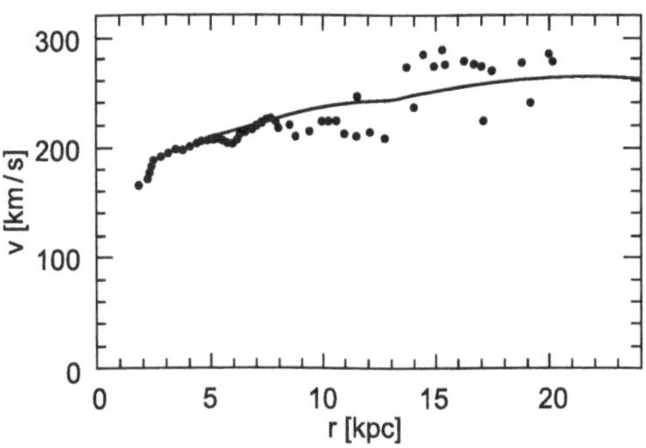

Abb. 1

b) Vergleichen Sie qualitativ die Rotationskurve der Milchstraße mit der des Sonnensystems aus Teilaufgabe 2a. (3 BE)

c) Welche Schlussfolgerung über die Massenverteilung der Milchstraße kann aus dem Vergleich der Rotationskurven gezogen werden? Begründen Sie Ihre Antwort. (5 BE)

(60 BE)

Tipps und Hinweise zum Aufgabenvorschlag 2

Tipps zu Teilaufgabe 1

a: Überlegen Sie anhand einer Zeichnung, was der Begriff „Untere Konjunktion“ bedeutet.
Unterscheiden Sie zwischen synodischer und siderischer Umlaufzeit.
Veranschaulichen Sie sich anhand der Zeichnung, wie weit die beiden Planeten in den genannten Zeiträumen auf ihren Bahnen fortschreiten.

b: Bedenken Sie, dass das Radarsignal auch wieder zurückkommen muss!
Welche Geschwindigkeit hat ein Radarsignal?

c: Wie setzt sich die Entfernung Erde – Sonne aus dem berechneten Wert von Teilaufgabe b und dem Bahnradius der Venus zusammen?
Wie erhält man den Bahnradius mithilfe der siderischen Umlaufzeit?
Beachten Sie, dass der Wert 1 AE bestimmt werden soll – und nicht gegeben ist.

d: Die unterste Stufe der Entfernungsleiter ist die trigonometrische Entfernungsbestimmung.
Erläutern Sie, was man unter Parallaxe versteht.
Entnehmen Sie Ihrer Skizze den notwendigen trigonometrischen Zusammenhang.
Eine Herleitung oder Verwendung der Formel aus der Formelsammlung ist nicht erforderlich.

e: Benutzen Sie nun die endgültige Parallaxenformel. Hier soll eine Parallaxenmessung möglich werden, deren Präzision alle bisherigen Messungen übertrifft.

f: Stellen Sie sich ein Bild eines Sternspektrums vor und diskutieren Sie, welche Daten aus solch einem Spektrum entnommen werden können.
Je nach Ausführung des Spektrums kann man über unterschiedliche Daten zum gewünschten Wert gelangen.

g: Überlegen Sie, welche Daten in einem komplett gezeichneten HR-Diagramm zu erkennen sind und welche dieser Werte zu Entfernungen führen – zumindest, wenn man einen Stern beobachtet hat und seine scheinbare Helligkeit eingestuft hat (z. B. mithilfe einer CCD-Kamera oder durch Vergleich seiner Helligkeit mit bekannten Sternen).

h: Verwenden Sie die Perioden-Leuchtkraft-Beziehung von Henrietta Swan Leavitt.

i: Die am weitest reichende Möglichkeit ergibt sich über die Ausdehnung des Universums.

Tipps zu Teilaufgabe 2

a: Berechnen Sie elementar aus den Bahnradien (Umfang des Kreises) und der Umlaufzeit die Bahngeschwindigkeit und stellen Sie diese grafisch gegen die Entfernung des Planeten dar (analog dem gegebenen Diagramm für die Galaxie).

b: Schreiben Sie die sichtbaren Unterschiede der beiden Diagramme zusammen.

c: Welchen Einfluss hat die vorhandene Masse auf das Rotationsverhalten?

Lösungen zum Aufgabenvorschlag 2

1. a) *Gegeben:*
$T_V = 225$ Tage (siderische Umlaufzeit)
$\Delta t = 584$ Tage (zwischen zwei aufeinander folgenden unteren Konjunktionen; synodische Umlaufzeit).

In $T_V = 225$ Tagen (siderisch) legt die Erde einen Winkel von

$$\frac{225}{365} \cdot 360° = 222°$$

zurück (Stellung E' in der Zeichnung), sodass Erde und Venus zu dieser Zeit nicht in unterer Konjunktion stehen.
Nach $\Delta t = 584$ Tagen (synodisch) steht die Erde in der Position E_1' und die Venus in der Position V' – wieder in der unteren Konjunktion. Die entsprechenden Winkel: Erde: 576°; Venus 934°.

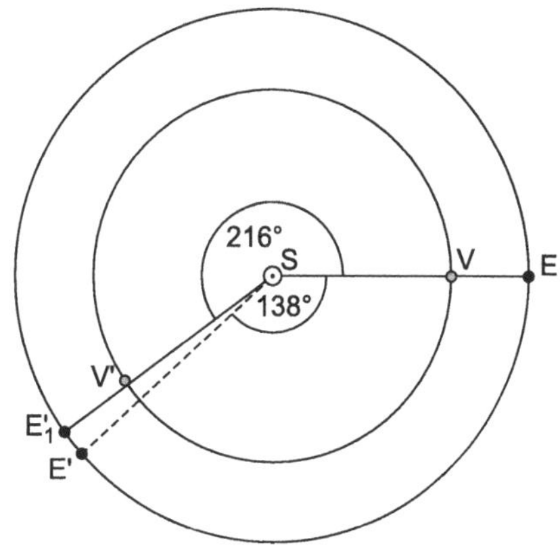

Abb. 1: Venus in unterer Konjunktion

b) Der **Abstand Erde – Venus** beträgt

$$\Delta s = c \cdot \frac{t_{Lauf}}{2} = 3{,}00 \cdot 10^8 \, \frac{m}{s} \cdot \frac{274 \text{ s}}{2} = 4{,}11 \cdot 10^{10} \text{ m} = \underline{\underline{4{,}11 \cdot 10^7 \text{ km}}}$$

c) Nach dem 3. Kepler'schen Gesetz gilt:

$$\frac{a_V^3}{a_E^3} = \frac{T_V^2}{T_E^2}$$

$$\Rightarrow \quad a_V = \sqrt[3]{\left(\frac{225}{365}\right)^2} \cdot a_E = \underline{\underline{0{,}724 \, a_E}}$$

Wegen

$$a_E = a_V + \Delta s$$

folgt mit dem Ergebnis aus Teilaufgabe 1 b für die **Entfernung Erde – Sonne**:

$$a_E - 0{,}724 \, a_E = \Delta s$$

$$0{,}276 \, a_E = \Delta s$$

$$a_E = \frac{\Delta s}{0{,}276} = \frac{4{,}11 \cdot 10^7 \text{ km}}{0{,}276} = \underline{\underline{1{,}49 \cdot 10^8 \text{ km} = 1 \text{ AE}}}$$

d) Die **jährliche trigonometrische Parallaxe** benutzt die Lageveränderung sonnennaher Sterne vor dem weit entfernten Sternenhintergrund. Als Vermessungsgrundlinie verwendet man die große Halbachse a = 1 AE der Erdumlaufbahn. Abb. 2 kann man folgenden trigonometrischen Zusammenhang entnehmen (r: Entfernung Sonne – Stern):

$$\tan p = \frac{1\,\text{AE}}{r}$$

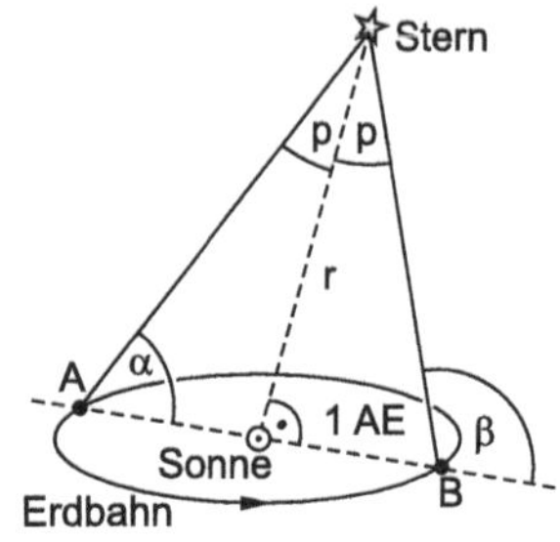

Abb. 2: Parallaxe

e) Mit der Parallaxenformel (Formelsammlung) $\frac{r}{1\,\text{pc}} = \frac{1''}{p}$ erhält man:

$$r_{max} = \frac{1''}{p_{min}}\,\text{pc} = \frac{1}{0{,}00001}\,\text{pc} = 0{,}1\,\text{Mpc} = \underline{\underline{3{,}26 \cdot 10^5\,\text{Lj}}}$$

f) **Möglichkeit 1: über Spektralklasse**
Man wertet das gemessene Sternspektrum aus, indem man die charakteristisch auftretenden Spektrallinien bestimmt. Sie erlauben einen Rückschluss auf die Spektralklasse (in Abb. 3 sieht man deutlich die Wasserstofflinien, der Stern gehört zur Spektralklasse A). Daraus lässt sich die Oberflächentemperatur abschätzen (hier ca. 10 000 K).

Abb. 3: Sternspektrum, optisch – Wega

Möglichkeit 2: über Wien'sches Verschiebungsgesetz
Würde die spektrale Verteilung der Intensität gemessen (z. B. mit einer CCD), kann aus der Wellenlänge λ_{max}, bei der die maximale Intensität vorliegt, die Oberflächentemperatur mit dem Wien'schen Verschiebungsgesetz $\lambda_{Max} \cdot T = b$ berechnet werden.

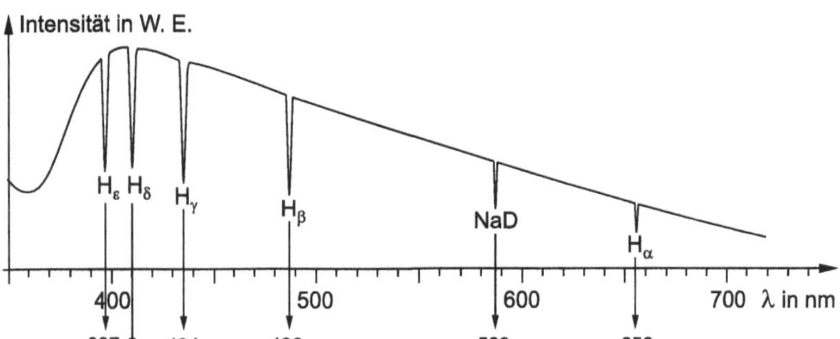

Abb. 4: Sternspektrum, Intensität, Wega (schematische Darstellung)

g) Man erstellt ein Hertzsprung-Russel-Diagramm mit der Oberflächentemperatur (Spektralklasse) als Abszisse und der absoluten Helligkeit als Ordinate. Zeichnet man den Hauptreihenstern bei der entsprechenden Oberflächentemperatur ein, lässt sich die absolute Helligkeit ablesen. Die scheinbare Helligkeit des Sternes kennt man aus der Beobachtung, sodass dann mithilfe des **Entfernungsmoduls** $m - M = 5 \lg \frac{r}{10\text{ pc}}$ die Entfernung berechnet werden kann.

h) *Gegeben:* Cepheide mit p = 127 d, m = 11,6

Aus der Perioden-Leuchtkraftbeziehung von Leavitt erhält man die (mittlere) absolute Helligkeit

$$M = -1{,}67 - 2{,}54 \cdot \lg \frac{p}{1\text{ d}} = -1{,}67 - 2{,}54 \cdot \lg 127 = -7{,}0.$$

Aus der absoluten und scheinbaren Helligkeit berechnet man mithilfe des Entfernungsmoduls die **Entfernung**:

$$m - M = 5 \lg \frac{r}{10\text{ pc}}$$

$$\frac{1}{5} \cdot (11{,}6 - (-7{,}0)) = \lg \frac{r}{10\text{ pc}}$$

$$\Rightarrow \quad r = 10^{3{,}72} \cdot 10\text{ pc} = 5{,}25 \cdot 10^4\text{ pc} = \underline{\underline{1{,}7 \cdot 10^5\text{ Lj}}}$$

i) Für noch weiter entfernte kosmische Objekte verwendet man die **Hubblebeziehung** $v = H_0 \cdot r$. Nach Edwin Hubble bewegen sich alle Objekte von uns weg – je weiter entfernt, umso schneller.
Die Messung der Proportionalitätskonstanten H_0 liefert heutzutage einen Wert von ca. 74 $\frac{\text{km}}{\text{s} \cdot \text{Mpc}}$. Durch Messung der Radialgeschwindigkeit v (z. B. über die Dopplerverschiebung der Spektrallinien) kann man die Entfernung bestimmen.

2. a) Mithilfe der Überlegung, dass der jeweilige Planet in der Zeit T den Weg eines vollen Umlaufs $s = 2\pi \cdot r$ zurücklegt, erhält man die entsprechenden Geschwindigkeiten:

$$v = \frac{2\pi \cdot r}{T}$$

In der erweiterten Tabelle sind die **Planetengeschwindigkeiten** eingetragen:

	Merkur	Mars	Jupiter	Saturn
Bahnradius r in 10^6 km	58	228	778	1 433
Umlaufzeit T in 10^6 s	7,6	59	374	930
Bahngeschwindigkeit v in $\frac{\text{km}}{\text{s}}$	48	24	13	9,7

Die Werte führen zu folgender **Rotationskurve**:

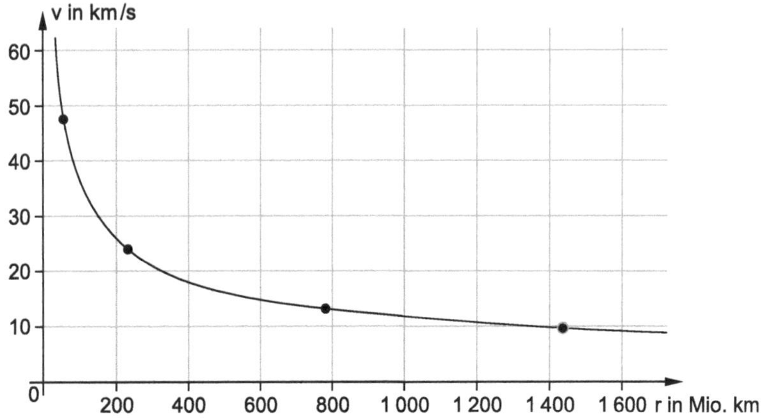

Abb. 5: Rotationskurve Sonnensystem

Der Ansatz Gravitationskraft = Zentralkraft führt zu:

$$G \cdot \frac{m \cdot M}{r^2} = m \cdot \frac{v^2}{r} \quad \Rightarrow \quad v = \sqrt{\frac{G \cdot M}{r}} \quad \Rightarrow \quad v \sim \sqrt{\frac{1}{r}}$$

b) Im Sonnensystem nimmt die Bahngeschwindigkeit mit zunehmendem Radius ab ($v \sim r^{-0,5}$), während in der Milchstraße die Geschwindigkeit zunächst zunimmt, um dann in größeren Entfernungen in etwa konstant zu werden.

c) Die Massenverteilung der Galaxis ist nicht zentrumsorientiert (obwohl die sichtbare Masse zentrumsorientiert aussieht). Es muss in den Außenbereichen viel mehr Materie anzutreffen sein, als man (optisch) sieht (dunkle Materie).

Abitur Physik (Bayern) 2013
Themenbereich I: Elektromagnetische Felder, Relativitätstheorie

Aufgabenvorschlag 1

1. **Das elektrische Feld zweier geladener Kugeln**
Die Abbildung zeigt das elektrische Feldlinienbild zweier geladener Kugeln. Die Kugel 1 trägt die Ladung Q_1, die Kugel 2 die Ladung Q_2.

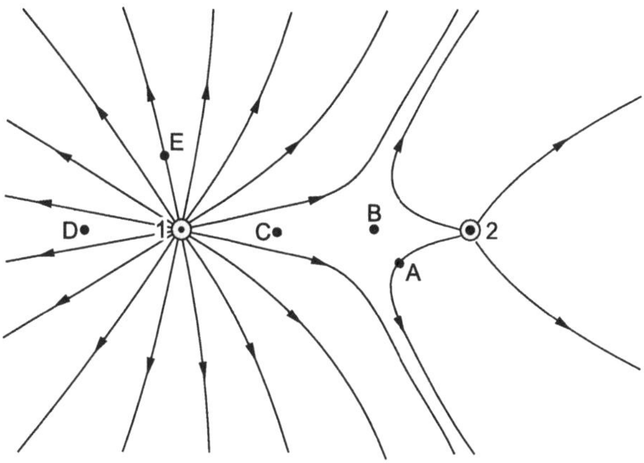

Abb. 1

a) Geben Sie begründet die Vorzeichen der Ladungen Q_1 und Q_2 an und führen Sie ein qualitatives Argument dafür an, dass $|Q_2| < |Q_1|$ gilt. (3 BE)

In jedem beliebigen Punkt des elektrischen Feldes ist die Feldstärke $\vec{E}_{ges}$ die Vektorsumme der in diesem Punkt von Kugel 1 und Kugel 2 erzeugten Feldstärken $\vec{E}_1$ und $\vec{E}_2$.

b) Zeichnen Sie in obiger Abbildung im Punkt A sowohl einen Vektor $\vec{E}_{ges}$ ein (dessen Länge frei wählbar ist) als auch seine Zerlegung in die Vektoren $\vec{E}_1$ und $\vec{E}_2$. (5 BE)

Die Punkte B, C und D liegen auf der Geraden durch die Kugelmittelpunkte.

c) Im Punkt B, der doppelt so weit von der Kugel 1 entfernt ist wie von der Kugel 2, ist der Betrag der Feldstärke $\vec{E}_{ges}$ null. Folgern Sie hieraus, dass für die Ladungen der beiden Kugeln $Q_1 = 4 \cdot Q_2$ gilt. (5 BE)

d) Die Punkte C und D haben den gleichen Abstand zur Kugel 1. Erklären Sie, in welchem der beiden Punkte der Betrag der Feldstärke $\vec{E}_{ges}$ größer ist. (4 BE)

e) Zeichnen Sie in der obigen Abbildung die durch den Punkt E verlaufende geschlossene Äquipotenziallinie ein. (3 BE)

f) Ausgehend von obiger Anordnung wird der Abstand beider Kugeln verringert, wobei die Ladungen der Kugeln unverändert bleiben. Begründen Sie, ob und gegebenenfalls wie sich dabei der Energieinhalt des elektrischen Feldes ändert. (4 BE)

2. **Solare und kosmische Protonen**

Von der Sonne geht ein Teilchenstrom aus, der unter anderem Protonen enthält. Gehen Sie für diese solaren Protonnen von einer Geschwindigkeit von $400\,\frac{\text{km}}{\text{s}}$ aus. Aus tieferen Regionen des Alls erreichen uns noch wesentlich energiereichere kosmische Protonen, für deren Geschwindigkeit im Folgenden 99 % der Lichtgeschwindigkeit angenommen wird.

a) Berechnen Sie jeweils die Beschleunigungsspannung, die in einem Laborexperiment erforderlich wäre, um ein zunächst ruhendes Proton auf die Geschwindigkeit eines solaren bzw. kosmischen Protons zu beschleunigen. (8 BE)

b) Ein kosmisches Proton durchquert den äußeren Bereich des Sonnensystems und wird im dort herrschenden Magnetfeld der Flussdichte $3 \cdot 10^{-10}$ T abgelenkt. Berechnen Sie unter der Voraussetzung, dass die Ablenkung auf einer Kreisbahn erfolgt, den Bahnradius der Flugbahn. (6 BE)

3. **Polarlicht und magnetische Stürme**

Das Polarlicht ist eine am Himmel über den Polarregionen der Erde sichtbare farbige Leuchterscheinung. Sie entsteht, wenn geladene Teilchen des sogenannten Sonnenwinds auf die obersten Schichten der Atmosphäre treffen und deren Gasteilchen zum Leuchten anregen. Die nebenstehende schematische Abbilddung zeigt die Flugbahn eines geladenen Teilchens im Erdmagnetfeld.

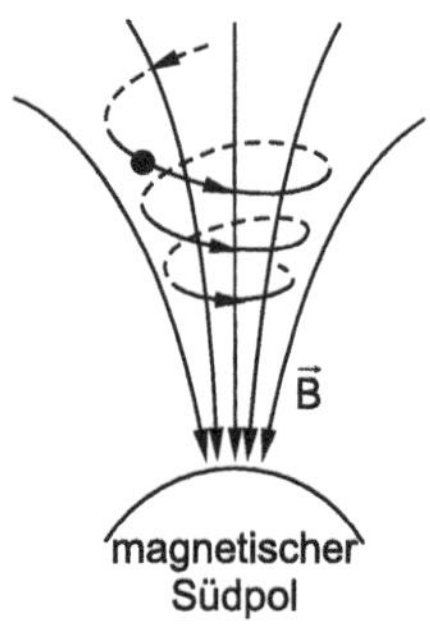

Abb. 2

a) Geben Sie zwei Gründe an, weshalb sich das geladene Teilchen im Erdmagnetfeld auf der in nebenstehender Abbildung dargestellten Bahnform bewegt, und bestimmen Sie das Ladungsvorzeichen des Teilchens. (6 BE)

Leuchtender Stickstoff emittiert vor allem rotes und blaues Licht, das insgesamt den Farbeindruck Magenta ergibt und im Labor mithilfe eines Gitterspektralapparats untersucht werden kann.

b) Zeigen Sie allgemein, dass innerhalb einer Ordnung rotes Licht stärker gebeugt wird als blaues Licht. Skizzieren Sie qualitativ unter Kennzeichnung aller auf dem Schirm sichtbaren Farben das zu beobachtende Interferenzbild bis zur 2. Ordnung. (11 BE)

Die Intensität des von der Sonne emittierten Teilchenstroms ist manchmal besonders groß und verursacht Schwankungen des Erdmagnetfelds. Spiegel Online berichtete am 10. 08. 2006 über die Trans-Alaska-Pipeline: „Sonnenstürme setzen Pipeline unter Strom".

c) Begründen Sie kurz das Entstehen der elektrischen Ströme in der Pipeline und beschreiben Sie unter Zuhilfenahme einer Skizze einen Versuch, mit dem das zugrunde liegende Phänomen im Labor demonstriert werden kann. (5 BE)

(60 BE)

Tipps und Hinweise zum Aufgabenvorschlag 1

Tipps zu Teilaufgabe 1

a: Beachten Sie die Feldlinienrichtung und -dichte.

b: Überlegen Sie zunächst, wie das Feld der Einzelkugel jeweils ohne den Einfluss der anderen aussieht. Wenden Sie anschließend das Superpositionsprinzip an.

c: Verwenden Sie hierfür das Coulomb'sche Gesetz.

d: Beachten Sie Anteile der Einzelfelder, die sich gegenseitig aufheben.

e: Äquipotenziallinien schneiden die Feldlinien stets senkrecht.

f: Überlegen Sie sich, ob diese Annäherung auch „von selbst" stattfinden könnte.

Tipps zu Teilaufgabe 2

a: Rechnen Sie relativistisch für Geschwindigkeiten $v > 0{,}1\,c$.

b: Die Lorentzkraft ist eine Zentripetalkraft.

Tipps zu Teilaufgabe 3

a: Gehen Sie auf die enger werdende Schraubenlinie und auf deren Ganghöhe ein.

b: Sie benötigen die grundlegende Formel für den Beugungswinkel bei Beugung am Gitter (konstruktive Interferenz). Beachten Sie die Farbe des Hauptmaximums.

c: Überlegen Sie, unter welchen Bedingungen elektromagnetische Induktion auftritt.

Lösungen zum Aufgabenvorschlag 1

1. a) Die Richtung der Feldlinien ist eingezeichnet und gibt definitionsgemäß die Richtung der Kraft auf eine positive Probeladung an der jeweiligen Stelle an. Da die Feldlinien von beiden Ladungen weg zeigen, müssen **Q_1 und Q_2 positiv** sein.
Für den Betrag der Ladungen ist die Feldliniendichte in der Nähe der Kugeln ein Maß. Weil die Feldlinien nahe Kugel 1 dichter verlaufen als nahe Kugel 2, muss $|\mathbf{Q_1}| > |\mathbf{Q_2}|$ gelten.

b) Der elektrische Feldanteil $\vec{E}_1$ (und ebenso der Kraftanteil $\vec{F}_1$) von Kugel 1 im Punkt A muss tangential an einer gedachten Feldlinie durch A verlaufen, die das Feld in A beschreibt, wenn Kugel 2 nicht vorhanden (und damit das Feld von Kugel 1 radialsymmetrisch) wäre. Analog muss der Anteil $\vec{E}_2$ tangential an einer gedachten Feldlinie durch A von Kugel 2 verlaufen, die das Feld beschreibt, wenn Kugel 1 deren Feld nicht stören würde (ebenfalls radialsymmetrisch). Die Vektorsumme $\vec{E}_{ges}$ der beiden Anteile muss dann tangential an der tatsächlich durch A verlaufenden Feldlinie des Überlagerungsfeldes beider Kugeln anliegen. Abb. 3 zeigt eine mögliche Lösung.

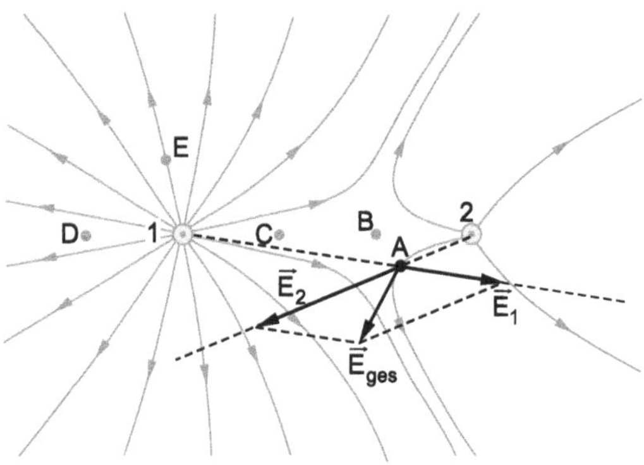

Abb. 3

c) Nach dem Coulomb'schen Gesetz ist die Feldstärke zum Abstandsquadrat umgekehrt proportional. Wenn also B „in Bilanz" feldfrei ist, dann muss für die Beträge der dort wirkenden Feldstärken gelten:

$$E_1(B) = \frac{1}{4\pi \cdot \varepsilon_0} \cdot \frac{Q_1}{r_1^2} = \frac{1}{4\pi \cdot \varepsilon_0} \cdot \frac{Q_2}{r_2^2} = E_2(B)$$

Mit der Angabe $r_1 = 2r_2$ liefert das für das **Ladungsverhältnis**:

$$\frac{Q_1}{(2r_2)^2} = \frac{Q_2}{r_2^2} \quad \Leftrightarrow \quad \underline{\underline{Q_1 = 4Q_2}}$$

d) C liegt zwischen den beiden positiv geladenen Kugeln, die Kräfte heben sich also teilweise gegenseitig auf. Demgegenüber liegt D links von beiden Kugel, dort verstärken sich die beiden Anteile und die **resultierende Feldstärke** ist folglich **bei D größer**.

Da C und D laut Angabe auf der Geraden durch die Kugelmittelpunkte liegen, verlaufen die Feldanteile von Kugel 1 und 2 auch entlang dieser Geraden. Da zudem C näher an 1 als an 2 liegt und $Q_1 > Q_2$, ist $|E_1(C)| > |E_2(C)|$ und

$$|E_{ges}(C)| = |E_1(C)| - |E_2(C)|.$$

Bei D ist die resultierende Feldstärke $|E_{ges}(D)| = |E_1(D)| + |E_2(D)|$ bzw. wegen $|E_1(C)| = |E_1(D)|$ (da C und D gleichen Abstand von Kugel 1 haben)

$$|E_{ges}(D)| = |E_1(C)| + |E_2(D)|,$$

sodass insgesamt $|E_{ges}(D)| > |E_{ges}(C)|$ folgt.

e) Die **Äquipotenziallinie durch den Punkt E** muss alle (resultierenden) Feldlinien senkrecht schneiden. Wäre also Kugel 2 nicht da, müsste man nur den Kreis um Kugelmittelpunkt 1 durch den Punkt E zeichnen. Weil sich außer in D ebenso im Punkt E die Felder beider Kugeln verstärken (beide Punkte liegen links der Kugeln, vgl. Teilaufgabe d), zwischen den Kugeln aber gegenseitig teilweise aufheben, muss die Äquipotenziallinie links von Kugel 1 einen Tick näher bei dieser verlaufen als rechts davon (Abb. 4; die rechten Winkel zwischen Feldlinien und Äquipotenziallinie sind nicht eingezeichnet).

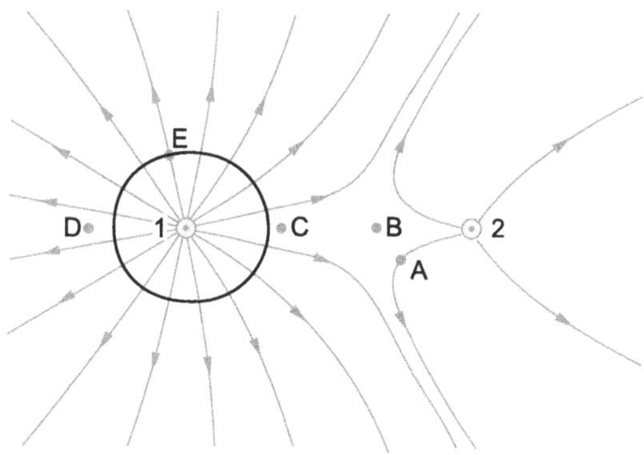

Abb. 4

f) Der **Energieinhalt** des Feldes **wächst an**, weil Arbeit verrichtet werden muss, um die gleichnamig geladenen Kugeln einander anzunähern.

2. a) Bei den solaren Protonen muss nicht relativistisch gerechnet werden, bei den kosmischen sehr wohl (Faustregel: relativistische Rechnung für $v > 0{,}1\,c$).

Solare Protonen

Aus der Energiebilanz

$$e \cdot U = \frac{1}{2} m_0 \cdot v^2$$

folgt die Beschleunigungsspannung:

$$U_S = \frac{m_0 \cdot v^2}{2e} = \frac{1{,}67 \cdot 10^{-27}\,\text{kg} \cdot \left(400 \cdot 10^3\,\frac{\text{m}}{\text{s}}\right)^2}{2 \cdot 1{,}60 \cdot 10^{-19}\,\text{As}} = \underline{\underline{835\,\text{V}}}$$

Kosmische Protonen

Der relativistische Ansatz (E_0: Ruheenergie des Protons)

$$e \cdot U = E - E_0 = E_0 \cdot \left(\frac{1}{\sqrt{1 - \frac{v^2}{c^2}}} - 1 \right)$$

führt auf die Beschleunigungsspannung:

$$U_K = \frac{E_0}{e} \cdot \left(\frac{1}{\sqrt{1 - \frac{v^2}{c^2}}} - 1 \right) = \frac{938{,}27\,\text{MeV}}{e} \cdot \left(\frac{1}{\sqrt{1 - 0{,}99^2}} - 1 \right)$$

$$= 938{,}27 \cdot 10^6\,\text{V} \cdot 6{,}09 = \underline{\underline{5{,}7 \cdot 10^9\,\text{V}}}$$

b) Die Lorentzkraft ist eine Zentripetalkraft, also ist

$$e \cdot v \cdot B = \frac{m \cdot v^2}{r}$$

und für den **Bahnradius** ergibt sich

$$r = \frac{m \cdot v}{e \cdot B} \qquad (*)$$

mit der relativistischen Masse $m = \frac{m_0}{\sqrt{1 - \frac{v^2}{c^2}}}$. Eingesetzt in (*) folgt:

$$r = \frac{m_0 \cdot v}{\sqrt{1 - \frac{v^2}{c^2}} \cdot e \cdot B} = \frac{1{,}67 \cdot 10^{-27}\,\text{kg} \cdot 0{,}99 \cdot 3{,}0 \cdot 10^8\,\frac{\text{m}}{\text{s}}}{\sqrt{1 - 0{,}99^2} \cdot 1{,}60 \cdot 10^{-19}\,\text{As} \cdot 3 \cdot 10^{-10}\,\text{T} \cdot} = \underline{\underline{7 \cdot 10^{10}\,\text{m}}}$$

Der Durchmesser $2r = 1{,}4 \cdot 10^{11}\,\text{m} \approx 1\,\text{AE}$ der angenommenen Kreisbahn entspricht der Entfernung Erde – Sonne.

Einheitenkontrolle:

$$1\,\frac{\text{kg} \cdot \frac{\text{m}}{\text{s}}}{\text{As} \cdot \text{T}} = 1\,\frac{\text{kg} \cdot \text{m}}{\text{s} \cdot \text{As} \cdot \frac{\text{Vs}}{\text{m}^2}} = 1\,\frac{\text{kg} \cdot \text{m}}{\text{s}^2} \cdot \frac{\text{m}^2}{\text{VAs}} = 1\,\text{N} \cdot \frac{\text{m}^2}{\text{J}} = 1\,\text{J} \cdot \frac{\text{m}}{\text{J}} = 1\,\text{m}$$

3. a) Geladene Teilchen erfahren im Erdmagnetfeld eine **Lorentzkraft** abhängig von dem Anteil ihrer Bewegung, der eine Geschwindigkeitskomponente $v_\perp$ senkrecht zu den Feldlinien aufweist. Die Überlagerung dieser Kreisbewegung um die Feldlinien mit der Translationsbewegung, die durch die parallele Komponente $v_{||}$ der Teilchengeschwindigkeit bedingt ist, führt auf eine schraubenförmige Bahn. Radius ($\rightarrow v_\perp$) und Ganghöhe ($\rightarrow v_{||}$) dieser Schraubenlinie ändern sich im **inhomogen Magnetfeld** fortlaufend. Insbesondere wird die Bahn wegen der steigenden Flussdichte in Polnähe immer enger.

Das einfliegende Teilchen muss **positive Ladung** tragen, da nur so die Linkskurve bei zum Pol gerichteten Feldlinien möglich ist (Drei-Finger-Regel der rechten Hand).

b) Unabhängig von der Gitterkonstanten b gilt wegen $\sin\alpha_k \sim k \cdot \lambda$ und wegen $\lambda_{rot} > \lambda_{blau}$, dass $\sin\alpha_{rot} > \sin\alpha_{blau}$. Weil die Sinusfunktion für $0° < \alpha < 90°$ monoton steigt, folgt $\boldsymbol{\alpha_{rot} > \alpha_{blau}}$.

Abb. 5 zeigt qualitativ das **Interferenzbild**.

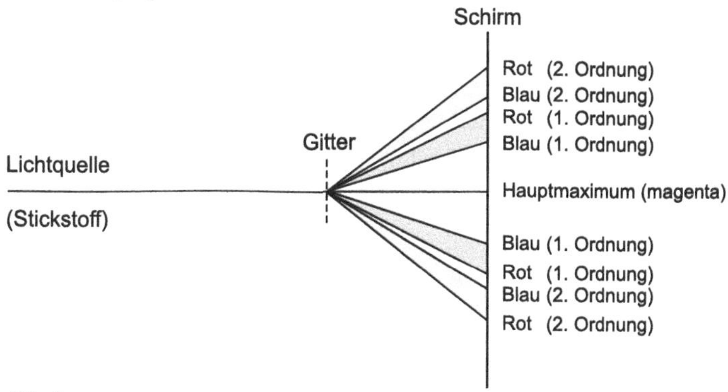

Abb. 5

Dass die Spektren 1. und 2. Ordnung sich nicht überlappen, zeigt folgende Abschätzung. Mit $\sin\alpha_k \sim k \cdot \lambda$ gilt:

$$\frac{\sin\alpha_{2,\,blau}}{\sin\alpha_{1,\,rot}} = \frac{2 \cdot \lambda_{blau}}{\lambda_{rot}} = \frac{2 \cdot 400\text{ nm}}{700\text{ nm}} = \frac{8}{7} > 1 \quad \Rightarrow \quad \sin\alpha_{2,\,blau} > \sin\alpha_{1,\,rot}$$

c) Die Pipeline ist ein metallischer Leiter, der sich im Erdmagnetfeld befindet. Ist dieses Erdmagnetfeld den genannten Schwankungen unterworfen, so wird durch die Änderung der Flussdichte eine elektrische Spannung **induziert**, in einem geschlossenen Leiter dann auch elektrischer Strom.
Experimentell lässt sich das mit einer **Spule** (statt Pipeline) und einem **Stabmagneten** (statt Erdmagnetfeld) demonstrieren: Entfernt man den Magneten schnell von der Spule (oder nähert ihn rasch an), so wird in der Spule eine Spannung induziert, der durch ein Voltmeter nachgewiesen werden kann.

Aufgabenvorschlag 2

1. **Eine medizinische Anwendung des Halleffekts**

Die nebenstehende Abbildung zeigt schematisch ein zylinderförmiges Teilstück eines Blutgefäßes mit dem Durchmesser D in einem homogenen Magnetfeld der Flussdichte B. Im Blut, das sich mit der konstanten Geschwindigkeit v bewegt, befinden sich positiv und negativ geladene Ionen. Zwischen den Streifen 1 und 2 an der oberen bzw. unteren Gefäßwand tritt die Hallspannung U_H auf.

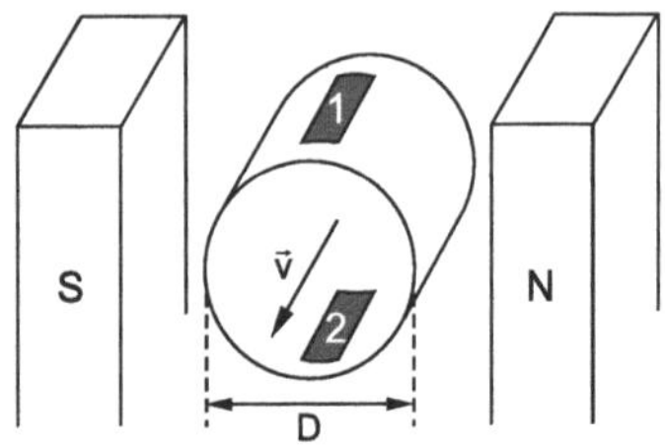

Abb. 1

a) Erklären Sie das Zustandekommen der Hallspannung und bestimmen Sie deren Polarität an den Streifen 1 und 2. (7 BE)

b) Leiten Sie her, dass für die Hallspannung $U_H = B \cdot v \cdot D$ gilt. (5 BE)

c) Bei einem Blutgefäß mit 0,50 cm Durchmesser und einer magnetischen Flussdichte von 0,50 T beträgt die Hallspannung 0,28 mV. Berechnen Sie sowohl die Fließgeschwindigkeit v des Blutes als auch, wie viele Liter Blut in einer Sekunde durch den Querschnitt des Blutgefäßes fließen.
[Zur Kontrolle: $v = 0{,}11\,\frac{\text{m}}{\text{s}}$] (6 BE)

2. **Induktivität einer Spule**

Eine Spule und ein Schalter werden in Serie an einen 6,0-V-Akku angeschlossen.
Das t-I-Diagramm zeigt die Stromstärke in der Spule, wenn zum Zeitpunkt t = 0 s der Schalter geschlossen wird.

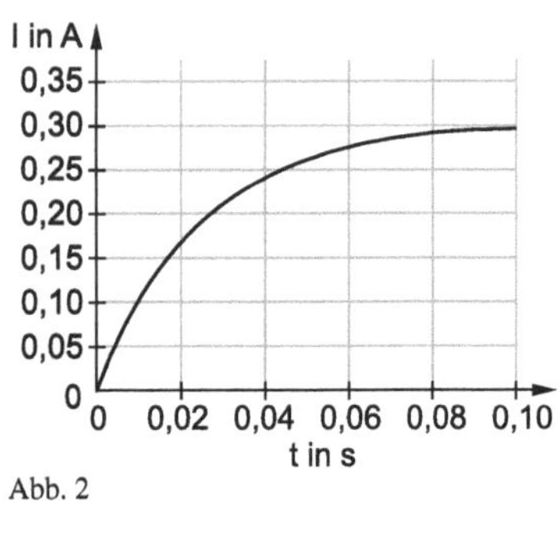

Abb. 2

a) Erklären Sie das Zustandekommen des Kurvenverlaufs. Gehen Sie insbesondere darauf ein, dass zum Zeitpunkt t = 0 s die Stromstärke I = 0 A beträgt. (7 BE)

b) Entnehmen Sie dem Diagramm die Steigung der Kurve bei t = 0 s und verwenden Sie diese um nachzuweisen, dass die Induktivität der Spule ca. 0,5 H beträgt. (5 BE)

c) Zeigen Sie mithilfe des Diagramms, dass der ohmsche Widerstand der Spule 20 Ω beträgt. (3 BE)

d) Die bisher verwendete Spule wird gegen eine andere Spule mit doppelter Induktivität und doppelt so großen ohmschen Widerstand ausgetauscht. Zeichnen Sie in das gegebene Diagramm den t-I-Kurvenverlauf für die neue Versuchssituation ein. (4 BE)

Durch das Öffnen des Schalters wird nun die Spule wieder vom 6,0-V-Akku getrennt. Die dabei auftretende Selbstinduktionsspannung lässt sogar eine Glimmlampe aufleuchten, deren Zündspannung sehr viel größer als 6,0 V ist.

e) Erstellen Sie einen Schaltplan für dieses Demonstrationsexperiment; verwenden Sie dafür das abgebildete Schaltsymbol für eine Glimmlampe. Erklären Sie, warum die Selbstinduktionsspannung die Akkuspannung deutlich übersteigen kann. (6 BE)

Abb. 3

3. **Interferenz von Dipolstrahlung**

Zwei Hertz'sche Dipole S_1 und S_2 stehen senkrecht zur Zeichenebene im Abstand von 15 cm und schwingen phasengleich mit der Frequenz $f = 5{,}0$ GHz.

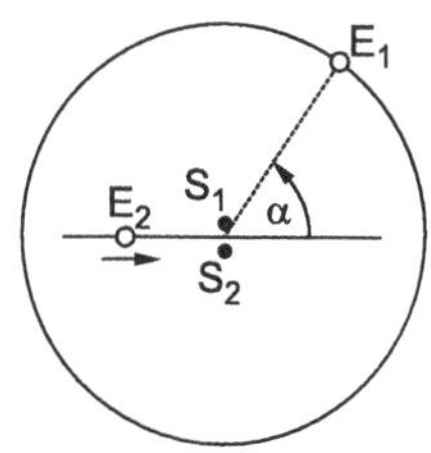

Abb. 4

a) Berechnen Sie die Länge der Dipole, falls sie in ihrer Grundschwingung schwingen. (3 BE)

b) Skizzieren Sie für charakteristische Zeitpunkte während einer Periode das elektrische Feldlinienbild im Nahbereich eines Dipols. (6 BE)

c) Der Empfangsdipol E_1 bewegt sich entlang einer Kreislinie in mehreren Metern Abstand um die Senderanordnung. Bestimmen Sie die Anzahl der Empfangsmaxima bei einem Umlauf. (4 BE)

d) Der Empfangsdipol E_2 bewegt sich entlang der Mittelsenkrechten der Senderanordnung. Begründen Sie, welches der drei nachfolgenden Diagramme die Empfangsintensität I qualitativ richtig darstellt.

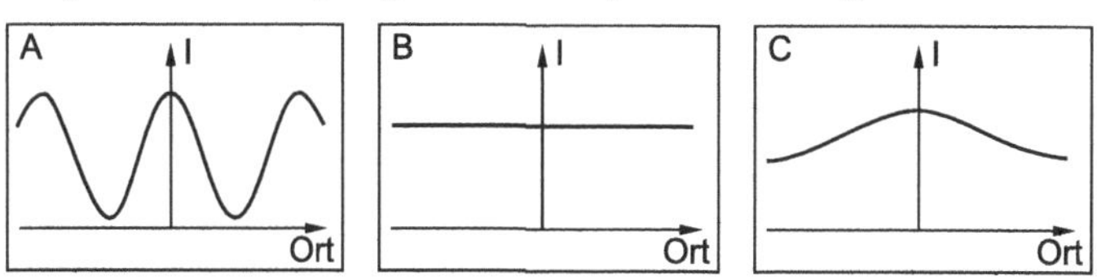

Abb. 5 Abb. 6 Abb. 7

(4 BE)

(60 BE)

Tipps und Hinweise zum Aufgabenvorschlag 2

Tipps zu Teilaufgabe 1

a: Welche Kraft wirkt auf geladene Teilchen im magnetischen Querfeld?

b: Es stellt sich ein Kräftegleichgewicht ein. Die Streifenanordnung kann als Plattenkondensator interpretiert werden.

c: Die Fließgeschwindigkeit v erhalten Sie durch Umstellen der Formel aus b.
Die Durchflussrate bekommen Sie, wenn Sie mithilfe von v das Zylindervolumen berechnen, das pro Sekunde durch den Querschnitt fließt.

Tipps zu Teilaufgabe 2

a: Berücksichtigen Sie die Tatsache, dass sich nach dem Einschalten in der Spule ein Magnetfeld aufbaut.

b: Beachten Sie die Achsenskalierung. Achtung: Es ist die Tangentensteigung im *Ursprung* gesucht – berücksichtigen Sie, dass der Graph eine Rechtskurve ist und im Berührpunkt der Tangente beginnt.

c: Warten Sie, bis die Anfangseffekte vorüber sind.

d: Beachten Sie wieder die Tangentensteigung am Anfang und die Asymptote.

e: Das Glimmlämpchen muss parallel zur Spule geschaltet sein. Die Begründung für die kurzfristig hohe Spannung liefert das Induktionsgesetz.

Tipps zu Teilaufgabe 3

a: Wie hängen Wellenlänge der Grundschwingung und Dipollänge stets zusammen?

b: Charakteristische Zeitpunkte liegen alle 0,25 Periodendauern vor.

c: Die Situation ist auf dem linken und rechten Halbkreis symmetrisch.
Bestimmen Sie die Zahl der möglichen Maxima auf einem Halbkreis mithilfe der Beugungsbedingung für konstruktive Interferenz.

d: Beachten Sie: E_2 bewegt sich auf der Symmetrieachse der Anordnung.

Lösungen zum Aufgabenvorschlag 2

1. a) Grundsätzlich versteht man unter **Halleffekt** die teilweise Trennung fließender Ladungen in einem magnetischen Querfeld aufgrund der Lorentzkraft. Abb. 8 verdeutlicht die Entstehung der sogenannten **Hallspannung**.

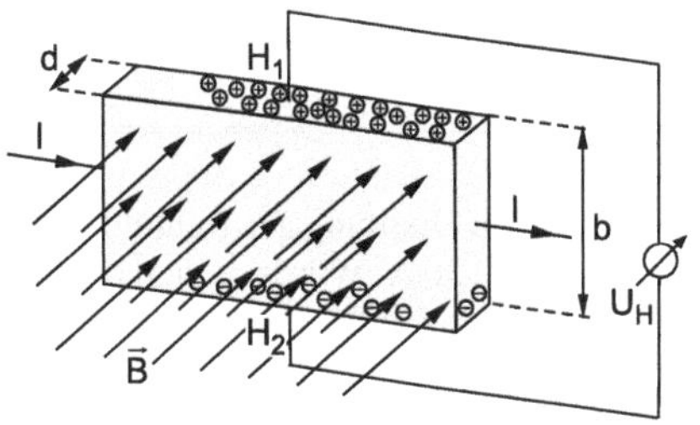

Abb. 8

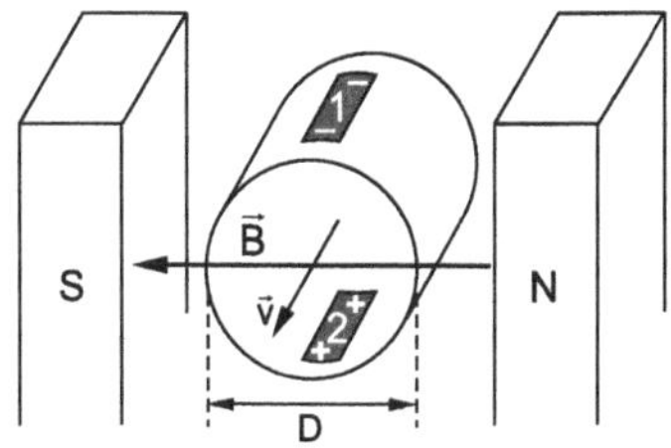

Abb. 9

Fließt der elektrische Strom von links nach rechts durch den Leiterquader der Höhe b und Dicke d, dann wirkt auf die bewegten Ladungen wegen des Magnetfeldes der Flussdichte B senkrecht dazu gemäß Drei-Finger-Regel der rechten Hand die Lorentzkraft und treibt positive Ladungen an die obere Grenzfläche, negative an die untere. Durch die abstoßende Wirkung bereits angesammelter, gleichnamiger Ladungsträger und die anziehende Wirkung der getrennten ungleichnamigen Ladungsträger findet dieser Prozess bald einen Gleichgewichtszustand. Zwischen oberer und unterer Grenzfläche lässt sich an den Messpunkten H_1 und H_2 die Hallspannung U_H abgreifen sowie (präzise und stromlos!) messen. Üblicherweise wird auf diese Weise indirekt die Flussdichte B gemessen.
Bei der hier vorgestellten medizinischen Anwendung fließen die Ionen durch die Ader und sind dabei dem magnetischen Querfeld ausgesetzt: Die positiv geladenen Teilchen im Blut sammeln sich folglich unten bei Streifen 2, die negativen bei Streifen 1 oben (Abb. 9).

b) Zwischen den Messpunkten H_1 und H_2 bildet sich ein elektrisches Hallfeld der Stärke E_H aus. Im Gleichgewichtsfall ist dessen Kraft $F_H = q \cdot E_H$ auf die Ladungsträger betragsgleich der Lorentzkraft $F_L = q \cdot v \cdot B$, welche die Ladungsträger auseinandertreibt. Fasst man die Streifen 1 und 2 als Plattenkondensator, folgt mit $E_H = \frac{U_H}{D}$ für die **Hallspannung**:

$$F_H = F_L \quad \Leftrightarrow \quad q \cdot \frac{U_H}{D} = q \cdot v \cdot B \quad \Rightarrow \quad \underline{\underline{U_H = v \cdot B \cdot D}}$$

c) In dieser Anwendung wird die **Fließgeschwindigkeit** des Blutes über die Hallspannung indirekt gemessen. Aus der eben gewonnenen Formel folgt:

$$v = \frac{U_H}{B \cdot D} = \frac{0{,}28 \cdot 10^{-3}\,\text{V}}{0{,}50\,\frac{\text{Vs}}{\text{m}^2} \cdot 0{,}50 \cdot 10^{-2}\,\text{m}} = \underline{\underline{0{,}11\,\frac{\text{m}}{\text{s}}}}$$

Zur Berechnung der **Durchflussmenge je Sekunde** denke man sich einen Zylinder mit Durchmesser D und Höhe $h = 0{,}11$ m, der pro $t = 1{,}0$ s mit der soeben bestimmten Geschwindigkeit $v = \frac{h}{t} = 0{,}11\,\frac{m}{s}$ den Querschnitt passiert:

$$V = \left(\frac{D}{2}\right)^2 \cdot \pi \cdot h = \left(\frac{D}{2}\right)^2 \cdot \pi \cdot v \cdot t$$

$$\Rightarrow \quad \frac{V}{t} = \left(\frac{D}{2}\right)^2 \cdot \pi \cdot v = \left(0{,}25 \cdot 10^{-2}\,\text{m}\right)^2 \cdot \pi \cdot 0{,}11\,\frac{\text{m}}{\text{s}} = \underline{\underline{2{,}2 \cdot 10^{-6}\,\frac{\text{m}^3}{\text{s}} = 2{,}2\,\frac{m\ell}{\text{s}}}}$$

2. a) Der Wert der Stromstärke nähert sich vom Ursprung aus (mutmaßlich exponentiell) einem Sättigungswert von etwa 0,30 A. Würde es sich bei dem einzigen, angeschlossenen „Gerät“ nicht um eine Spule, sondern um einen reinen ohmschen Widerstand handeln, dann wäre die Stromstärke von 0,30 A sofort erreicht. Im Spuleninneren wird jedoch nach dem Einschalten und dem widerstandsbedingten Strom von 0,3 A (vgl. Teilaufgabe 2c) ein Magnetfeld aufgebaut. Diese ändert sich dabei stark und führt zu einem gemäß **Lenz'scher Regel** entgegengesetzt fließenden Induktionsstrom (zunächst Induktionsspannung von ebenfalls 6,0 V). In Bilanz heben sich zunächst Strom und Gegenstrom gegenseitig auf; erst, wenn der Magnetfeldaufbau langsamer vor sich geht, nehmen Gegenspannung und Gegenstrom ab, die Bilanzstromstärke steigt immer weiter an, bis sie den Sättigungsstrom asymptotisch erreicht. Dann ändert sich das Magnetfeld im Spuleninneren nicht mehr und die Spule wirkt wie ein ohmscher Widerstand.

b) In Abb. 10 ist die Tangente im Ursprung eingezeichnet. Dem Steigungsdreieck entnimmt man die **Steigung**

$$\dot{I}(0\,\text{s}) = \frac{\Delta I}{\Delta t} = \frac{0{,}25\,\text{A}}{0{,}02\,\text{s}} = \underline{\underline{12{,}5\,\frac{\text{A}}{\text{s}}}}$$

Daraus folgt für die **Induktivität L**:

$$L = \frac{|U_{ind}(0\,\text{s})|}{\dot{I}(0\,\text{s})} = \frac{6{,}0\,\text{V}}{12{,}5\,\frac{\text{A}}{\text{s}}} = \underline{\underline{0{,}5\,\text{H}}}$$

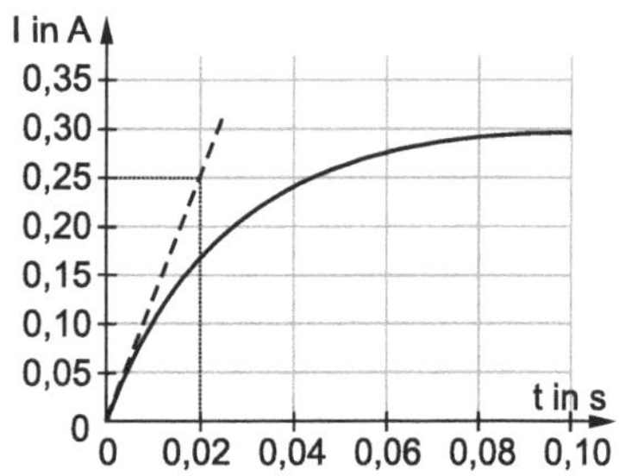

Abb. 10

Da die Tangente im Ursprung gefragt ist und der t-I-Graph eine Rechtskurve darstellt, die ausschließlich im ersten Quadranten des Koordinatensystems verläuft, läuft man leicht Gefahr, die Tangente *zu flach* anzusetzen. Wählen Sie also als zweiten Tangentenpunkt neben dem Ursprung einen Punkt, der eindeutig oberhalb der t-I-Kurve liegt.

c) Aus dem stationären Zustand nach etwa 0,10 s lässt sich der **ohmsche Widerstand der Spule** berechnen:

$$R = \frac{U}{I} = \frac{6{,}0\,\text{V}}{0{,}30\,\text{A}} = \underline{\underline{20\,\Omega}}$$

d) Wegen der doppelten Induktivität muss die Kurve mit halber Steigung aus dem Ursprung kommen (vgl. Teilaufgabe 2b) und schmiegt sich wegen des doppelten Widerstandes dem halben Wert 0,15 A an (vgl. Teilaufgabe 2c). Die Form beider Kurven ist ansonsten gleich (Abb. 11).

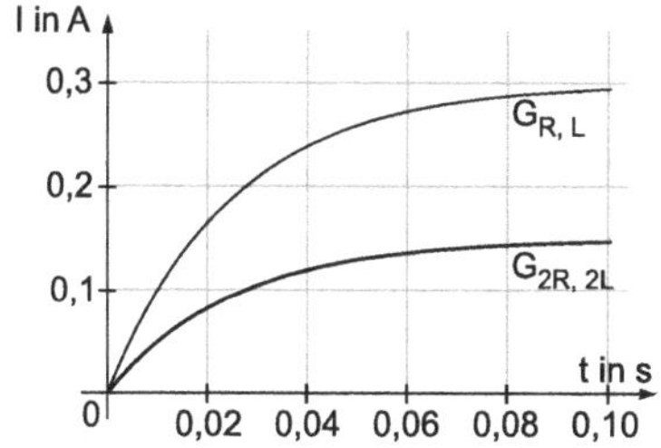

Abb. 11

e) Eine mögliche Schaltung zeigt Abb. 12. Solange der Schalter S geschlossen ist und die Sättigungsstromstärke 0,3 A vorhanden ist, verhält sich die Spule wie ein Widerstand von 20 Ω, das Magnetfeld im Spuleninneren hat eine konstant hohe Stärke.
Das Öffnen von S unterbricht schlagartig die Stromversorgung durch die Batterie, das Magnetfeld in der Spule bricht sehr schnell zusammen. Weil die Induktionsspannung proportional zur zeitlichen Änderung der Flussdichte ist (und nicht von der absoluten Stärke des Magnetfeldes abhängt), sorgt der **plötzliche Zusammenbruch des Magnetfeldes** für einen kurzen, aber großen Spannungsstoß, der das Glimmlämpchen kurz aufleuchten lässt.

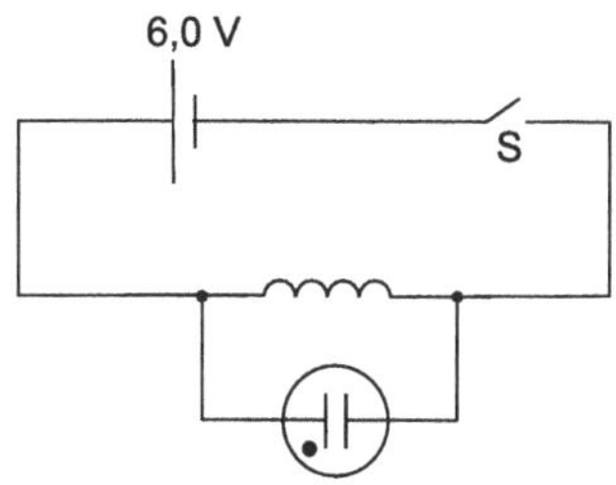

Abb. 12

3. a) In der Grundschwingung muss die **Dipollänge** die halbe Wellenlänge sein:

$$\ell = \frac{\lambda}{2} = \frac{c}{2f} = \frac{3{,}0 \cdot 10^8 \,\frac{\text{m}}{\text{s}}}{2 \cdot 5{,}0 \cdot 10^9\,\text{Hz}} = 0{,}030\,\text{m} = 3{,}0\,\text{cm}$$

b) In Abb. 13 ist das **Feldlinienbild** beginnend bei t = 0 s nach jeweils einer Viertelperiode skizziert (jeweils nur elektrisches bzw. nur magnetisches Feld). Nach einer vollen Periode t = T ist wieder der Ausgangszustand erreicht.

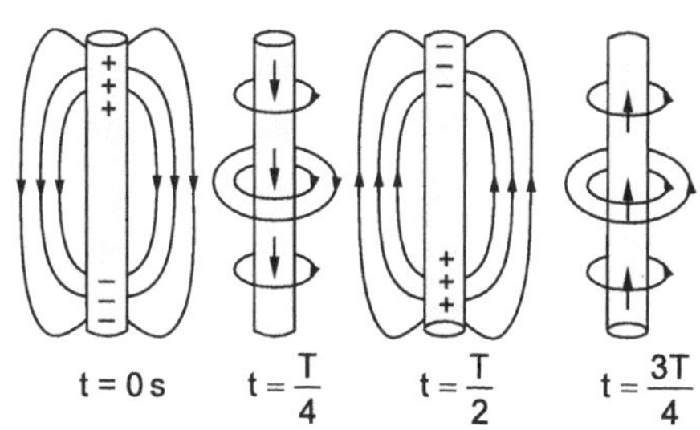

Abb. 13

Erläuterung (nicht verlangt): Zu den charakteristischen Zeitpunkten zu Beginn (t = 0 s) sowie nach je einer viertel Periodendauer sieht die Spannungs- bzw. Stromstärkeverteilung am Dipol aus wie in Abb. 14 qualitativ gezeigt.

Zunächst herrscht zwischen den Dipolenden größtmögliche Spannung (bei I = 0 A). Dann ist die Stromstärke in der Mitte maximal (bei U = 0 V), während sich das Magnetfeld wieder (mangels verursachendem Stromfluss) abbaut. Der Induktionsstrom fließt dabei weiterhin in gleicher Richtung, bis der Dipol bei t = 0,5 T entgegengesetzt aufgeladen ist wie am Anfang. Schließlich ist wieder U = 0 s und I maximal in der Dipolmitte (bei entgegengesetzter Stromrichtung).

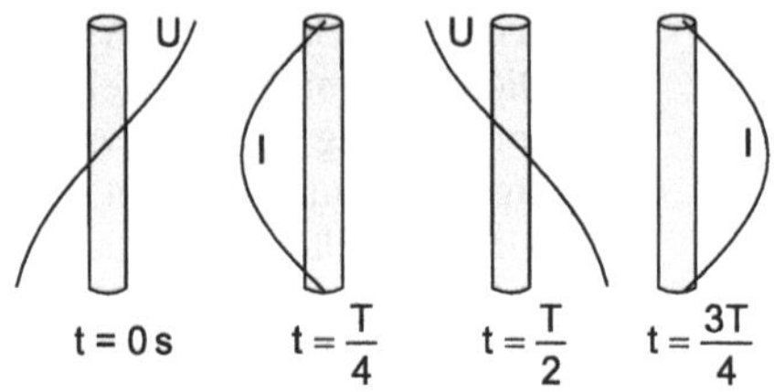

Abb. 13

c) Für ein Empfangsmaximum muss stets konstruktive Interferenz der beiden Sendesignale vorliegen, der Gangunterschied folglich ein ganzzahliges Vielfaches der Wellenlänge λ sein. Betrachtet man zunächst die Seite rechts der beiden Sender (Abstrahlwinkel $-90° < \alpha < 90°$), dann gilt für den Winkel α, unter dem ein Maximum feststellbar ist (d: Senderabstand):

$$\sin\alpha = \frac{k \cdot \lambda}{d}$$

Weil der Sinus nur Werte zwischen –1 und 1 annimmt, folgt für die Ordnungen k der auf dem rechten Halbkreis beobachtbaren Maxima:

$$\left|\frac{k \cdot \lambda}{d}\right| \leq 1 \quad \Rightarrow \quad \pm k \leq \frac{d}{\lambda} = \frac{d \cdot f}{c} = \frac{0{,}15\ \text{m} \cdot 5{,}0 \cdot 10^9\ \text{Hz}}{3{,}0 \cdot 10^8\ \frac{\text{m}}{\text{s}}} = 2{,}5$$

$$\Rightarrow \quad -2{,}5 \leq k \leq 2{,}5$$

$$\Rightarrow \quad k \in \{-2; -1; 0; 1; 2\} \quad \text{für } -90° < \alpha < 90°$$

Zu jedem Maximum auf dem rechten Halbkreis gibt es ein „gespiegeltes“ auf dem linken Halbkreis, sodass es insgesamt **10 Maxima** gibt.

d) Auf dem Weg von E_2 liegt stets das Hauptmaximum, weil auf der Mittelsenkrechten kein Gangunterschied zwischen den Wellenzügen der beiden Sender auftritt. Schwankungen wie in Bild A sind also ausgeschlossen. Wegen der Entfernungsabhängigkeit (abnehmende Signalstärke in größerem Abstand von den Sendern) kann auch Bild B nicht zutreffen. **Bild C** mit dem Intensitätsmaximum genau zwischen den beiden Sendern stellt den Intensitätsverlauf qualitativ korrekt dar.

Aufgabenvorschlag 1

Atomare Masseneinheit: $1\,u = 1{,}66054 \cdot 10^{-27}$ kg

1. **Das radioaktive Eisenisotop ^{59}Fe**
   Das Eisenisotop ^{59}Fe ist ein β^--Strahler mit der Halbwertszeit $T_{1/2} = 44{,}5$ d, der in der Medizin zum Einsatz kommt.

   Gegebene Atommassen: $m(^{59}Fe) = 58{,}934876$ u; $m(^{59}Co) = 58{,}933195$ u

   a) Geben Sie für den β^--Zerfalls von ^{59}Fe die Reaktionsgleichung an und beschreiben Sie den β^--Zerfalls im Quark-Modell. (6 BE)

   b) Weisen Sie nach, dass beim β^--Zerfalls eines ^{59}Fe-Kerns die Energie 1,57 MeV frei wird. (4 BE)

   Wie die nebenstehende Skizze zeigt, ist die kinetische Energie der beim Zerfall entstehenden β^--Teilchen kontinuierlich verteilt.

   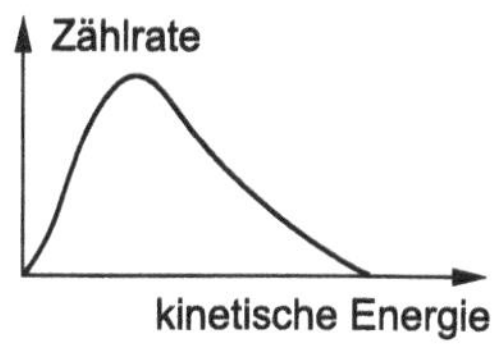

   Abb. 1

   c) Erklären Sie, warum die Energieverteilung kontinuierlich ist. (4 BE)

   Um eine medizinisch stichhaltige Aussage über den Eisenmangel im Körper eines Patienten zu erhalten, werden ihm in einem Getränk $0{,}20 \cdot 10^{-12}$ kg des Isotops ^{59}Fe verabreicht.

   d) Zeigen Sie, dass das verabreichte Eisen ^{59}Fe die Aktivität 0,37 MBq besitzt. (7 BE)

   Bei extrem großem Eisenmangel wird der Körper des Patienten in der Folgezeit das Eisenisotop fast vollständig aufnehmen, jedoch kaum etwas davon ausscheiden. Nach 15 Tagen erfolgt eine erneute Bestimmung der ^{59}Fe Aktivität.

   e) Berechnen Sie die zu erwartende ^{59}Fe-Aktivität, wenn in den 15 Tagen 10 % der ursprünglich verabreichten Menge ^{59}Fe ausgeschieden wurden. (6 BE)

2. **Doppelspaltexperiment mit Heliumatomen**
   Anfang des 20. Jahrhunderts postulierte der Physiker de Broglie aufgrund theoretischer Überlegungen, dass auch Materieteilchen eine Wellenlänge zugeordnet werden kann.

a) Folgern Sie mithilfe der Masse-Energie-Beziehung $E = m \cdot c^2$, dass ein Photon den Impuls $p = \frac{h}{\lambda}$ besitzt. Führen Sie anschließend eine Analogiebetrachtung zwischen Photonen und Materieteilchen durch, aus der sich die Festlegung der sogenannten De-Broglie-Wellenlänge ergibt. (5 BE)

Im Jahr 1991 wurde ein Doppelspaltexperiment mit Heliumatomen durchgeführt, das die Theorie von de Broglie auch für Atome bestätigt. Gehen Sie im Weiteren davon aus, dass sich ^{4}He-Atome der Masse 4,002603 u mit der Geschwindigkeit $v = 9{,}7 \cdot 10^2 \,\frac{m}{s}$ auf einen Doppelspalt zubewegen.

b) Berechnen Sie die nach den Überlegungen von de Broglie zu erwartende Wellenlänge λ der ^{4}He-Atome.
[Zur Kontrolle: $\lambda = 0{,}10$ nm] (3 BE)

Hinter dem Doppelspalt, der den Spaltmittenabstand $d = 8\ \mu m$ besitzt, ist im Abstand $a = 64$ cm ein Detektorschirm parallel zur Doppelspaltebene montiert. Auf dem Detektorschirm zeigt sich ein typisches Interferenzmuster. Das nebenstehende Diagramm stellt die Anzahl der in einer gewissen Zeit auf dem Detektorschirm registrierten Heliumatome in Abhängigkeit vom Ort x relativ zum Maximum 0. Ordnung dar.

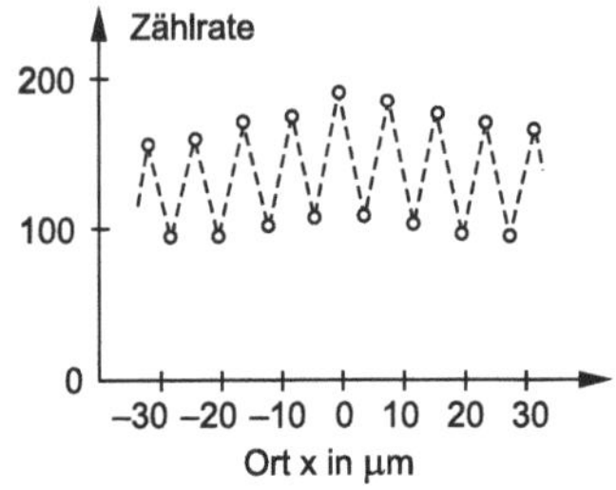

Abb. 2

c) Bestätigen Sie rechnerisch unter Verwendung des Diagramms die De-Broglie-Wellenlänge der ^{4}He-Atome aus Teilaufgabe b. Veranschaulichen Sie alle in Ihrer Rechnung verwendeten Größen in einer übersichtlichen Skizze. (9 BE)

d) Für die Durchführung des beschriebenen Experiments ist eine weitgehend einheitliche Geschwindigkeit der ^{4}He-Atome wichtig. Begründen Sie diese Forderung und erläutern Sie eine analoge Versuchsbedingung für einen Doppelspaltversuch mit Licht. (7 BE)

e) In einer Abwandlung des oben beschriebenen Doppelspaltversuchs wird die Teilchenzahl so stark reduziert, dass die ^{4}He-Atome auf dem Detektorschirm einzeln und nacheinander registriert werden können. Der Versuchsaufbau selbst bleibt unverändert. Nehmen Sie zu jeder der folgenden Aussagen begründet Stellung:
   i) Der Auftreffort eines Atoms auf dem Detektorschirm lässt sich nicht konkret vorhersagen.
   ii) Jedes registrierte Atom hat genau einen der beiden Spalte passiert.
   iii) Über die Verteilung der Auftrefforte auf dem Detektorschirm, die sich nach vielen Stunden zeigt, lässt sich keine Aussage machen. (9 BE)

(60 BE)

Tipps und Hinweise zum Aufgabenvorschlag 1

Tipps zu Teilaufgabe 1

a: Denken Sie beim Aufstellen der Reaktionsgleichung an die Ladungserhaltung. Quark-Modell: Geben Sie den Quark-Inhalt von Proton und Neutron an. Welches Quark wandelt sich um?

b: Bestimmen Sie den Q-Wert.

c: Beachten Sie gleichzeitige Energie- und Impulserhaltung als Bedingung. Wie viele Teilchen sind am Betazerfall beteiligt?

d: Berechnen Sie zunächst die Anzahl der Fe59-Atome und anschließend mithilfe der gegebenen Halbwertszeit die Aktivität.

e: Wenden Sie das Zerfallsgesetz an und berücksichtigen Sie dabei den angegebenen Anteil der ausgeschiedenen Eisenmenge.

Tipps zu Teilaufgabe 2

a: Vergleichen Sie Formel für die Photonenenergie mit der Masse-Energie-Beziehung. Schließen Sie dann auf den relativistischen Impuls des Photons.

b: Setzen Sie Masse und Geschwindigkeit in die Gleichung für die De-Broglie-Wellenlänge ein.

c: Messen Sie zunächst den Abstande von Haupt- und erstem Nebenmaximum. Wenden Sie dann die beiden Winkelbeziehungen an, die für den Beugungswinkel im Falle konstruktiver Interferenz gelten.

d: Schauen Sie sich die Formel für die De-Broglie-Wellenlänge an: Wie wirkt sich eine einheitliche Geschwindigkeit der Heliumatome aus? Bedenken Sie, dass für Lichtinterferenzversuche meist Laser verwendet werden.

e: Hier geht es um das typische Verhalten von Quantenobjekten (das sich deutlich vom Verhalten klassischer Teilchen unterscheidet): Wann kommt Interferenz zustande, wann nicht? Wie interpretiert man in der Quantenmechanik das Interferenzbild? Erinnern Sie sich an die entsprechenden Überlegungen beim Doppelspaltversuch mit Licht.

Lösungen zum Aufgabenvorschlag 1

1. a) Die **Reaktionsgleichung** lautet:

$$\underline{\underline{{}^{59}_{26}\text{Fe} \rightarrow {}^{59}_{27}\text{Co} + {}^{0}_{-1}\text{e} + {}^{0}_{0}\overline{\nu}_{\text{e}}}}$$

Beim β^--Zerfall wandelt sich ein d-Quark des Neutrons (ddu) in ein u-Quark um, sodass ein Proton (duu) entsteht. Dabei werden ein Antineutrino und ein Elektron (Ladungserhaltung!) ausgesendet.

b) Um die Energiebilanz zu ermitteln, berechnet man den **Q-Wert**:

$$Q = (m_{\text{Fe59}} - m_{\text{Co59}}) \cdot c^2$$

$$= (58{,}934876\,\text{u} - 58{,}933195\,\text{u}) \cdot \left(2{,}998 \cdot 10^8\,\frac{\text{m}}{\text{s}}\right)^2$$

$$= 2{,}51 \cdot 10^{-13}\,\text{J} = \underline{\underline{1{,}57\,\text{MeV}}} > 0$$

Der Q-Wert ist positiv, also ist die Reaktion exotherm und die berechnete Energie wird frei.

c) Beim Zerfall des Fe59-Kerns gilt sowohl Energie- als auch Impulserhaltung. Würden dabei nur zwei Teilchen, nämlich der Co59-Kern und das Betateilchen (Elektron), entstehen, müssten beide jeweils einen festen Energiebetrag besitzen. Eine kontinuierliche Verteilung ist nur möglich, wenn ein dritter Partner beteiligt ist (hier das Antineutrino), der die dem Betateilchen „fehlende" Energie aufnimmt. Die rechte Nullstelle im kontinuierlichen Spektrum markiert die maximale kinetische Energie des Betateilchens.

Zerfällt ein ruhender Kern (Impuls null) in zwei Teilchen, fordert die Impulserhaltung, dass auch nach dem Zerfall der Gesamtimpuls null ist. Das ist nur möglich, wenn die Teilchen in entgegengesetzter Richtung auseinander fliegen, wobei sie Geschwindigkeiten umgekehrt zu ihrem Massenverhältnis erhalten. Damit sind auch ihre kinetische Energien festgelegt. Beim Zerfall in drei Teilchen ist dagegen eine (unter Berücksichtigung von Energie- und Impulserhaltung) beliebige Aufteilung der Einzelimpulse und -energien möglich.

d) Die Anzahl der verabreichten Fe59-Atome ist

$$N_0 = \frac{0{,}20 \cdot 10^{-12}\,\text{kg}}{58{,}934876\,\text{u}} = \frac{0{,}20 \cdot 10^{-12}\,\text{kg}}{58{,}934876 \cdot 1{,}66 \cdot 10^{-27}\,\text{kg}} \approx 2{,}04 \cdot 10^{12}$$

Deren **Aktivität** ist anfangs wegen $A(t) = \lambda \cdot N(t)$ und $\lambda = \frac{\ln 2}{T_{1/2}}$:

$$A_0 = \frac{\ln 2}{T_{1/2}} \cdot N_0 = \frac{\ln 2}{44{,}5 \cdot 24 \cdot 3\,600\,\text{s}} \cdot 2{,}04 \cdot 10^{12} = \underline{\underline{0{,}37\,\text{MBq}}}$$

e) Die Aktivität des Fe59 nach den 15 Tagen berechnet man mit dem Zerfallsgesetz:

$$A(t) = A_0 \cdot e^{-\ln 2 \cdot \frac{t}{T_{1/2}}}$$

Davon sind noch 90 % feststellbar, sodass für die **Restaktivität** A_R gilt:

$$A_R = 0{,}90 \cdot A(15\,d) = 0{,}90 \cdot 0{,}37\,MBq \cdot e^{-\ln 2 \cdot \frac{15\,d}{44{,}5\,d}} = \underline{\underline{0{,}26\,MBq}}$$

2. a) Die Photonenergie ist

$$E_{Ph} = h \cdot f_{Ph} = \frac{h \cdot c}{\lambda_{Ph}}. \qquad (*)$$

Das Photon, das sich konstant mit der Lichtgeschwindigkeit c bewegt, kann zwar keine Ruhemasse haben, man kann ihm aber nach der speziellen Relativitätstheorie die dynamische Masse $m(v) = m(c) = m$ zuordnen und damit nach der Masse-Energie-Beziehung die Energie $m \cdot c^2$. Dann folgt mit (*) für den relativistischen **Impuls** $m \cdot c$ des Photons:

$$E_{ph} = m \cdot c^2 \overset{(*)}{\Rightarrow} \frac{h \cdot c}{\lambda_{Ph}} = m \cdot c^2 \Leftrightarrow \frac{h}{\lambda_{Ph}} = m \cdot c \Leftrightarrow \underline{\underline{\frac{h}{\lambda_{Ph}} = p_{ph}}}$$

Durch diese Beziehung wird der Impuls des Quantenteilchens „Photon" über die Planck-Konstante h mit der Wellenlänge dieses Quantenteilchens verknüpft. Völlig analog dazu kann man den Impuls eines materiellen Quantenteilchens mit einer Wellenlänge verknüpfen, der **de-Broglie-Wellenlänge**

$$\underline{\underline{\lambda = \frac{h}{p}}}.$$

b) Der Teilchenimpuls beträgt $p = m \cdot v$. Mit den angegebenen Werten ergibt sich die De-Broglie-Wellenlänge dieser Heliumatome zu

$$\lambda = \frac{h}{m \cdot v} = \frac{6{,}63 \cdot 10^{-34}\,Js}{4{,}002603 \cdot 1{,}66 \cdot 10^{-27}\,kg \cdot 9{,}7 \cdot 10^{2}\,\frac{m}{s}} = \underline{\underline{1{,}0 \cdot 10^{-10}\,m = 0{,}10\,nm}}$$

c) Der Abstand von Haupt- und erstem Nebenmaximum ist im Diagramm der Abb. 2 ca. $x = 8\,\mu m$. In Abb. 3 ist der Beugungsvorgang skizziert.

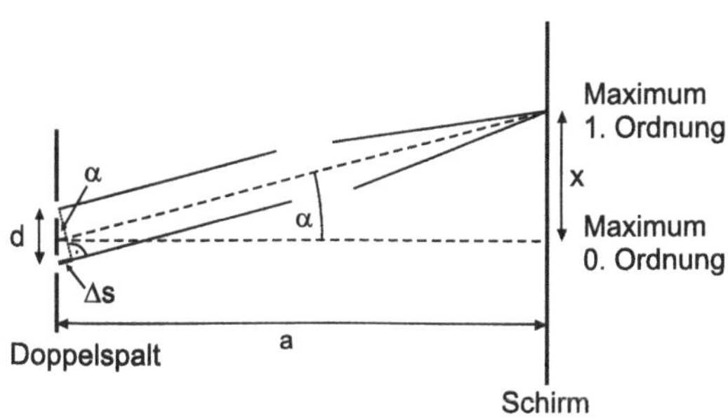

Abb. 3

Wegen $a \gg d$ dürfen die von den Spalten ausgehenden Strahlen als parallel angenommen werden; wegen $a \gg x$ ist der Beugungswinkel α sehr klein, sodass man mit der Näherung $\sin\alpha \approx \tan\alpha$ rechnen darf. Im Fall eines Maximums 1. Ordnung muss der Gangunterschied gleich der Wellenlänge sein, $\Delta s = \lambda$. Zusammen mit den beiden geometrischen Beziehungen, die der Beugungswinkel erfüllen muss, lässt sich daraus die **Wellenlänge** berechnen:

$$\left.\begin{aligned}\sin\alpha &= \frac{\lambda}{d}\\ \tan\alpha &= \frac{x}{a}\end{aligned}\right\} \Rightarrow \frac{\lambda}{d} = \frac{x}{a} \Rightarrow \lambda = d \cdot \frac{x}{a} = 8 \cdot 10^{-6}\,\text{m} \cdot \frac{8 \cdot 10^{-6}\,\text{m}}{64 \cdot 10^{-2}\,\text{m}} = \underline{\underline{0{,}1\,\text{nm}}}$$

Sie stimmt mit der in Teilaufgabe b bestimmten De-Broglie-Wellenlänge überein.

d) Die einheitliche Geschwindigkeit v der Teilchen ist erforderlich, um eine möglichst einheitliche De-Broglie-Wellenlänge ($\lambda \sim v^{-1}$) und damit ein möglichst scharfes Interferenzbild zu erreichen.
Die analoge Bedingung für Doppelspaltversuche mit Licht ist die Verwendung einer einheitlichen Wellenlänge, weil nur in **monochromatischem Licht** die Interferenzmuster deutlich zu sehen sind.

e) Das Interferenzmuster bei Beschuss mit hoher Intensität stellt eine Wahrscheinlichkeitsverteilung dar; sie ergibt sich ebenfalls, wenn über lange Zeit einzelne Photonen auf dem Schirm auftreffen. Aufgrund dieser stochastischen Verteilung lässt sich der Auftreffort eines bestimmten Atoms auf dem Schirm nicht konkret vorhersagen: **Aussage i ist richtig.**

Wenn ein Atom zuverlässig durch Spalt 1 gekommen wäre, hätte Spalt 2 genauso gut geschlossen sein können (und umgekehrt). Dann würde sich aber ein anderes Interferenzbild ergeben (Einzelspalt): **Aussage ii ist falsch.** Das merkwürdige Verhalten des Atoms, das offenbar beide Spalte gleichzeitig passiert haben muss, demonstriert der Cartoon in Abb. 4.

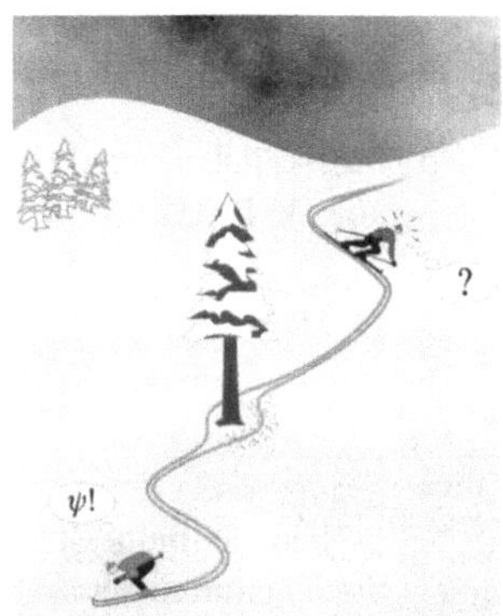

Abb. 4

Die Verteilung der Auftrefforte lässt sich durchaus vorhersagen, sie ist gerade durch das Interferenzbild gegeben. Es entsteht das gleiche Muster wie bei intensivem Kurzzeitbeschuss: **Aussage iii ist falsch.**

Bildnachweis
Abb. 4: http://coraifeartaigh.files.wordpress.com/2008/11/ski_interferenz.jpg, Stand 14. 6. 2013

Aufgabenvorschlag 2

1. **Der Fotoeffekt und eine technische Nutzung**

   a) Geben Sie zwei Beobachtungen beim Fotoeffekt an, die mit der klassischen Wellentheorie des Lichts nicht erklärbar sind. (4 BE)

   In einem Versuchsaufbau, der in nachfolgender Abbildung dargestellt ist, werden durch die Bestrahlung der Silizium-Kathode einer Vakuum-Fotozelle mit UV-Licht der Wellenlänge 302 nm Elektronen freigesetzt. Diagramm 1 zeigt den Fotostrom I in Abhängigkeit von der angelegten Gegenspannung U_G.

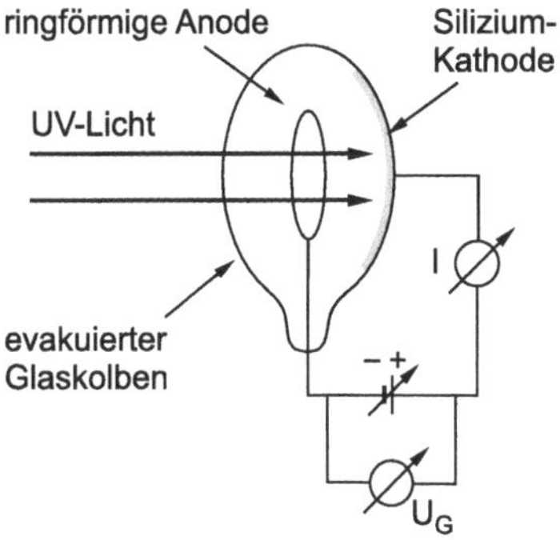

Abb. 1

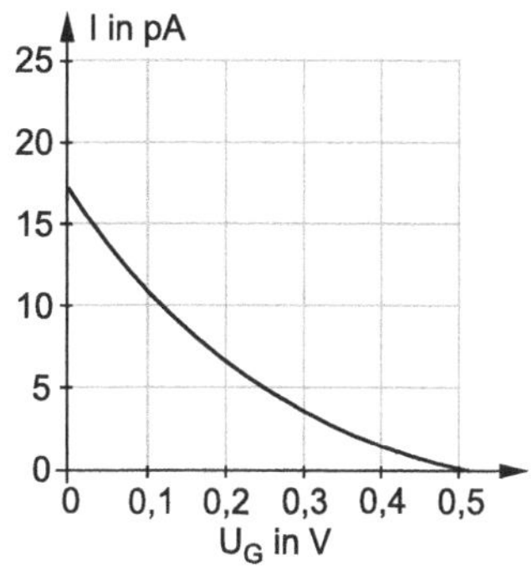

Diagramm 1

   b) Berechnen Sie unter Verwendung von Diagramm 1 die Austrittsarbeit W_A sowie die Grenzwellenlänge von Silizium.
   [Zur Kontrolle: $W_A = 3{,}6$ eV] (6 BE)

   c) Ergänzen Sie in Diagramm 1 einen möglichen Kurvenverlauf, wie er sich bei Erhöhung der Intensität des UV-Lichts ergeben könnte, und begründen Sie diesen. (5 BE)

   Eine technische Nutzung des Fotoeffekts ist die Röntgen-Fotoelektronen-Spektroskopie. Wird Silizium mit Röntgenstrahlung der Energie 1,250 keV bestrahlt, so werden durch den Fotoeffekt auch stark gebundene Elektronen des 2s- und 2p-Zustands der Atomhülle ausgelöst. Die kinetische Energie dieser freigesetzten Elektronen besitzt zwei spezifische Werte, die im Diagramm 2 zu erkennen sind.

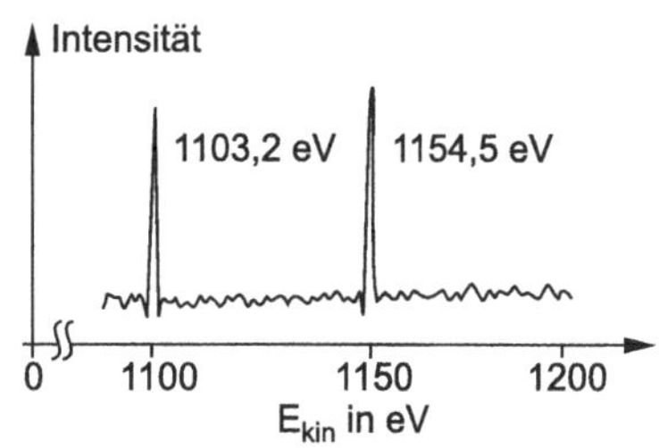

Diagramm 2

   d) Geben Sie die Elektronenkonfiguration von Silizium an. (3 BE)

e) Berechnen Sie unter Verwendung des Diagramms 2 die Energie, die zum Auslösen eines Elektrons aus dem 2s-Zustand von Silizium mindestens aufgebracht werden muss. (3 BE)

f) Erklären Sie, weshalb das Auslösen stark gebundener Elektronen auch die Emission elektromagnetischer Strahlung zur Folge hat. (3 BE)

Bei der Herstellung der Siliziumplatten für die Chipherstellung ist auf hohe Reinheit zu achten, da Fremdatome auf der Oberfläche die physikalischen Eigenschaften der Platten verändern.

g) Erklären Sie, wie sich die Röntgen-Fotoelektronen-Spektroskopie bei der Produktion der Siliziumplatten zur Qualitätskontrolle verwenden lässt. (4 BE)

2. **Die Reaktorkatastrophe in Fukushima**

In den Folgemonaten nach dem schweren Unfall im japanischen Kernkraftwerk Fukushima wurde unter anderem das Cäsium-Isotop ^{137}Cs in die Umgebung freigesetzt, das eine Halbwertszeit von 30 Jahren besitzt.

Atommassen: $m(^{137}\text{Cs}) = 136{,}907090\ \text{u}$; $m(^{137}\text{Ba}) = 136{,}905827\ \text{u}$
$(1\ \text{u} = 1{,}66054 \cdot 10^{-27}\ \text{kg})$

a) Das Isotop ^{137}Cs zerfällt in stabiles Barium ^{137}Ba. Geben Sie die Zerfallsgleichung an und berechnen Sie die bei einem Zerfall frei werdende Energie Q. (5 BE)

b) Erläutern Sie die Vorgänge im Atomkern beim β^--Zerfalls anhand einer schematischen Darstellung einer Potenzialtopfbesetzung des Kerns mit Protonen und Neutronen.

Hinweis: Der Bezug zu einem bestimmten Element ist nicht verlangt. (6 BE)

c) Techniker, die nach dem Unfall Messungen in der Nähe des Kraftwerks vornahmen, waren α-, β- und γ-Strahlung ausgesetzt. Beurteilen Sie die Wirksamkeit der Schutzanzüge aus Kunststoff-Folie, die hierbei zum Einsatz kamen, in Hinblick auf diese drei Strahlungsarten. (5 BE)

d) Geben Sie drei allgemeine Strahlenschutzmaßnahmen an und diskutieren Sie, inwiefern diese von den Technikern, die die Messungen am Kraftwerk vornahmen, eingehalten werden konnten. (6 BE)

Im Dorf Iitate nahe Fukushima wurde nach dem Unfall pro Quadratmeter Bodenoberfläche eine ^{137}Cs-Aktivität von 3,3 MBq gemessen. Die Bewohner wurden daraufhin evakuiert.

e) Berechnen Sie die Äquivalentdosis, die eine Person der Masse 75 kg in einem Jahr aufnehmen würde, falls sie pro Sekunde $3{,}3 \cdot 10^6$ β^--Teilchen der mittleren kinetischen Energie 190 keV absorbieren würde. Vergleichen Sie diese Dosis mit einer natürlichen Strahlenbelastung von 2,4 mSv pro Jahr. (5 BE)

f) Ab einer ^{137}Cs-Aktivität von 4,0 kBq pro Quadratmeter Bodenoberfläche wird die Wiederbesiedlung von Iitate durch die Behörden erlaubt. Berechnen Sie, wie lange auf Grund der Aktivitätsabnahme durch den radioaktiven Zerfall bis zur Wiederbesiedlung gewartet werden müsste. (5 BE)

(60 BE)

Tipps und Hinweise zum Aufgabenvorschlag 2

Tipps zu Teilaufgabe 1

a: Das ist Grundwissen, dass Sie parat haben müssen (Mitschrift/Schulbuch).

b: Ausgangspunkt Ihrer Überlegungen ist die Energiebilanz beim Fotoeffekt. Betrachten Sie v. a. die Energie der Fotoelektronen: Welche Bedingung muss sie erfüllen, damit Sie W_A bestimmen können; welche, damit Sie um die Grenzwellenlänge bestimmen können?

c: Die Frequenz des verwendeten Lichts ändert sich nicht.

d: Silizium hat die Ordnungszahl 14. Füllen Sie die Orbitale am besten von „innen nach außen" auf.

e: Die Energiebilanz muss stimmen, also: Betrachten Sie den linken Peak.

f: Denken Sie an Folgeerscheinungen, die das Auslösen eines inneren gebundenen Elektrons mit sich bringt.

g: Diagramm 2 zeigt ein durch die Röntgen-Fotoelektronen-Spektroskopie aufgenommene Spektrum, das typisch für Silizium ist. Was ist bei Verunreinigung der Probe durch Fremdatome zu erwarten?

Tipps zu Teilaufgabe 2

a: Bestimmen Sie die Zerfallsart mit Blick auf die Nukleonenzahl. Berücksichtigen Sie für die Reaktionsgleichung die Ladungserhaltung. Bestimmen Sie den Q-Wert.

b: Verdeutlichen Sie die energetische Ausgangssituation im Topf vor dem Zerfall. Wichtige Sachverhalte, die in der Zeichnung erkennbar sein müssen: Topftiefe der beiden Nukleonen, Coulombabstoßung, „Füllungsgrad" der Töpfe

c: Es geht hier lediglich darum zu erläutern, wie gut sich die jeweilige Strahlungsart durch das Kunststoffmaterial abschirmen lässt. (Se müssen also nicht auf die biologische Wirkung der Strahlen eingehen.)

d: Sie sollen drei Maßnahmen thematisieren. Schlagworte: Abstand von der Quelle; Abschirmung; Bestrahlungsdauer; Kontakt/Aufnahme radioaktiver Stoffe

e: Betastrahlung hat die Gewichtung $q = 1$.

f: Die Halbwertszeit und die Anfangsaktivität je Quadratmeter sind angegeben. Wenden Sie die Zerfallsgleichung an.

Lösungen zum Aufgabenvorschlag 2

1. a) Zwei der folgenden drei **Beobachtungen** sollten hier genannt werden:
   - Existenz einer oberen Grenzwellenlänge
   - Unabhängigkeit der kinetischen Energie der Elektronen von der Lichtintensität
   - Trägheitsloses Einsetzen des Fotoeffektes

   b) Beim Fotoeffekt wird die Energie eines einfallenden Photons vollständig auf ein im Kathodenmaterial gebundenes Elektron übertragen. Ist diese Energie größer als die Austrittsarbeit W_A des Materials, kann das Elektron die Kathode mit der verbleibenden kinetischen Energie $E_{kin, max}$ verlassen. W_A lässt sich mithilfe der Energiebilanz (Einstein-Gleichung) ermitteln. Mit $E_{Ph} = h \cdot f$ gilt:

$$E_{Ph} = E_{kin, max} + W_A \quad \Leftrightarrow \quad W_A = h \cdot f - E_{kin, max}$$

   Die maximale kinetische Energie der Fotoelektronen ist im vorliegenden Versuch durch $e \cdot U_{G, max}$ gegeben, denn dann wird der gemessene Fotostrom null (selbst das schnellste Fotoelektron kann die Anode bei $U_{G, max}$ nicht mehr erreichen). Dann folgt mit $U_{G, max}$ aus Diagramm 1 für die **Austrittsarbeit**:

$$\begin{aligned} W_A &= h \cdot \frac{c}{\lambda} - e \cdot U_G \\ &= 6{,}63 \cdot 10^{-34}\,\text{Js} \cdot \frac{3{,}00 \cdot 10^8\,\frac{\text{m}}{\text{s}}}{302 \cdot 10^{-9}\,\text{m}} - 1{,}60 \cdot 10^{-19}\,\text{As} \cdot 0{,}5\,\text{V} \\ &= 5{,}8 \cdot 10^{-19}\,\text{J} = \underline{\underline{3{,}6\,\text{eV}}} \end{aligned}$$

   Für die **Grenzwellenlänge** erhält man mit $E_{kin, max} = 0 \Rightarrow E_{ph, G} = W_A$:

$$\lambda_G = \frac{h \cdot c}{W_A} = \frac{6{,}63 \cdot 10^{-34}\,\text{Js} \cdot 3{,}00 \cdot 10^8\,\frac{\text{m}}{\text{s}}}{5{,}8 \cdot 10^{-19}\,\text{J}} = \underline{\underline{3{,}4 \cdot 10^{-7}\,\text{m}}}$$

   c) Die **gestrichelte Kurve** in Abb. 2 zeigt einen möglichen Verlauf, wie er sich bei Erhöhung der Intensität des UV-Lichts ergeben könnte.

   Begründung: Die Gegenspannung ist unabhängig von der Intensität (sie hängt nur von der unveränderten Wellenlänge ab), besitzt also denselben Wert. Bei höherer Intensität werden aber mehr Elektronen je Sekunde ausgelöst, deswegen muss die Kurve oberhalb der vorgegebenen Kurve verlaufen.

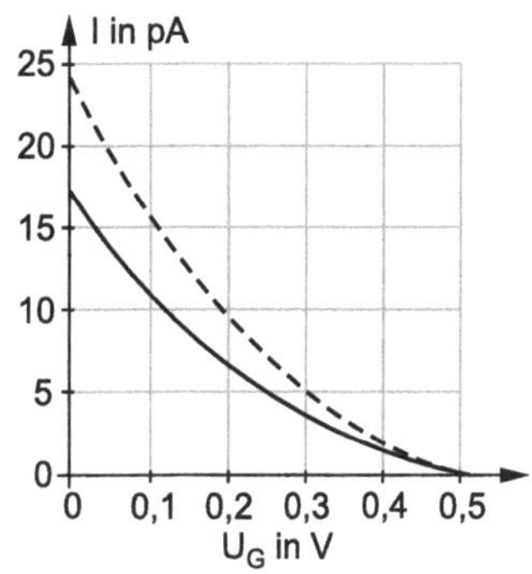

Abb. 2

d) Silizium hat die Ordnungszahl 14, also 14 Elektronen in der Atomhülle. Davon sind 2 Elektronen im Zustand 1s, 2 weitere in 2s, 6 Elektronen im Zustand 2p, die nächsten zwei im Zustand 3s und die verbleibenden 2 im Zustand 3p.

Das „Auffüllen“ der Orbitale erfolgt so, dass die Energie der Konfiguration minimal ist. Die Orbitale 1s, 2s, 2p und 3s sind vollständig gefüllt.

e) Die verwendete Röntgenstrahlung hat 1,250 keV. Ein 2s-Elektron ist stärker gebunden als ein 2p-Elektron, die verbleibende kinetische Energie des durch Fotoeffekt ausgelösten Elektrons ist daher beim 2s-Elektron kleiner. Folglich entspricht diesem Vorgang der linke Peak bei 1103,2 eV in Diagramm 2. Die erforderliche **Auslöseenergie** beträgt also mindestens

$$1250\,\text{eV} - 1103{,}2\,\text{eV} = \underline{\underline{147\,\text{eV}}}.$$

f) Das ausgelöste Elektron hinterlässt ein „Loch“ in seinem Orbital, das sofort von einem „hineinstürzenden“ Elektron eines höheren Zustandes aufgefüllt wird. Die dabei frei werdende Energie wird als **elektromagnetische Strahlung** emittiert.

g) Fremdatome auf der Siliziumoberfläche haben **andere** charakteristische Energiewerte und können mit einem derartigen E_{kin}-Intensitätsdiagramm aufgespürt werden.

2. a) Da die Nukleonenzahlen von Cs137 und Ba137 gleich sind, handelt es sich um Betazerfall. Die **Reaktionsgleichung** lautet daher:

$$\underline{\underline{{}^{137}_{55}\text{Cs} \rightarrow {}^{137}_{56}\text{Ba} + {}^{0}_{-1}\text{e} + {}^{0}_{0}\overline{\nu}_e}}$$

Zur Berechnung der frei werdenden Energie wird der **Q-Wert** bestimmt:

$$Q = (m_{Cs137} - m_{Ba137}) \cdot c^2$$
$$= (136{,}907090 - 136{,}905827) \cdot u \cdot c^2 = 0{,}001263 \cdot 931{,}5\,\text{MeV} \approx \underline{\underline{1{,}2\,\text{MeV}}}$$

b) Die Neutronen sitzen tiefer im **Potenzialtopf** als die Protonen, da diese sich gegenseitig elektrostatisch abstoßen und damit weniger zusätzliche Energie zum Verlassen des Atomkerns benötigen. Während bei stabilen Atomen beide Töpfe gleich hoch gefüllt sind, sitzt beim β^--Zerfall typischerweise ein Neutron energetisch über den Protonen, sodass ein „Topfwechsel“ energetisch günstig ist. Die frei werdende Energie beim Zerfall verteilt sich auf die drei Partner (Antineutrino!). Abb. 3 zeigt das Modell schematisch.

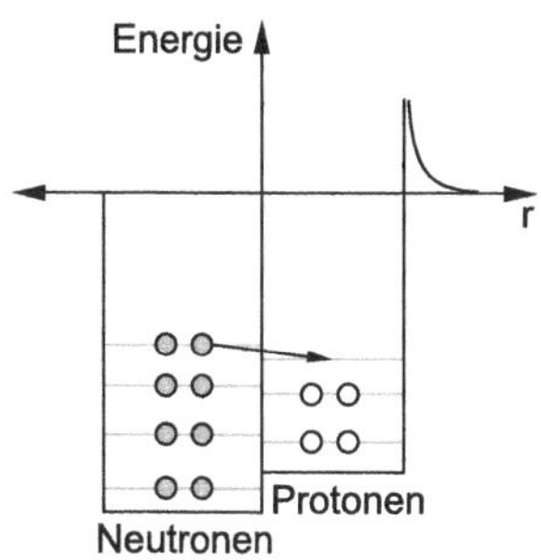

Abb. 3

c) Alpha- und Betastrahlung besitzen eine relative kurze Reichweite. Gefährlich werden sie bei Inkorporation, also Aufnahme in den Körper durch Einatmen oder Hautberührung. Dagegen bietet der der (korrekt angelegte) Folienanzug einen Schutz.
Gegen die Gammastrahlung helfen diese Anzüge jedoch nicht, denn als energiereiche elektromagnetische Strahlung durchdringen die Gammaquanten das Material praktisch ungeschwächt und ohne Energieverlust.

d) **Maßnahmen zum Strahlenschutz** sind

- *Abstand maximieren*: Die schädliche Wirkung nimmt mit dem Quadrat des Abstandes von der Quelle ab, bei doppeltem Abstand trifft folglich nur noch ein Viertel der Strahlung den Körper. An den heikelsten Stellen des Unfallkraftwerks, die gemessen werden mussten, konnten teilweise keine Roboter mit Messgeräten eingesetzt werden und Menschen mussten sich bedenklich nahe an die Stellen heranwagen.
- *Abschirmung maximieren*: Alphastrahlung lässt sich sehr leicht ganz abschirmen, Betastrahlung hat eine Reichweite von einigen Metern und wird durch die Folienanzüge wenigstens teilweise abgehalten. Mit schweren Bleianzügen ließe sich zwar auch die Intensität der Gammastrahlung verringern; allerdings ist die Beweglichkeit der Arbeiter dadurch stark eingeschränkt, sodass ein sinnvoller Arbeitseinsatz hier sehr erschwert wird.
- *Bestrahlungsdauer minimieren*: Je kürzer der Techniker der Strahlung ausgesetzt ist, desto größer ist seine Chance, dass sie währenddessen keine Schäden verursacht hat. Hier wurden extrem kurz Arbeitseinsätze für die Mitarbeiter vorgeschrieben, die besonders gefährliche Stellen aufsuchen mussten. Insofern wurde dieser Grundsatz im Rahmen der personellen Möglichkeiten berücksichtigt.

e) Die pro Jahr aufgenommene Energie wäre dann

$$3{,}3 \cdot 10^6 \, \frac{1}{\text{s}} \cdot 3\,600 \cdot 24 \cdot 265 \text{ s} \cdot 190 \text{ keV} = 2{,}0 \cdot 10^{19} \text{ eV} = 3{,}2 \text{ J}$$

Die jährliche **Äquivalenzdosis** ist mit der Gewichtung $q = 1$ für Betastrahlung

$$\frac{3{,}2 \text{ J}}{75 \text{ kg}} = \underline{\underline{42 \text{ mSv}}},$$

also etwa das **18-Fache** der natürlichen Strahlenbelastung von $2{,}4 \, \frac{\text{mSv}}{\text{Jahr}}$.

f) Mit der angegebenen Halbwertszeit von 30 Jahren ergibt sich aus

$$A(t) = A_0 \cdot e^{-\frac{\ln 2}{T_{1/2}} \cdot t}$$

durch Umstellen für die **Dauer der Wartezeit**:

$$t = -\frac{T_{1/2}}{\ln 2} \cdot \ln \frac{A(t)}{A_0} = -\frac{30 \text{ a}}{\ln 2} \cdot \ln \frac{4{,}0 \cdot 10^3 \text{ Bq}}{3{,}3 \cdot 10^6 \text{ Bq}} = \underline{\underline{2{,}9 \cdot 10^2 \text{ a}}}$$

Abitur Physik (Bayern) 2013
Themenbereich III: Astrophysik

Aufgabenvorschlag 1

Längenangaben:	$1\ \text{pc} = 3{,}26\ \text{Lj} = 3{,}09 \cdot 10^{13}\ \text{km}$	
	$1\ \text{AE} = 1{,}496 \cdot 10^{8}\ \text{km}$	
Daten zur Sonne:	Absolute Helligkeit:	$M_{\odot} = 4{,}8$
	Leuchtkraft:	$L_{\odot} = 3{,}82 \cdot 10^{26}\ \text{W}$
	Radius:	$R_{\odot} = 6{,}96 \cdot 10^{8}\ \text{m}$
	Masse:	$m_{\odot} = 1{,}989 \cdot 10^{30}\ \text{kg}$
	Oberflächentemperatur:	$T_{\odot} = 5{,}8 \cdot 10^{3}\ \text{K}$

1. **Der Planet Mars**
Mars ist besonders gut zu beobachten, wenn er in Opposition zur Sonne steht. Bei dieser Konstellation erscheint der Durchmesser des Mars von der Erde aus betrachtet unter einem vergleichsweise großen Winkel. Das nebenstehende Diagramm zeigt den Winkeldurchmesser des Mars für die kommenden Jahre und insbesondere die Daten der nächsten drei Oppositionen.

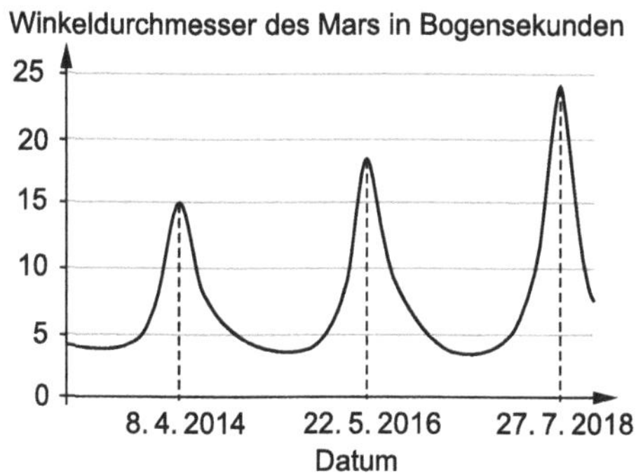

Abb. 1

a) Erläutern Sie anhand einer Skizze, warum die Maxima in einem zeitlichen Abstand von mehr als zwei Jahren auftreten, obwohl Mars nur 1,88 a für einen Sonnenumlauf benötigt. (5 BE)

b) Erklären Sie, wie es zu den unterschiedlich großen Winkeldurchmessern des Mars bei den drei Oppositionen kommt. (3 BE)

c) Berechnen Sie unter Verwendung des Diagramms und mit dem Marsdurchmesser von 6 784 km den Abstand des Mars zur Erde am 8. 4. 2014. (3 BE)

Schon mehrfach hat die NASA versucht, Spuren von Leben auf dem Mars zu finden. Wesentliche Voraussetzung für die Entwicklung von Leben ist Wasser in flüssiger Form, was wiederum eine ausreichend hohe mittlere Temperatur auf dem Planeten voraussetzt.

d) Zeigen Sie unter Verwendung der Solarkonstante, dass im Abstand 1,52 AE die Bestrahlungsstärke der Sonne $0{,}59\ \mathrm{kW/m^2}$ beträgt, und berechnen Sie damit die mittlere Oberflächentemperatur des Mars. Nehmen Sie vereinfachend an, dass Mars von der Sonne den konstanten Abstand 1,52 AE hat, ein Schwarzer Strahler ist und mit seiner gesamten Oberfläche gleichmäßig abstrahlt. (6 BE)

2. **Der Stern Sirius A**

Sirius A ist der hellste Stern am Nachthimmel. Er hat die scheinbare Helligkeit –1,46 und die Oberflächentemperatur $9{,}9 \cdot 10^3$ K.

a) Beschreiben Sie ein Verfahren, die Oberflächentemperatur eines Sterns zu bestimmen. (4 BE)

b) Für Sirius A wird die trigonometrische Parallaxe 0,379" gemessen. Zeigen Sie, dass der Stern 8,60 Lj von der Erde entfernt ist. (3 BE)

c) Weisen Sie nach, dass Sirius A die Leuchtkraft $L = 22 \cdot L_\odot$ und den Radius $R = 1{,}6 \cdot R_\odot$ besitzt. (9 BE)

d) Ordnen Sie begründet Sirius A einem Bereich des Hertzsprung-Russell-Diagramms zu. (3 BE)

Im Inneren von Sirius A wird bei jedem vollständigen Fusionsprozess die Energie 25 MeV frei. Dabei entstehen jeweils auch zwei Neutrinos, die ungehindert den Stern verlassen.

e) Berechnen Sie die Anzahl N der Neutrinos, die in Sirius A während einer Sekunde frei werden, und wie viele davon auf der Erde pro Sekunde und Quadratzentimeter ankommen.
[Zur Kontrolle: $N = 4{,}2 \cdot 10^{39}$] (9 BE)

3. **Delta Librae**

Das Doppelsternsystem Delta Librae ist ein Bedeckungsveränderlicher. Vereinfacht wird angenommen, dass sich die Komponenten A und B auf Kreisbahnen um den gemeinsamen Schwerpunkt bewegen, der relativ zur Erde ruht. Der konstante Abstand beider Sterne beträgt $9{,}5 \cdot 10^6$ km. Das Diagramm zeigt die von der Erde aus beobachtete Radialgeschwindigkeit für beide Komponenten im zeitlichen Verlauf.

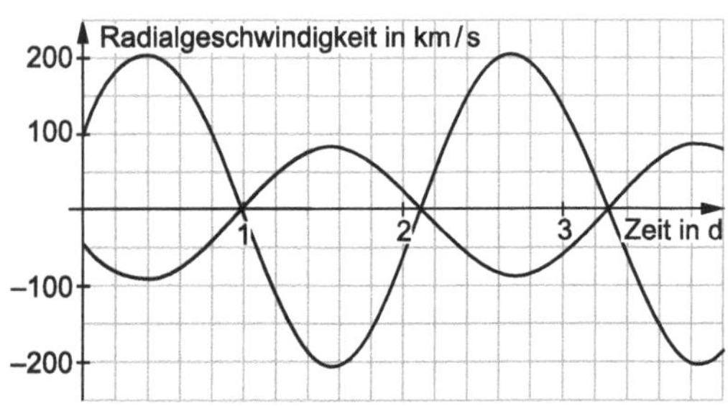

Abb. 2

a) Erklären Sie, was man unter einem Bedeckungsveränderlichen versteht. (3 BE)

b) Entnehmen Sie dem Diagramm die Umlaufdauer und weisen Sie mit ihr nach, dass die Gesamtmasse des Doppelsternsystems $6{,}5 \cdot m_{\odot}$ beträgt. (4 BE)

Delta Librae A hat die Masse $m_A = 4{,}7 \cdot m_{\odot}$ und den Radius $R_A = 4{,}2 \cdot R_{\odot}$.

c) Ordnen Sie begründet die beiden Kurven im Diagramm der jeweiligen Komponente zu. (3 BE)

d) Berechnen Sie den jeweiligen Abstand der beiden Sterne vom gemeinsamen Schwerpunkt und folgern Sie, dass dieser Schwerpunkt im Inneren von Delta Librae A liegt. (5 BE)

(60 BE)

Tipps und Hinweise zum Aufgabenvorschlag 1

Tipps zu Teilaufgabe 1

a: Welche Bedeutung haben die angegebenen 1,88 a? Welche Umlaufzeit steht für die Aufeinanderfolge von zwei Oppositionen?

b: Denken Sie daran, dass die Planetenbahnen keine exakten Kreisbahnen sind. Vergleichen Sie die numerischen Exzentrizitäten von Mars und Erde in Ihrer Formelsammlung.

c: Den scheinbaren Durchmesser in Bogensekunden bekommen Sie aus dem Diagramm. Welcher Zusammenhang besteht zwischen dem Bogenmaß und dem zugehörigen Winkel?

d: Die Formel und den Wert für die Bestrahlungsstärke eines Sterns bzw. für die Solarkonstante der Erde finden Sie in der Formelsammlung. Zur Berechnung der Gleichgewichtstemperatur denken Sie an die Bilanz von aufgenommener und abgegebener Energie. Gehen Sie davon aus, dass die ankommende Energie von einer Kreisscheibe vom Radius des Mars vollkommen absorbiert wird. Die abgestrahlte Energie bekommen Sie mithilfe des Gesetzes von Stefan und Boltzmann.

Tipps zu Teilaufgabe 2

a: Überlegen Sie, über welche physikalische Größe, die sich aus dem Spektrum des Sternes ablesen lässt, Sie an die Oberflächentemperatur gelangen können.

b: Benutzen Sie die Formel für die trigonometrische Parallaxe. Achten Sie auf die Einheit.

c: Welche Größe benötigen Sie, bevor Sie die Leuchtkraft berechnen können? Verwenden Sie den Entfernungsmodul. Den Radius berechnen Sie abschließend geschickt mit dem Gesetz von Stefan und Boltzmann.

d: Welche Bereiche des HR-Diagramms kennen Sie? Ordnen Sie den Stern anhand der Temperatur und der absoluten Helligkeit (oder der Leuchtkraft) einem dieser Bereiche zu.

e: Wie viele Fusionsprozesse werden benötigt, um die Energie zu erzeugen, die der Stern pro Sekunde abgibt? (Leuchtkraft!) Achten Sie auf die Anzahl der produzierten Neutrinos je Prozess. Wie verteilt Sirius seine produzierten Neutrinos im umgebenden Raum?

Tipps zu Teilaufgabe 3

a: Wie können sich zwei Sterne „bedecken"?

b: Achten Sie darauf, dass Sie eine **volle** Periode ablesen! Die Berechnung der Gesamtmasse ist ein Zweikörperproblem.

c: Überlegen Sie, welcher der beiden Sterne näher am Schwerpunkt liegt.

d: Hier findet die Fortsetzung des Zweikörperproblems statt. Die Summe der beiden Abstände zum Schwerpunkt entspricht dem Gesamtabstand. Zusammen mit dem Hebelgesetz erhalten Sie zwei Gleichungen mit zwei Unbekannten, welche Sie lösen müssen.

Lösungen zum Aufgabenvorschlag 1

1. a) Die angegebene Umlaufzeit des Mars von 1,88 a ist die siderische Umlaufzeit, sodass sich der Mars sowohl zu Beginn als auch nach 1,88 a in Position M1 befindet (Abb. 3).
Die Erde startet in der Position E1 und hat nach 1,88 a noch keinen 2. Umlauf beendet – sie befindet sich in Position E2. Nach zwei Jahren befindet sich die Erde wieder in Position E1, während sich Mars auf den Weg zur Position M2 befindet. In der Stellung E3 holt die Erde den Mars (M2) wieder ein und die nächste Oppositionsstellung ist erreicht.

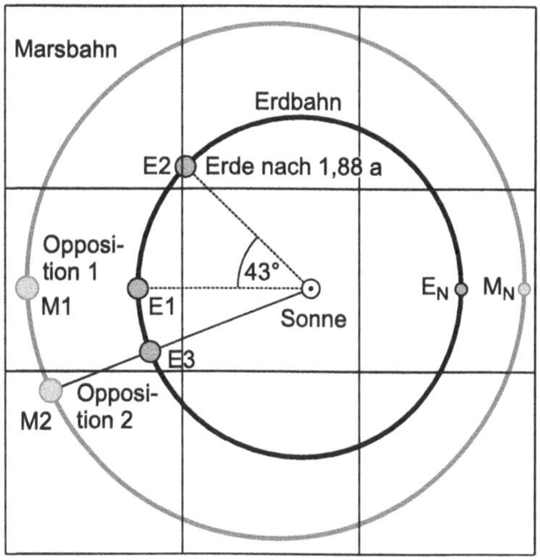

Abb. 3: Bahnen von Mars und Erde

Die Maxima treten nicht nach Ablauf einer siderischen Umlaufzeit auf, sondern nach Ablauf einer synodischen. Diese lässt sich mit der bekannten Formel zu 2,1 Jahren berechnen (ist zur Lösung der Aufgabe nicht notwendig).

b) Wie aus der Zeichnung Abb. 3 ersichtlich, ist die Marsbahn elliptischer als die Erdbahn, sodass bei einer Opposition in der Stellung M1–E1 die Entfernung zwischen Mars und Erde wesentlich größer ist als bei einer Oppositionsstellung rechts von der Sonne (E_N–M_N).

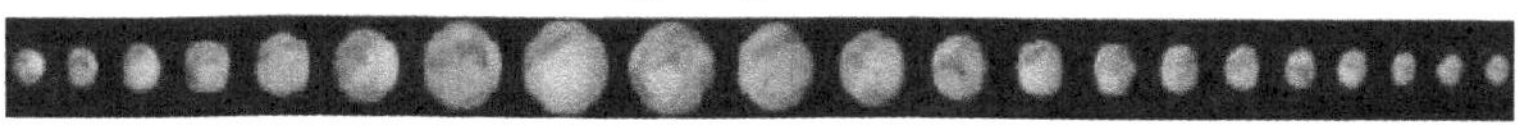
Abb. 4: Verschiedene Marsdurchmesser in der Opposition © NASA

c) Aus dem gegebenen Graphen entnimmt man den Winkeldurchmesser $\alpha = 15''$. Der **Abstand Mars–Erde** r folgt bei gegebenem Marsdurchmesser d aus der Verhältnisgleichung $\frac{\alpha}{360°} = \frac{d}{2\pi \cdot r}$:

$$r = \frac{d \cdot 360°}{2\pi \cdot \alpha} = \frac{6\,784\text{ km} \cdot 360 \cdot 3\,600''}{2\pi \cdot 15''} = \underline{\underline{9{,}3 \cdot 10^7\text{ km}}}\ \ (= 0{,}62\text{ AE})$$

d) Für die Bestrahlungsstärke $E_{\odot}$ der Sonne in der Entfernung r findet man in der Formelsammlung ($L_{\odot}$: Leuchtkraft der Sonne):

$$E_{\odot} = \frac{L_{\odot}}{4\pi \cdot r^2}$$

Setzt man die Gleichung einmal für die Erde und einmal für den Mars an, so erhält man (S: Solarkonstante)

$$E_{\odot,\,\text{Erde}} = S = \frac{L_{\odot}}{4\pi \cdot r_{\text{Erde}}^2} \quad \text{(I)} \qquad \text{und} \qquad E_{\odot,\,\text{Mars}} = \frac{L_{\odot}}{4\pi \cdot r_{\text{Mars}}^2} \quad \text{(II).}$$

Daraus folgt durch Division von Gleichung (II) durch Gleichung (I) für die gesuchte **Bestrahlungsstärke**:

$$\frac{E_{\odot,\,\text{Mars}}}{S} = \frac{r_{\text{Erde}}^2}{r_{\text{Mars}}^2} = \frac{(1\text{ AE})^2}{(1{,}52\text{ AE})^2} = 0{,}433$$

$$\Rightarrow \quad E_{\odot,\,\text{Mars}} = 0{,}433 \cdot S = 0{,}433 \cdot 1{,}357\,\frac{\text{kW}}{\text{m}^2} = \underline{\underline{0{,}59\,\frac{\text{kW}}{\text{m}^2}}}$$

Um die **mittlere Oberflächentemperatur** zu berechnen, nimmt man an, dass der Planet die aufgenommene Energie aufgrund seiner Rotation um die eigene Achse gleichmäßig über den Planeten verteilt. Da in der Aufgabenstellung kein Albedo (Rückstrahlvermögen) angegeben ist, dürfen folgende weitere Annahmen getroffen werden:

- Der Mars absorbiert die gesamte von der Sonne ankommende Energie. Pro Zeiteinheit sind das $P_{\text{auf}} = E_{\odot,\,\text{Mars}} \cdot R_{\text{Mars}}^2 \cdot \pi$.
- Die vom Mars abgestrahlte Leistung $P_{\text{ab}} = \sigma \cdot 4\pi \cdot R_{\text{Mars}}^2 \cdot T^4$ ist gleich der aufgenommenen Leistung, da er als Schwarzer Strahler aufgefasst wird.

Gleichsetzen der beiden Leistungsterme, Kürzen und Umstellen nach T liefert:

$$P_{\text{ab}} = P_{\text{auf}}$$

$$E_{\odot,\,\text{Mars}} \cdot R_{\text{Mars}}^2 \cdot \pi = \sigma \cdot 4\pi \cdot R_{\text{Mars}}^2 \cdot T^4$$

$$E_{\odot,\,\text{Mars}} = \sigma \cdot 4T^4$$

$$\Rightarrow \quad T = \sqrt[4]{\frac{E_{\odot,\,\text{Mars}}}{4\sigma}} = \sqrt[4]{\frac{590\,\frac{\text{W}}{\text{m}^2}}{4 \cdot 5{,}67 \cdot 10^{-8}\,\frac{\text{W} \cdot \text{m}^2}{\text{K}^4}}} = \underline{\underline{226\text{ K}}}$$

Die mittlere Oberflächentemperatur auf dem Mars beträgt 226 K bzw. –47 °C.

Es reicht, wenn Sie das Ergebnis in Kelvin angeben.

2. a) Man nimmt mithilfe eines Spektrografen und einer CCD-Kamera das Spektrum des Sternes Sirius auf (Abb. 5 oben). Man bestimmt die Wellenlänge, bei der im aufgenommenen Spektrum die maximale Intensität auftritt. Mithilfe des Wien'schen Verschiebungsgesetzes $\lambda_{\text{max}} \cdot T = b \Leftrightarrow T = \frac{b}{\lambda_{\text{max}}}$ berechnet man abschließend die Oberflächentemperatur T.

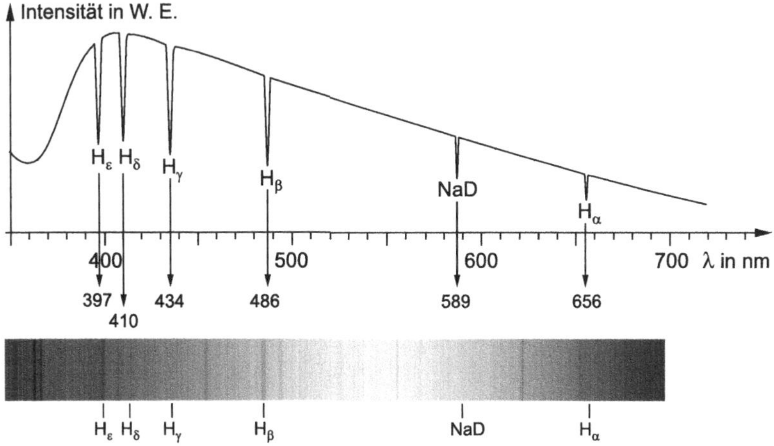

Abb. 5: Spektrum eines A-Sternes (schematisch)

Eine weitere Möglichkeit wäre: Aus den im Spektrum vorhandenen Absorptionslinien bestimmt man die Spektralklasse des Sternes – und daraus die zugehörige Oberflächentemperatur (Abb. 5 unten).

b) Die Entfernung r von der Erde berechnet man mithilfe der Parallaxenformel. Mit $p = 0,379''$ und der Umrechnung $1\,\text{pc} = 3,26$ Lj erhält man:

$$\frac{r}{1\,\text{pc}} = \frac{1''}{p} \quad \Rightarrow \quad r = \frac{1}{0,379}\,\text{pc} \approx 2,6\,\text{pc} = 2,6 \cdot 3,26\,\text{Lj} = \underline{\underline{8,6\,\text{Lj}}}$$

c) Die **Leuchtkraft** lässt sich mithilfe der Formel für die absolute Helligkeit bestimmen. Mit $L^* = \frac{L}{L_\odot}$ gilt:

$$M - M_\odot = -2,5 \cdot \lg L^* \quad \Rightarrow \quad 10^{-\frac{2}{5} \cdot (M - M_\odot)} = L^* \qquad (*)$$

Die nötige absolute Helligkeit M des Sterns erhält man mithilfe des Entfernungsmoduls aus der gegebenen scheinbaren Helligkeit m und der in Teilaufgabe b berechneten Entfernung r:

$$M = m - 5 \cdot \lg \frac{r}{10\,\text{pc}} = -1,46 - 5 \cdot \lg 0,26 = -1,46 + 2,93 = 1,47$$

Eingesetzt in (∗) folgt:

$$L^* = 10^{\frac{2}{5} \cdot (4,8 - 1,47)} = \underline{\underline{22}}$$

Den **Radius** berechnet man unter Benutzung des Gesetzes von Stefan und Boltzmann. Setzt man dieses einmal für die Sonne und einmal für Sirius an,

$$L_\odot = 4\pi \cdot R_\odot^2 \cdot \sigma \cdot T_\odot^4 \quad \text{(I)} \qquad \text{und} \qquad L = 4\pi \cdot R^2 \cdot \sigma \cdot T^4 \quad \text{(II)},$$

und teilt anschließend II durch I,

$$L^* = \frac{L}{L_\odot} = \frac{R^2 \cdot T^4}{R_\odot^2 \cdot T_\odot^4},$$

so folgt aufgelöst für den relativen Radius $R^* = \frac{R}{R_\odot}$:

$$R^* = \sqrt{L^*} \cdot \frac{T_\odot^2}{T^2} = \sqrt{22} \cdot \frac{(5{,}8 \cdot 10^3\ \text{K})^2}{(9{,}9 \cdot 10^3\ \text{K})^2} = \underline{\underline{1{,}6}}$$

d) Sirius A liegt mit rund 10 000 K als Stern der Spektralklasse A und einer Leuchtkraft von 22 Sonnenleuchtkräften auf der **Hauptreihe**.

Das Zeichnen eines HR-Diagramms ist nicht verlangt, dennoch sei zur Veranschaulichung auf Abb. 6 verwiesen.

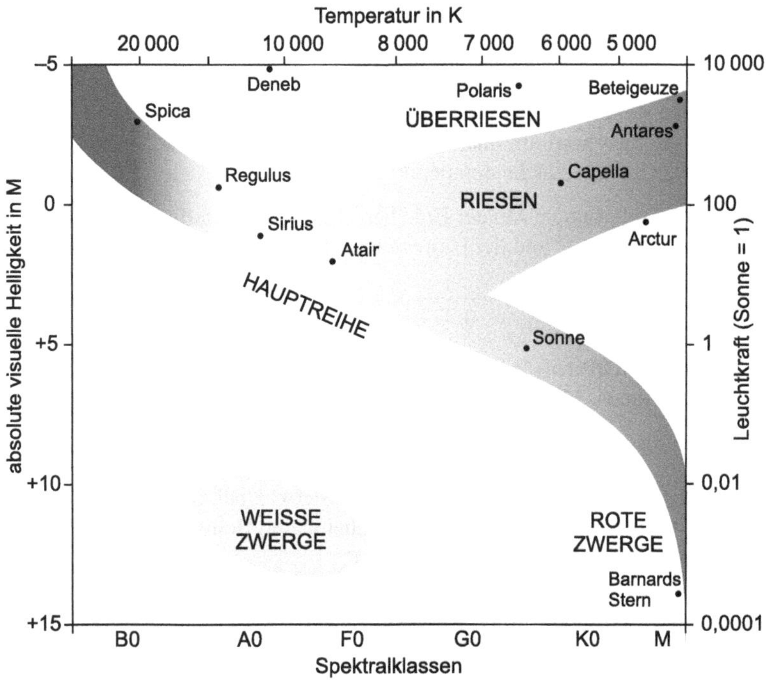

Abb. 6: Lage von Sirius im HRD

e) Die Anzahl der Neutrinos hängt gemäß Aufgabenstellung mit der Anzahl der Fusionsprozesse zusammen. Da pro Prozess $25\ \text{MeV} = 4{,}0 \cdot 10^{-12}\ \text{J}$ gewonnen werden und je Sekunde $L \cdot 1\ \text{s} = 22 \cdot 3{,}82 \cdot 10^{26}\ \text{J} = 8{,}4 \cdot 10^{27}\ \text{J}$ erzeugt werden, berechnet sich die **Neutrinozahl pro Sekunde** (2 pro Fusionsprozess) zu:

$$N = 2 \cdot \frac{8{,}4 \cdot 10^{27}\ \text{J}}{4{,}0 \cdot 10^{-12}\ \text{J}} = \underline{\underline{4{,}2 \cdot 10^{39}}}$$

Alle Neutrinos, welche Sirius verlassen, werden gleichmäßig über die Oberfläche einer Kugel verteilt, deren Radius gleich dem Sirius-Erde-Abstand $r = 2{,}6\,\text{pc}$ ist. Die **Neutrinozahl**, die **pro Sekunde und Quadratzentimeter** auf der Erde auftreffen, ist dann:

$$N' = \frac{N}{4\pi \cdot (2{,}6 \cdot 3{,}09 \cdot 10^{18}\,\text{cm})^2} = \frac{4{,}2 \cdot 10^{39}}{8{,}1 \cdot 10^{38}\,\text{cm}^2} = \underline{\underline{5\,\frac{1}{\text{cm}^2}}}$$

Da Sirius A ein Stern der Spektralklasse A ist, liegt sein Strahlungsmaximum im UV-Bereich, wodurch die bolometrische Leuchtkraft L^*_{bol} (also die über das ganze elektromagnetische Spektrum aufsummierte Leuchtkraft) nicht bei 22, sondern bei 37 liegt – somit sollten tatsächlich sogar mehr Neutrinos als die berechneten 5 pro cm^2 ankommen.

3. a) Unter einem **Bedeckungsveränderlichen** versteht man ein physisches Doppelsternsystem, dessen Bahn so im Raum liegt, dass für einen irdischen Beobachter die Sterne sich gegenseitig bedecken, sodass die Gesamthelligkeit der beiden Sterne periodisch schwankt.

b) **Umlaufdauer**

Aus der gegebenen Grafik liest man ab:

$$\underline{\underline{T = 2{,}3\,\text{d}}}$$

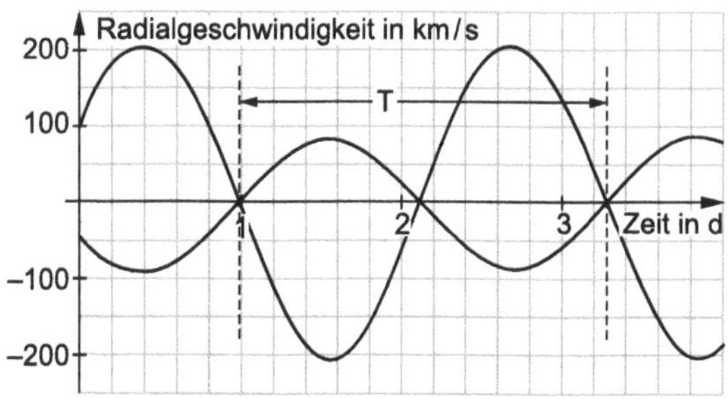

Abb. 7

Unter der gegebenen Annahme, dass sich die Komponenten A und B auf Kreisbahnen um den gemeinsamen Schwerpunkt bewegen, lässt sich die **Gesamtmasse** mit dem 3. Kepler'schen Gesetz berechnen:

$$\frac{T^2}{a^3} = \frac{4\pi^2}{G \cdot (m_1 + m_2)} \quad \Rightarrow \quad m_1 + m_2 = \frac{4\pi^2}{G} \cdot \frac{a^3}{T^2} \qquad (*)$$

Da die Masse in Einheiten der Sonnenmasse angegeben werden soll, bietet es sich an, das Gesetz einmal für das Doppelsternsystem und einmal für das System Sonne–Erde anzusetzen ($a_{\odot,E} = 1\,\text{AE}$; $T_{\odot,E} = 1\,\text{a}$), wobei die Erdmasse wegen $m_\odot \gg m_E$ gegenüber der Sonnenmasse vernachlässigt werden kann:

$$m_A + m_B = \frac{4\pi^2}{G} \cdot \frac{a^3}{T^2} \quad (\text{I}) \qquad \text{und} \qquad m_\odot + m_E \approx m_\odot = \frac{4\pi^2}{G} \cdot \frac{a^3_{\odot,E}}{T^2_{\odot,E}} \quad (\text{II})$$

Division von I durch II ergibt mit $9{,}5 \cdot 10^6\,\text{km} = 0{,}0635\,\text{AE}$:

$$\frac{m_A + m_B}{m_\odot} = \frac{a^3 \cdot T^2_{\odot,E}}{T^2 \cdot a^3_{\odot,E}} = \frac{(0{,}0635\,\text{AE})^3 \cdot (1\,\text{a})^2}{(1\,\text{AE})^3 \cdot \left(2{,}3 \cdot \frac{1}{365{,}25}\,\text{a}\right)^2} = \underline{\underline{6{,}5}}$$

Das Sternsystem verfügt insgesamt über 6,5 Sonnenmassen.

Alternativ können Sie die Masse direkt mit der Formel (∗) berechnen und anschließend durch $m_\odot$ dividieren:

$$\frac{m_1 + m_2}{m_\odot} = \frac{1}{1{,}989 \cdot 10^{30}\,\text{kg}} \cdot \frac{4\pi^2}{6{,}673 \cdot 10^{-11}\,\frac{\text{m}^3}{\text{kg} \cdot \text{s}^2}} \cdot \frac{(9{,}5 \cdot 10^9\,\text{m})^3}{(2{,}3 \cdot 24 \cdot 3600\,\text{s})^2} = \underline{\underline{6{,}5}}$$

c) Die Kurve mit der **kleineren Amplitude** gehört zum schwereren **Stern A.**

Begründung: Beide Sterne kreisen um ihren gemeinsamen Schwerpunkt. Der Stern A mit der größeren Masse besitzt dabei einen kleineren Bahnradius als der Stern B mit der kleineren Masse, folglich ist auch seine Bahngeschwindigkeit kleiner. Die Bahngeschwindigkeit entspricht im Diagramm der Abb. 2 der Amplitude, daher gehört die kleinere Amplitude zu A.

d) Nach dem Hebelgesetz gilt

$$\frac{m_A}{m_B} = \frac{r_B}{r_A}$$

und außerdem (Abb. 8):

$$r_A + r_B = 9{,}5 \cdot 10^6\,\text{km}$$

$$\Rightarrow \quad r_A = 9{,}5 \cdot 10^6\,\text{km} - r_B$$

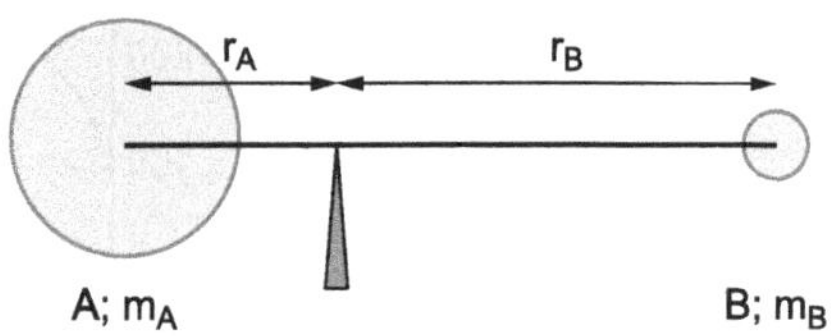

Abb. 8: Hebelgesetz

Eingesetzt in das Hebelgesetz lässt sich unter Verwendung der bekannten Größen der Bahnradius von A berechnen:

$$\frac{m_A}{m_B} = \frac{9{,}5 \cdot 10^6\,\text{km} - r_A}{r_A} \quad \Rightarrow \quad \frac{m_A}{m_B} + 1 = \frac{9{,}5 \cdot 10^6\,\text{km}}{r_A}$$

$$\Rightarrow \quad r_A = \frac{9{,}5 \cdot 10^6\,\text{km}}{\left(\frac{m_A}{m_B} + 1\right)} = \frac{9{,}5 \cdot 10^6\,\text{km}}{\left(\frac{4{,}7}{1{,}8} + 1\right)} = 2{,}6 \cdot 10^6\,\text{km}$$

Andererseits hat A einen Radius von

$$R_A = 4{,}2 \cdot R_\odot = 4{,}2 \cdot 6{,}96 \cdot 10^5\,\text{km} = 2{,}9 \cdot 10^6\,\text{km} \quad \Rightarrow \quad \underline{\underline{R_A > r_A}}$$

Der Schwerpunkt liegt **innerhalb** des A-Sterns.

Aufgabenvorschlag 2

Längenangaben:	$1\ \text{pc} = 3{,}26\ \text{Lj} = 3{,}09 \cdot 10^{13}\ \text{km}$	
	$1\ \text{AE} = 1{,}496 \cdot 10^{8}\ \text{km}$	
Daten zur Sonne:	Absolute Helligkeit:	$M_{\odot} = 4{,}8$
	Leuchtkraft:	$L_{\odot} = 3{,}82 \cdot 10^{26}\ \text{W}$
	Radius:	$R_{\odot} = 6{,}96 \cdot 10^{8}\ \text{m}$
	Masse:	$m_{\odot} = 1{,}989 \cdot 10^{30}\ \text{kg}$
	Oberflächentemperatur:	$T_{\odot} = 5{,}8 \cdot 10^{3}\ \text{K}$

1. **Die Draconiden – ein himmlisches Feuerwerk**
   Jedes Jahr lässt sich Anfang Oktober der Sternschnuppen-Schauer der Draconiden beobachten, der auf den Kometen Giacobini-Zinner zurückzuführen ist. Der Komet hat eine siderische Umlaufzeit um die Sonne von $T = 6{,}62$ a, seine Periheldistanz beträgt $r_P = 1{,}04$ AE.

   a) Berechnen Sie die große Halbachse a der Kometenbahn sowie die Apheldistanz des Kometen.
   [Zur Kontrolle: $a = 3{,}53$ AE] (6 BE)

   b) Berechnen Sie die Geschwindigkeit des Kometen im Perihel. (3 BE)

   c) Beschreiben Sie mithilfe einer geeigneten Skizze die Erscheinungsform eines Kometen in Sonnennähe. (4 BE)

   d) Erläutern Sie allgemein, wie Sternschnuppen mit Kometen zusammenhängen. Gehen Sie dabei sowohl auf die Entstehung der optischen Erscheinung der Sternschnuppen als auch auf ihre regelmäßige jährliche Wiederkehr ein. (6 BE)

   e) Sternschnuppen sind typischerweise einige Millimeter groß und zwischen einigen Milligramm und einigen Gramm schwer. Berechnen Sie die kinetische Energie eines Partikels der Masse 0,10 g aus dem Sternschnuppen-Schauer, das sich mit $21\ \frac{\text{km}}{\text{s}}$ relativ zur Erde bewegt.
   [Zur Kontrolle: $E_{kin} = 22$ kJ] (3 BE)

   f) Stellen Sie einen Alltagsbezug her, indem Sie einen Gegenstand mit realistischen Angaben für Masse und Geschwindigkeit nennen, der in etwa dieselbe kinetische Energie besitzt wie das Partikel aus Teilaufgabe 1e. (3 BE)

2. **Magellan'sche Wolke**
   Im Jahr 2010 wurden die genauen Daten des Sterns R136a1 in der Großen Magellan'schen Wolke veröffentlicht. Nach diesen ist R136a1 mit 265 Sonnenmassen der massereichste Stern im Universum. Er hat die Oberflächentemperatur $5{,}3 \cdot 10^{4}$ K und die Leuchtkraft $8{,}7 \cdot 10^{6} \cdot L_{\odot}$.

a) Berechnen Sie die Wellenlänge, bei der die Strahlungsintensität von R136a1 ihr Maximum hat. (3 BE)

b) Berechnen Sie den Radius von R136a1 in Vielfachen des Sonnenradius und vergleichen Sie den Durchmesser von R136a1 mit der Differenz der mittleren Bahnradien zweier geeignet gewählter Planeten unseres Sonnensystems. (4 BE)

c) R136a1 wird noch einen großen Teil seiner Masse abstoßen. Trotzdem wird die Masse von R136a1 am Ende seiner Hauptreihenzeit über 25 Sonnenmassen betragen. Beschreiben Sie die weitere Entwicklung von R136a1 ab dem Verlassen der Hauptreihe. (7 BE)

Die Entfernung zur Großen Magellan'schen Wolke kann durch die Beobachtung von δ-Cepheiden bestimmt werden.

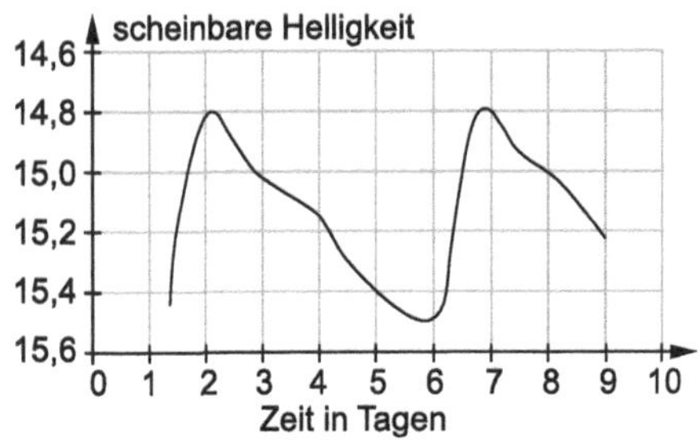

Abb. 1

d) Ermitteln Sie mithilfe des Diagramms, das die Änderung der scheinbaren Helligkeit eines δ-Cepheiden im zeitlichen Verlauf zeigt, die mittlere absolute Helligkeit dieses Sterns und daraus seine Leuchtkraft in Vielfachen der Sonnenleuchtkraft. (5 BE)

e) Erläutern Sie die Bedeutung der δ-Cepheiden für Entfernungsbestimmungen in der Astronomie. (3 BE)

3. **Centaurus A**

Im Sternbild Centaurus befindet sich die elliptische Galaxie Centaurus A. Eine Besonderheit von Centaurus A ist das dunkle Staubband, das sich quer durch diese Galaxie zieht. Innerhalb des Staubbands konnte man im Jahr 1986 eine Supernova vom Typ I a beobachten, die eine scheinbare Helligkeit von $m = 11{,}5$ und eine absolute Helligkeit von $M = -19{,}2$ erreichte.

a) Erläutern Sie das Zustandekommen einer Supernova vom Typ I a und die Bedeutung dieser Supernovae für Entfernungsbestimmungen in der Astronomie. (6 BE)

b) Berechnen Sie die Entfernung von Centaurus A. (3 BE)

c) Der in Teilaufgabe 3b berechnete Wert stimmt nicht mit der tatsächlichen Entfernung überein. Begründen Sie dies und erläutern Sie, ob die tatsächliche Entfernung größer oder kleiner als der berechnete Wert ist. (4 BE)

(60 BE)

Tipps und Hinweise zum Aufgabenvorschlag 2

Tipps zu Teilaufgabe 1

a: Welches physikalische Gesetz verbindet die Größen „Umlaufzeit" und „Große Halbachse"? Um den Zusammenhang zwischen r_P, r_A und a erkennen zu können, ist eine Skizze der Umlaufbahn (mit der Sonne und den entsprechenden Größen) hilfreich.

b: Die Berechnung der momentanen Geschwindigkeit hängt mit den Bahnenergien zusammen. Verwenden Sie die entsprechende Formel aus der Formelsammlung.

c: In Sonnennähe sind alle bekannten Erscheinungen eines Kometen voll ausgebildet.

d: Bedenken Sie, welche „Überreste" der Komet aufgrund der verschieden Erscheinungen auf seiner Bahn hinterlassen muss.

e: Benutzen Sie die Formel der kinetischen Energie.

f: Denken Sie z. B. an einen Pkw, setzen Sie für ihn eine typische Masse an und bestimmen Sie seine Geschwindigkeit in km/h.

Tipps zu Teilaufgabe 2

a: Welches Gesetz stellt den Zusammenhang zwischen der Wellenlänge des Strahlungsmaximums und der Temperatur her?

b: Sternradien können Sie mithilfe des Gesetzes von Stefan und Boltzmann berechnen. Denken Sie an Verhältnisgleichungen. Einen entsprechenden Abstand (Achtung: Sie sollen den *Durchmesser* vergleichen) wählen Sie aus der Tabelle der Planetendaten der Formelsammlung.

c: Wie verhält sich ein massereicher Hauptreihenstern, nachdem die H-Fusion beendet ist? Welches Gebiet erreicht ein derartiger Stern nach dem Verlassen der Hauptreihe? Wie sieht das Endstadium eines Sternes aus, der weit mehr als 3,5 Sonnenmassen als Endmasse besitzt?

d: Aus dem Diagramm können sie die Periodendauer entnehmen! Verwenden Sie die Perioden-Leuchtkraft-Beziehung für Cepheiden.

e: Denken Sie an die Entfernungsleiter.

Tipps zu Teilaufgabe 3

a: Welche unterschiedlichen Supernovae kennen Sie? Bei dieser SN ist ein Doppelsternsystem beteiligt! Einer der beiden Sterne ist ein weißer Zwerg.

b: Verwenden Sie den Entfernungsmodul.

c: Denken Sie an das dunkle Staubband (Text zur Aufgabe!). Wie verändert Staub die Helligkeit? Beachten Sie die Richtung der Hipparch-Skala.

Lösungen zum Aufgabenvorschlag 2

1. Komet Giacobini-Zinner: $T = 6{,}62\,a$; Periheldistanz $r_P = 1{,}04\,AE$

   a) Die **große Halbachse a** berechnet man mithilfe des 3. Kepler'schen Gesetzes:

   $$\frac{a^3}{T^2} = \text{konst.}$$

   Zum Vergleich verwendet man die Erddaten: $T_E = 1{,}00\,a$ und $a_E = 1{,}00\,AE$,

   $$\frac{a_E^3}{T_E^2} = \frac{(1\,AE)^3}{(1\,a)^2} \quad \Rightarrow \quad \frac{a^3}{T^2} = 1\,\frac{AE^3}{a^2},$$

   und erhält unter Verwendung der angegebenen Umlaufzeit:

   $$a^3 = 1\,AE^3 \cdot 6{,}62^2 \quad \Rightarrow \quad a = \sqrt[3]{6{,}62^2}\,AE = \underline{\underline{3{,}53\,AE}} \quad \text{bzw.}$$

   Die **Apheldistanz r_A** bekommt man aus der Beziehung $r_A + r_P = 2a$:

   $$r_A = 2a - r_P = 2 \cdot 3{,}53\,AE - 1{,}04\,AE = \underline{\underline{6{,}02\,AE}}$$

   b) Die **Geschwindigkeit im Perihel** berechnet sich mit der Formel (aus der Formelsammlung):

   $$v_P = \sqrt{G \cdot M_\odot \cdot \left(\frac{2}{r_P} - \frac{1}{a}\right)}$$

   $$= \sqrt{6{,}67 \cdot 10^{-11}\,\frac{m^3}{kg \cdot s^2} \cdot 1{,}989 \cdot 10^{30}\,kg \cdot \left(\frac{2}{1{,}04\,AE} - \frac{1}{3{,}53\,AE}\right)}$$

   $$= \sqrt{1{,}327 \cdot 10^{20}\,\frac{m^3}{s^2} \cdot 1{,}64 \cdot \frac{1}{1{,}496 \cdot 10^{11}\,m}}$$

   $$= \underline{\underline{38{,}1\,\frac{km}{s}}}$$

   c) In Sonnennähe umgibt den kleinen Kometenkern die **Koma**. Zudem hat der Komet die beiden charakteristischen **Schweife** ausgebildet: den Gas- oder Ionenschweif (von der Sonne weg gerichtet) und den gekrümmten Staubschweif.

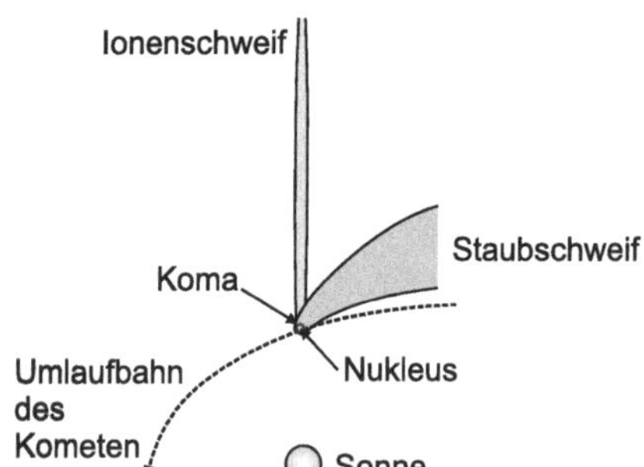

Abb. 2: Bestandteile eines Kometen

d) **Sternschnuppen** sind kleine Partikel/Staubkörner, welche in verschiedenen Winkeln in die Erdatmosphäre eindringen und verglühen. Die Objekte bestehen aus Material, welches Kometen wie Giacobini-Zinner auf ihrer Bahn durch das Planetensystem zurücklassen (aus der Koma und insbesondere aus den Schweifen). Dort, wo die Erdbahn diese Gebiete kreuzt, kommt es zu den Sternschnuppenströmen. Da die Erde das Gebiet jährlich durchkreuzt, treten die Sternschnuppen regelmäßig zur gleichen Zeit im Jahr wieder auf.

e) Ein Partikel mit der Masse 0,10 g und der Geschwindigkeit $v = 21 \cdot 10^3 \frac{m}{s}$ besitzt eine **kinetische Energie** von

$$E_{kin} = \frac{1}{2} m \cdot v^2 = \frac{1}{2} \cdot 0{,}10 \cdot 10^{-3}\,kg \cdot \left(21 \cdot 10^3 \frac{m}{s}\right)^2 = \underline{\underline{22 \cdot 10^3\,J = 22\,kJ.}}$$

f) Typische „bewegte Alltagsgegenstände" vergleichbarer kinetischer Energie sind z. B. die folgenden bei den angegebenen Geschwindigkeiten.

- Auto (Kleinwagen der Masse 1 t):

$$v = \sqrt{\frac{2 \cdot 22\,000\,J}{1000\,kg}} = 6{,}6\,\frac{m}{s} = 24\,\frac{km}{h}$$

- Motorrad (Masse mit Fahrer 300 kg):

$$v = \sqrt{\frac{2 \cdot 22\,000\,J}{300\,kg}} = 12\,\frac{m}{s} = 44\,\frac{km}{h}$$

- Motorroller (Masse mit Fahrer 150 kg):

$$v = \sqrt{\frac{2 \cdot 22\,000\,J}{150\,kg}} = 17\,\frac{m}{s} = 62\,\frac{km}{h}$$

- Skirennfahrer (Masse 100 kg):

$$v = \sqrt{\frac{2 \cdot 22\,000\,J}{100\,kg}} = 21\,\frac{m}{s} = 76\,\frac{km}{h}$$

Jedes „vernünftige" andere Beispiel wird ebenfalls als korrekt gewertet.

2. Stern R136a1: $M = 265\,M_\odot$; $T = 5{,}3 \cdot 10^4\,K$ und $L = 8{,}7 \cdot 10^6\,L_\odot$

a) Mithilfe des Wien'schen Verschiebungsgesetzes erhält man das Strahlungsmaximum bei der **Wellenlänge**

$$\lambda_{max} \cdot T = 2{,}9 \cdot 10^{-3}\,m \cdot K$$

$$\Rightarrow \lambda_{max} = \frac{2{,}9 \cdot 10^{-3}\,m \cdot K}{T} = \frac{2{,}9 \cdot 10^{-3}\,K}{5{,}3 \cdot 10^4\,K} = \underline{\underline{55 \cdot 10^{-9}\,m = 55\,nm.}}$$

b) Der **Sternradius** wird mit dem Gesetz von Stefan und Boltzmann berechnet:

$$L = 4\pi \cdot R^2 \cdot \sigma \cdot T^4$$

Da der Radius in Vielfachen des Sonnenradius angegeben werden soll, setzt man am besten das Gesetz einmal für R136a1 und einmal für die Sonne an:

$$L_R = 4\pi \cdot R_R^2 \cdot \sigma \cdot T_R^4 \quad \text{(I)} \quad \text{und} \quad L_\odot = 4\pi \cdot R_\odot^2 \cdot \sigma \cdot T_\odot^4 \quad \text{(II)}$$

Die Division I durch II und anschließendes Umstellen nach $R_R^* = \frac{R_R}{R_\odot}$ liefert:

$$\frac{L_R}{L_\odot} = \frac{R_R^2 \cdot T_R^4}{R_\odot^2 \cdot T_\odot^4} \quad \text{bzw.} \quad L_R^* = \left(R_R^*\right)^2 \cdot \frac{T_R^4}{T_\odot^4}$$

$$\Rightarrow \quad R_R^* = \sqrt{L_R^*} \cdot \frac{T_\odot^2}{T_R^2} = \sqrt{8{,}7 \cdot 10^6} \cdot \frac{(5{,}8 \cdot 10^3\ \text{K})^2}{(5{,}3 \cdot 10^4\ \text{K})^2} = \underline{\underline{35}}$$

Den **Durchmesser** von R136a1 sollte man sich für den Vergleich in km bzw. in AE umrechnen:

$$2R_R = 2 \cdot 35 \cdot R_\odot = 70 \cdot 6{,}96 \cdot 10^8\ \text{m} = \frac{70 \cdot 6{,}96 \cdot 10^8\ \text{m}}{1{,}5 \cdot 10^{11}\ \frac{\text{m}}{\text{AE}}} = 0{,}32\ \text{AE}$$

Sucht man aus der Tabelle der Planeten einen Vergleichswert, so kommt diesem Wert die Differenz 0,34 AE der großen Halbachsen von **Venus** und **Merkur** am nächsten.

c) **Sternentwicklung**
Die angegebene Restmasse liegt deutlich über der Chandrasekhargrenze von 1,4 Sonnenmassen und ebenso über der Oppenheimer-Volkhoff Grenze von 3,5 Sonnenmassen. In einem derart massereichen Stern werden die verschiedenen Fusionszyklen bis hin zur Fusion zu Eisen durchlaufen. Der Stern wird dabei immer wieder instabil: Jedes Mal, wenn ein Fusionszyklus im Kern vorbei geht, gewinnt die Gravitation über den Druck und drückt den Kern weiter zusammen. Die dabei zustande kommende Temperaturerhöhung im Kern führt zum nächsten Fusionsprozess. Dabei finden die verschiedenen Fusionsprozesse in verschiedenen Schichten des Sternes statt (vgl. Abb. 3). In diesem Stadium wird der Stern pulsieren und ist dem Bereich der Überriesen zuzuordnen. Nach der Fusion von Eisen im Kern kann keine weitere Fusion im Kern stattfinden: Der Kern stürzt in sich zusammen, weder die elektrische Kraft noch die Kernkräfte können dabei den Zusammensturz bremsen: Der Kern wird zu einem Schwarzen Loch.

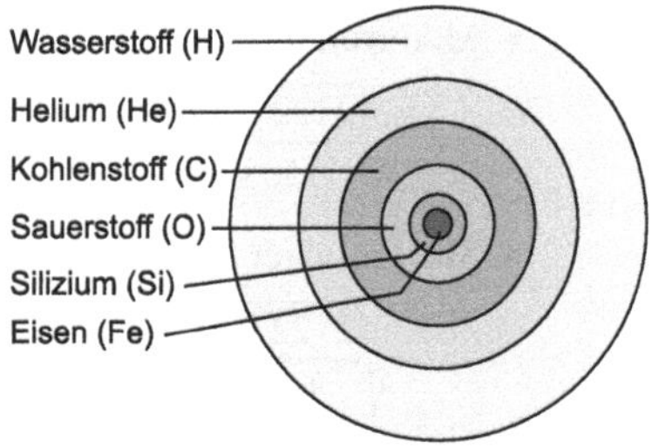

Abb. 3: Schalenstruktur (nicht maßstabsgetreu)

d) Aus dem Diagramm entnimmt man eine Periodendauer von 4,7 d. Die **mittlere absolute Helligkeit** berechnet man mithilfe der Perioden-Leuchtkraft-Beziehung für δ-Cepheiden:

$$M = -1{,}67 - 2{,}54 \cdot \lg \frac{p}{1\,\text{d}}$$
$$= -1{,}67 - 2{,}54 \cdot \lg 4{,}7$$
$$= \underline{\underline{-3{,}4}}$$

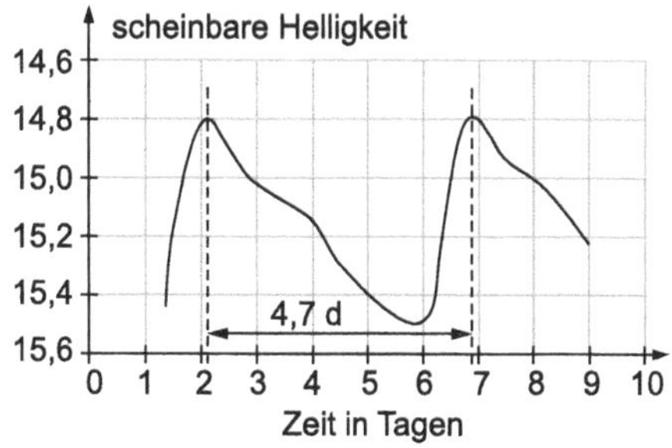

Abb. 4

Die **relative Leuchtkraft** $L^* = \frac{L}{L_\odot}$ hängt mit den absoluten Helligkeiten über

$$M - M_\odot = -2{,}5 \cdot \lg L^*$$

zusammen. Durch Umstellen folgt:

$$L^* = 10^{0{,}4 \cdot (M_\odot - M)} = 10^{0{,}4 \cdot (4{,}8 - (-3{,}4))} = \underline{\underline{1{,}9 \cdot 10^3}}$$

e) Die **δ-Cepheiden** sind sogenannte „Standardkerzen“, auf denen sich die Entfernungsleiter der Astronomie aufbaut. Mit ihrer Hilfe werden (ausgehend von der Methode der trigonometrischen Parallaxe, mit der man nahe Cepheiden vermisst, wie z. B. Delta Cephei) fernere Galaxien (wie M100…) vermessen. Supernovae in diesen durch δ-Cepheiden vermessenen Galaxien werden dann wiederum für die Entfernungsmessung noch weiter entfernter Objekte benutzt (vgl. Teilaufgabe 3 a).

3. Supernova mit $m = 11{,}5$ und $M = -19{,}2$

a) Eine **Supernova** vom Typ Ia entsteht in einem Doppelsternsystem, bei dem ein Stern bereits ein weißer Zwerg ist. Der weiße Zwerg saugt vom Begleitstern Materie ab und dabei wächst seine Masse. Überschreitet er dabei die Chandrasekhar-Grenze, kommt es zur Supernova (da er als weißer Zwerg nicht mehr existieren kann!). Da diese Explosion immer bei absolut vergleichbaren Objekten stattfindet, haben diese Supernovae immer die gleiche absolute Helligkeit. Damit kann man sie zur Entfernungsbestimmung weit entfernter Objekte nutzen.

b) Die **Entfernung** berechnet man mit dem Entfernungsmodul:

$$m - M = 5 \cdot \lg \frac{r}{10\,\text{pc}} \quad \Rightarrow \quad 11{,}5 - (-19{,}2) = 5 \cdot \lg \frac{r}{10\,\text{pc}}$$
$$\Rightarrow \quad r = 10^{\frac{30{,}7}{5}} \cdot 10\,\text{pc} = \underline{\underline{14\,\text{Mpc}}}$$

c) Da das Licht vom Staubband gedämpft wird, ist die gemessene scheinbare Helligkeit geringer als die tatsächliche. Damit ist $m_{mess} > m_{real}$ (Hipparch!) und folglich die **berechnete Entfernung größer als die tatsächliche**.

Abitur Physik (Bayern) 2014
Themenbereich I: Elektromagnetische Felder, Relativitätstheorie

Aufgabenvorschlag 1

1. **Bestimmung der magnetischen Flussdichte**
Ein Hufeisenmagnet liegt auf einer Digitalwaage. Ein Drahtbügel der Breite ℓ, der an einer Halterung fest montiert ist, wird senkrecht von den Feldlinie des homogenen Magnetfelds durchsetzt und von einem Gleichstrom der Stärke I durchflossen. Die Stromrichtung wird stets so gewählt, dass der Drahtbügel eine magnetische Kraft F_{mag} nach oben erfährt.

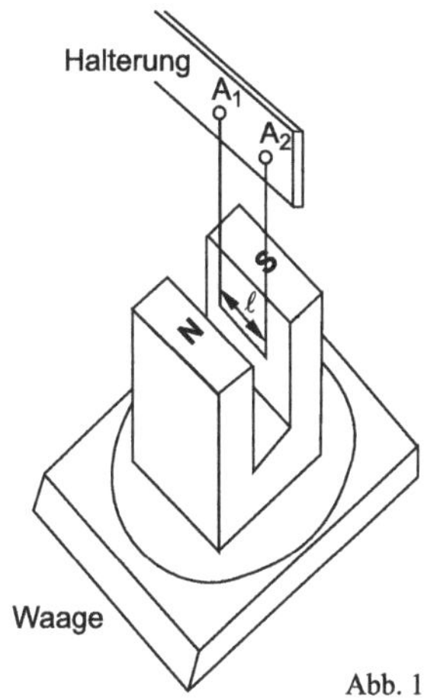

Abb. 1

a) Geben Sie die erforderliche Polarität der Gleichspannung an den Anschlüssen A_1 und A_2 an und begründen Sie Ihre Antwort kurz. (2 BE)

b) Erklären Sie, weshalb sich die Anzeige der Digitalwaage um einen Wert Δm erhöht, sobald auf den Drahtbügel die Kraft F_{mag} wirkt.
Geben Sie an, wie die Kraft F_{mag} aus dem Messwert Δm berechnet wird. (4 BE)

Zunächst wird ein Drahtbügel der Breite $\ell = 5{,}0$ cm verwendet und die Kraft F_{mag} für vier unterschiedliche Stromstärken I bestimmt.

Nr.	I in A	F_{mag} in mN
1	1,0	11
2	2,0	18
3	3,0	27
4	4,0	40

c) Erstellen Sie mithilfe nebenstehender Tabelle das I-F_{mag}-Diagramm und interpretieren Sie dieses kurz. (6 BE)

d) Berechnen Sie aus den Daten der Messung Nr. 1 einen vorläufigen Wert für die magnetische Flussdichte B. Bestimmen Sie danach unter Verwendung des Diagramms der Teilaufgabe 1 c einen genaueren Wert für B. (6 BE)

e) Die Messungen werden mit einem Drahtbügel der halben Breite wiederholt. Ergänzen Sie das Diagramm der Teilaufgabe 1 c um die zu erwartende Messkurve und begründen Sie deren Verlauf kurz. (4 BE)

2. **Fadenstrahlrohr und Bestimmung der Elektronenmasse**
In einem Fadenstrahlrohr (kugelförmiger, gasgefüllter Glaskolben) werden Elektronen mit vernachlässigbarer Anfangsgeschwindigkeit zunächst in einem elektrischen Feld durch die Spannung U beschleunigt und anschließend durch ein homogenes Magnetfeld der Flussdichte B auf eine Kreisbahn mit Radius r gezwungen. Aufgrund der Gasfüllung ist die Kreisbahn der Elektronen als leuchtende Spur gut sichtbar. Durch Messung der Größen U, B und r kann die Elektronenmasse m_e experimentell bestimmt werden. Die Elementarladung e wird im Weiteren als bekannt vorausgesetzt.

a) Erklären Sie ausgehend von der jeweils wirkenden Kraft, warum der Betrag der Elektronengeschwindigkeit im elektrischen Feld des Fadenstrahlrohrs zunimmt und im magnetischen Feld konstant bleibt. (4 BE)

b) Leiten Sie den Zusammenhang $m_e = \frac{e \cdot B^2 \cdot r^2}{2U}$ her, der sich bei nichtrelativistischer Betrachtung ergibt. (7 BE)

Folgende Werte werden im Rahmen eines Schulversuchs gemessen:
$U = 0{,}25\ \text{kV}$; $B = 1{,}0\ \text{mT}$; $r = 5{,}5\ \text{cm}$.

c) Zeigen Sie mithilfe des Zusammenhangs von Teilaufgabe 2b, dass der aus diesen Daten berechnete Wert für die Elektronenmasse m_e um mehr als 5 % von dem in der Formelsammlung angegebenen Wert abweicht. (4 BE)

d) Ein Schüler behauptet, dass die Abweichung vom Literaturwert deshalb so hoch ausfällt, weil relativistische Effekte unberücksichtigt geblieben sind. Widerlegen Sie diese Behauptung und geben Sie anschließend eine Begründung für die Abweichung an. (7 BE)

3. **Metalldetektor**
Die nebenstehende Abbildung zeigt den prinzipiellen Aufbau eines Metalldetektors aus drei zylinderförmigen Spulen: Von der Primärspule PS geht ein magnetisches Wechselfeld (durchgezogene Feldlinien) aus, das den im Boden aufzuspürenden Gegenstand durchsetzt. Dadurch erzeugt der Gegenstand ein sekundäres magnetisches Wechselfeld (gestrichelte Feldlinien), das mithilfe der Empfangsspule ES nachgewiesen wird. Die Kompensationsspule KS dient dazu, im Inneren der Empfangsspule das primäre Magnetfeld zu unterdrücken. Die notwendigen Stromversorgungen von Primär- und Kompensationsspule sind in der Abbildung nicht dargestellt.

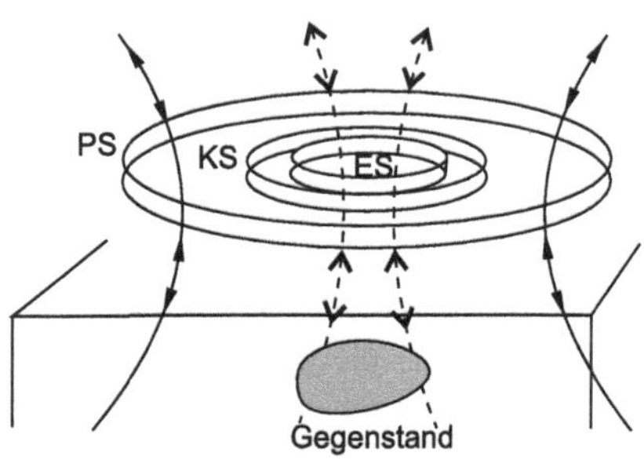

Abb. 2

a) Vergleichen Sie die Stromrichtung in der Kompensationsspule mit der Stromrichtung in der Primärspule und begründen Sie Ihre Aussage kurz. (3 BE)

b) Betrachtet werden zwei Gegenstände, von denen der eine elektrisch schlecht leitend und ferromagnetisch ist, der andere elektrisch gut leitend und nicht-ferromagnetisch. Vergleichen Sie die Wirkung des primären Magnetfelds auf diese beiden Gegenstände. (6 BE)

c) Berechnen Sie den Scheitelwert U_0 der Spannung, die in der Empfangsspule mit Windungszahl 10 und Querschnittsfläche 30 cm^2 entsteht, wenn für die magnetische Flussdichte des sekundären Magnetfelds in ihrem Inneren gilt: $B(t) = B_0 \sin(2\pi \cdot f \cdot t)$ mit Scheitelwert $B_0 = 0{,}50$ mT und Frequenz $f = 20$ kHz. (7 BE)

(60 BE)

Tipps und Hinweise zum Aufgabenvorschlag 1

Tipps zu Teilaufgabe 1

a: Die auftretende Kraft ist die Lorentzkraft. Denken Sie an die Dreifingerregel der rechten Hand.

b: Zum Vergleich: Stellen Sie sich auf eine reaktionsschnelle Personenwaage und beobachten Sie die Anzeige, während sie kraftvoll hochspringen.

c: Legen Sie durch die Messpunkte eine Ausgleichsgerade. Welche Kraft liegt bei $I = 0$ A vor?

d: Die Formel für die Lorentzkraft findet sich in der Formelsammlung.

e: Denken Sie an naheliegende Proportionalitäten (vgl. Teilaufgabe 1 d).

Tipps zu Teilaufgabe 2

a: Vergleichen Sie insbesondere jeweils Bewegungs- und Kraftrichtung miteinander.

b: Verwenden Sie die kinetische Energie der geladenen Teilchen und die Tatsache, dass es sich bei der Lorentzkraft um eine Zentripetalkraft handelt.

c: Betrachten Sie bei der prozentualen Abweichung den Tabellenwert als den richtigen Wert, auf den Sie den Messwert beziehen.

d: Schätzen Sie die Geschwindigkeit der Teilchen ab und verwenden Sie als Faustregel die übliche Grenze zwischen relativistischer und nichtrelativistischer Rechnung.

Tipps zu Teilaufgabe 3

a: Beachten Sie das Superpositionsprinzip.

b: In beiden Fällen wird ein Sekundärmagnetfeld induziert, dessen physikalischen Ursachen sich aber unterscheiden. Nennen Sie diese.

c: Verwenden Sie das Induktionsgesetz.

Lösungen zum Aufgabenvorschlag 1

1. a) Der Drahtbügel soll laut Aufgabentext eine magnetische Kraft (= Lorentzkraft) nach oben erfahren. Mit der Dreifingerregel der rechten Hand ist dies der Fall, wenn der Strom von A_1 nach A_2 fließt (technische Stromrichtung von links oben nach rechts unten (Daumen), magnetische Feldlinien von Nordpol zum Südpol (Zeigefinger), Lorentzkraft nach oben (Mittelfinger). Also sollte $\mathbf{A_1}$ **an den Pluspol** angeschlossen werden und $\mathbf{A_2}$ **an den Minuspol**.

   b) Aufgrund Newtons **Wechselwirkungsgesetz** „actio gegengleich reactio" wirkt die Gegenkraft zur Lorentzkraft F_{mag} nach unten auf Magnet und Waage, der Drahtbügel „stößt sich ab". Darum erhöht sich die Waagenanzeige und es gilt:

   $$F_{mag} = \underline{\underline{\Delta m \cdot g}}$$

   c) Abb. 3 zeigt das **I-$\mathbf{F_{mag}}$-Diagramm**. Der Graph (Ausgleichsgerade) ist näherungsweise eine Ursprungsgerade, die Größen I und F_{mag} sind also **direkt proportional** zueinander.

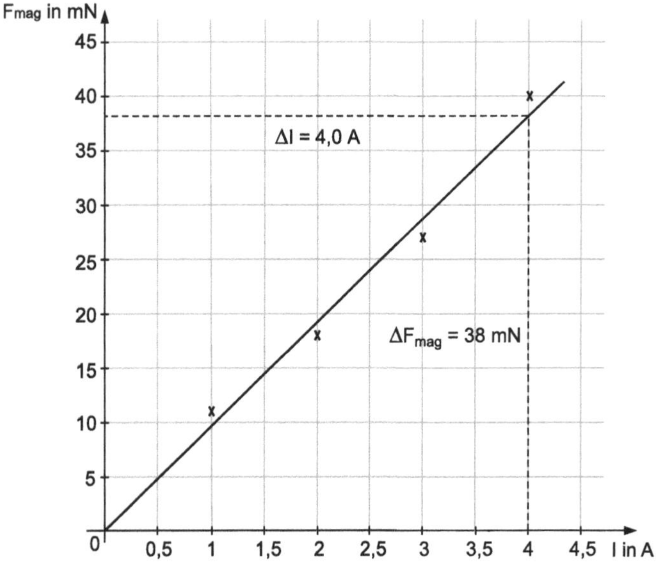

Abb. 3 (Steigungsdreieck: Teilaufgabe 1 d)

   d) Für den Betrag der Lorentzkraft gilt $F_{mag} = B \cdot I \cdot \ell$. Aus dem ersten Messwertepaar ergibt sich daraus die **Flussdichte**

   $$B_1 = \frac{F_{mag,1}}{I_1 \cdot \ell} = \frac{11 \cdot 10^{-3}\ \text{N}}{1{,}0\ \text{A} \cdot 0{,}050\ \text{m}} = \underline{\underline{0{,}22\ \text{T}}}.$$

Um einen **genaueren Wert für B** zu ermitteln, bestimmt man die Steigung k der Geraden in Abb. 3 mithilfe eines Steigungsdreiecks:

$$k = \frac{\Delta F_{mag}}{\Delta I} = \frac{38\ \text{mN}}{4{,}0\ \text{A}} = 9{,}5\ \frac{\text{mN}}{\text{A}}$$

Wegen $F_{mag} = B \cdot I \cdot \ell = k \cdot I$ folgt:

$$k = B \cdot \ell \qquad (*)$$

$$\Rightarrow \quad B = \frac{k}{\ell} = \frac{9{,}5 \cdot 10^{-3}\ \frac{\text{N}}{\text{A}}}{0{,}050\ \text{m}} = \underline{\underline{0{,}19\ \text{T}}}$$

Alternativ könnten Sie auch anhand der Tabelle den Mittelwert aus *allen* Wertepaaren ermitteln. Die grafische Lösung hat aber den Vorteil, dass zusätzlich noch der Koordinatenursprung (0 A | 0 mN) als obligatorischer Punkt des Graphen – wenn kein Stromfluss, dann keine Lorentzkraft – berücksichtigt werden kann.

e) Die Geradensteigung k ist nach Gleichung (*)

$$k = B \cdot \ell \ \Rightarrow \ k \sim \ell$$

direkt proportional zu ℓ. Daher muss bei halber Breite des Drahtbügels und unveränderter Flussdichte B die **halbe Geradensteigung** vorliegen (Abb. 4, gestrichelte Kurve).

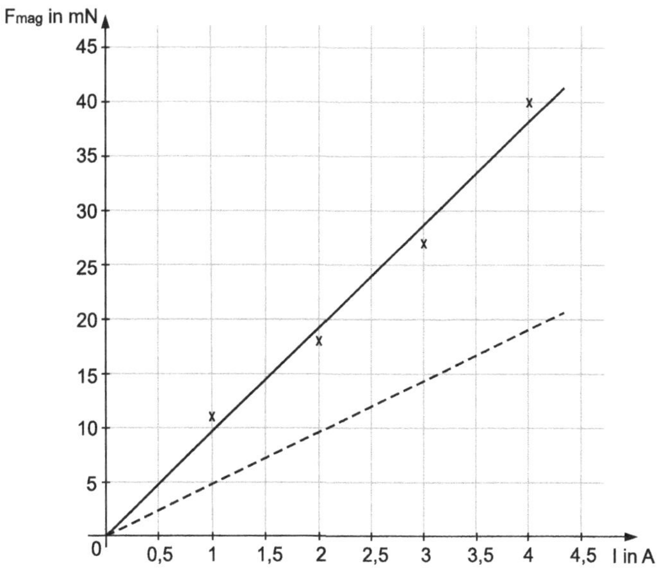

Abb. 4

2. a) **Elektrisches Feld:** Die elektrische Kraft wirkt in Bewegungsrichtung und sorgt daher für die Beschleunigung (Erhöhung des Geschwindigkeitsbetrags) des Elektrons.

Magnetisches Feld: Die Lorentzkraft wirkt senkrecht zur Bewegungsrichtung (Dreifingerregel der rechten Hand) der Elektronen als Zentripetalkraft; daher ändert sich durch diese reine Radialbeschleunigung nur die Richtung der Geschwindigkeit, nicht aber deren Betrag.

b) Nach der Beschleunigung aus der Ruhe hat das Elektron die kinetische Energie (nichtrelativistisch!)

$$\frac{1}{2} m_e \cdot v^2 = e \cdot U \Rightarrow v^2 = \frac{2e \cdot U}{m_e} \qquad (*)$$

Die Lorentzkraft ist die für die der Kreisbahnbewegung verantwortliche Zentripetalkraft, daher gilt:

$$\frac{m_e \cdot v^2}{r} = e \cdot v \cdot B \Rightarrow v = \frac{e \cdot B \cdot r}{m_e} \Rightarrow v^2 = \frac{e^2 \cdot B^2 \cdot r^2}{m_e^2} \qquad (**)$$

Durch Gleichsetzen der rechten Terme aus (*) und (**) ergibt sich der gesuchte Zusammenhang für die **Elektronenmasse**:

$$\frac{2e \cdot U}{m_e} = \frac{e^2 \cdot B^2 \cdot r^2}{m_e^2} \Rightarrow m_e = \frac{e^2 \cdot B^2 \cdot r^2}{2e \cdot U} = \underline{\underline{\frac{e \cdot B^2 \cdot r^2}{2U}}}$$

c) Mit den gemessenen Werten erhält man:

$$m_e = \frac{1{,}6 \cdot 10^{-19}\ \text{As} \cdot (0{,}0010\ \text{T})^2 \cdot (0{,}055\ \text{m})^2}{2 \cdot 0{,}25 \cdot 10^3\ \text{V}} \approx 9{,}7 \cdot 10^{-31}\ \text{kg}$$

Bezogen auf den Literaturwert $m_e = 9{,}11 \cdot 10^{-31}$ kg gilt

$$\frac{m_{e,\ \text{mess}}}{m_{e,\ \text{Lit}}} = \frac{9{,}7 \cdot 10^{-31}\ \text{kg}}{9{,}11 \cdot 10^{-31}\ \text{kg}} = \underline{\underline{1{,}065}},$$

d. h., der Messwert der Elektronenmasse liegt ca. **6,5 % über dem Literaturwert**.

d) Um relativistische Effekte als Gründe für die Abweichung auszuschließen, muss man sie überprüfen: Bei der angegeben Beschleunigungsspannung und mit dem Tabellenwert der Elektronenmasse gerechnet ergibt sich für die Geschwindigkeit:

$$\frac{1}{2} m_e \cdot v^2 = e \cdot U \Rightarrow v = \sqrt{\frac{2e \cdot U}{m_e}}$$

$$= \sqrt{\frac{2 \cdot 1{,}6 \cdot 10^{-19}\ \text{As} \cdot 250\ \text{V}}{9{,}1 \cdot 10^{-31}\ \text{kg}}} = 9{,}4 \cdot 10^6\ \frac{\text{m}}{\text{s}} = 0{,}03c$$

Bei nur 3 % der Lichtgeschwindigkeit treten noch keine relativistischen Effekte auf, bis etwa 10 % von c kann man sie guten Gewissens vernachlässigen.
Tatsächliche Ursache der Abweichung sind wohl eher Messfehler, speziell beim Radius und der Flussdichte, die quadratisch in die Berechnungsformel für die Elektronenmasse eingehen.

3. a) Damit die Kompensationsspule das magnetische Feld der (konzentrisch angeordneten) Primärspule neutralisieren kann, muss ihr eigenes Feld entgegen gerichtet sein. Also müssen auch die Ströme in Kompensations- und Primärspule **einander entgegen gerichtet** sein.

b) Wirkung des primären Magnetfelds:
- Der ferromagnetische Gegenstand wird magnetisiert.
- Im guten elektrischen Leiter werden Wirbelströme induziert.

c) Für die Induktionsspannung gilt (bei konstanter vom Magnetfeld durchsetzten Fläche A):

$$U_{ind}(t) = -N \cdot \dot{\Phi} = -N \cdot A \cdot \dot{B}(t) = -N \cdot A \cdot B_0 \cdot 2\pi \cdot f \cdot \cos(2\pi \cdot f \cdot t)$$

Der **Scheitelwert** dieser Spannung beträgt:

$$U_0 = N \cdot A \cdot B_0 \cdot 2\pi \cdot f$$

$$= 10 \cdot 30 \cdot 10^{-4}\,m^2 \cdot 0{,}00050\,T \cdot 2\pi \cdot 20\,000\,\frac{1}{s} = \underline{\underline{1{,}9\,V}}$$

Erinnern Sie sich an die Ableitungsregel für die Sinusfunktion und die Kettenregel beim Ableiten zusammengesetzter Funktionen:

$$f(x) = a \cdot \sin(b \cdot x)$$

$$\Rightarrow \quad f'(x) = a \cdot \cos(b \cdot x) \cdot b = a \cdot b \cdot \cos(b \cdot x)$$

Aufgabenvorschlag 2

1. **Massenspektrometer**

Einfach positiv geladene Ionen verschiedener Masse und Geschwindigkeit treten im Vakuum durch die Schlitzblende S_1 in ein Massenspektrometer ein. Die gesamte Anordnung wird von einem homogenen Magnetfeld der Flussdichte $B = 0{,}15\ T$ durchsetzt. Im Bereich zwischen den Schlitzblenden S_1 und S_2 erzeugt ein Plattenkondensator zusätzlich ein elektrisches Feld der Feldstärke E, sodass nur Ionen mit einer einheitlichen Geschwindigkeit v_0 die Schlitzblende S_2 passieren.

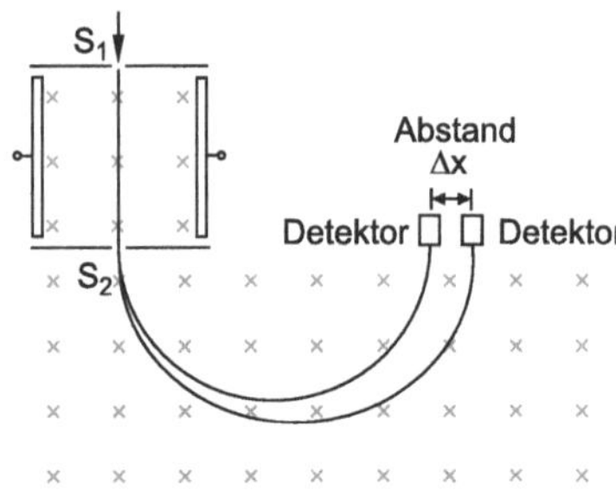

Abb. 1

a) Fertigen Sie eine Zeichnung des Raumbereichs zwischen S_1 und S_2 an, aus der die Polung der Kondensatorplatten sowie die Feldrichtungen hervorgehen. Zeigen Sie, dass folgender Zusammenhang gilt:

$$v_0 = \frac{E}{B}$$ (7 BE)

b) Berechnen Sie die Geschwindigkeit v_0, wenn am Plattenkondensator eine Spannung von 750 V anliegt und der Plattenabstand 5,0 cm beträgt. (4 BE)

Nach dem Passieren der Schlitzblende S_2 bewegen sich die Ionen nur noch im homogenen Magnetfeld der Flussdichte B.

c) Zeigen Sie, dass für die Masse m eines Ions und den Durchmesser D der zugehörigen Flugbahn der Zusammenhang $D = \frac{2m \cdot v_0}{e \cdot B}$ gilt. (6 BE)

Mit massenspektroskopischen Verfahren lassen sich in der Dopingprobe eines Sportlers synthetische Steroide von natürlichen unterscheiden. Entscheidende Bedeutung haben hierbei die Kohlenstoffisotope ^{13}C und ^{12}C. Nachdem die Dopingprobe für eine Untersuchung aufbereitet wurde, ist das Isotop ^{12}C bzw. ^{13}C in einem Kohlenstoffdioxid-Ion CO_2^+ gebunden. Die Masse des Ions beträgt $m_1 = 7{,}30 \cdot 10^{-26}$ kg bzw. $m_2 = 7{,}47 \cdot 10^{-26}$ kg.

d) Nach dem Durchlaufen des Massenspektrometers werden diese Ionen in zwei Detektoren registriert (vgl. obige Abbildung). Zeigen Sie, dass der Abstand Δx der Eintrittsöffnungen der Detektoren 1,4 cm beträgt, wenn die Ionen die Geschwindigkeit $v_0 = 1{,}0 \cdot 10^5\ \frac{m}{s}$ besitzen. (6 BE)

e) Erläutern Sie, welchen Einfluss eine Verdopplung der magnetischen Flussdichte B im gesamten Massenspektrometer auf die Bewegung der Ionen hat, wenn die elektrische Feldstärke E gleich bleibt. Begründen Sie anschließend, weshalb die magnetische Flussdichte B weder zu groß noch zu klein gewählt werden darf. (8 BE)

2. **Der Zeitsignalsender DCF77**

In der Nähe von Frankfurt strahlt der Langwellensender DCF77 mit der Frequenz $f = 77{,}5$ kHz ein Zeitsignal für Funkuhren aus.

a) Zeigen Sie, dass die Wellenlänge $\lambda = 3{,}87$ km beträgt, und begründen Sie, dass für den Empfang des Signals durch Funkuhren eine Dipolantenne in der Grundschwingung nicht geeignet ist. (5 BE)

In einer Funkuhr dient eine auf einem Ferritstab gewickelte zylinderförmige Spule zum Empfang des Signals. Die Spule besitzt $N = 150$ Windungen, den Radius $r = 5{,}8$ mm und die Länge $\ell = 4{,}5$ cm. Gemeinsam mit einem Kondensator der Kapazität $C = 3{,}3$ nF bildet sie einen auf die Sendefrequenz f abgestimmten Schwingkreis.

b) Berechnen Sie die Induktivität $L_0 = \mu_0 \cdot \frac{\pi \cdot r^2 \cdot N^2}{\ell}$ der Spule ohne Ferritstab sowie die Induktivität L, die der Schwingkreis benötigt, um auf die Frequenz f abgestimmt zu sein. Bestimmen Sie mithilfe des Zusammenhangs $L = \mu_r \cdot L_0$ die sogenannte Permeabilitätszahl μ_r des Ferritstabs. (8 BE)

Bei einem Empfänger, der 819 km vom Sender entfernt ist, trifft das Signal auf zwei Wegen mit näherungsweise gleicher Intensität ein: Die Bodenwelle breitet sich parallel zur Erdoberfläche aus, die zunächst vereinfachend als ebene Fläche angenommen wird. Die Raumwelle wird in der Höhe $h = 80{,}0$ km an einer Atmosphärenschicht in Richtung des Empfängers reflektiert.

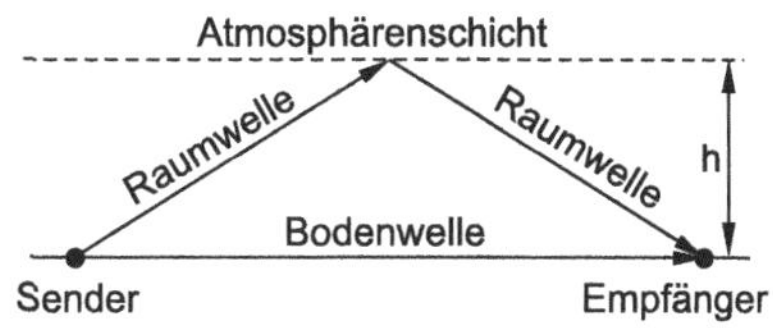

Abb. 2

c) Bestätigen Sie rechnerisch, dass die Raumwelle einen 15,5 km längeren Weg zum Empfänger zurücklegt als die Bodenwelle.
Begründen Sie im Anschluss, dass man bei ausschließlicher Berücksichtigung dieser Wegdifferenz ein Interferenzmaximum beim Empfänger vermuten müsste. (8 BE)

d) Tatsächlich findet beim Empfänger eine Auslöschung des Signals statt, da die Reflexion der Raumwelle an der Atmosphärenschicht einen sogenannten Phasensprung der Welle bewirkt, der den Gangunterschied von Boden- und Raumwelle um den Bruchteil z mit $0 < z \leq 1$ einer Wellenlänge vergrößert. Geben Sie z an und begründen Sie Ihre Antwort. (3 BE)

e) Beim Empfang des Zeitsignals in größeren Entfernungen vom Sender DCF77 ist die Erdkrümmung zu berücksichtigen. Veranschaulichen Sie in einer Zeichnung, dass die Raumwelle bei einmaliger Reflexion an einer Atmosphärenschicht eine begrenzte Reichweite hat. (5 BE)

(60 BE)

Tipps und Hinweise zum Aufgabenvorschlag 2

Tipps zu Teilaufgabe 1

a: Hier wird ein Wienfilter verwendet.

b: Verwenden Sie auch die Formel für die elektrische Feldstärke im Plattenkondensator.

c: Die Lorentzkraft ist eine Zentripetalkraft, ihr Betrag lässt sich gemäß Formelsammlung ermitteln.

d: Berechnen Sie entweder beide Durchmesser und bilden dann deren Differenz oder berechnen Sie direkt die Differenz mit der angegebenen Formel.

e: Denken Sie hier an das Auflösungsvermögen des Spektrometers sowie die Abmessungen der Vorrichtung.

Tipps zu Teilaufgabe 2

a: Die Grundschwingung entsteht im $\frac{\lambda}{2}$-Dipol.

b: Verwenden Sie die Thomsongleichung.

c: Sind die Voraussetzungen für konstruktive Interferenz gegeben?

d: Setzen Sie destruktive Interferenz voraus und folgern Sie daraus einen geeigneten Wert für z.

e: Überlegen Sie, wie Sie den weitest entfernten Empfangspunkt – der laut Aufgabentext existieren muss – konstruieren können (Richtung des Sendestrahls).

Lösungen zum Aufgabenvorschlag 2

1. a) Der Bereich zwischen S_1 und S_2 stellt ein Wien'sches Geschwindigkeitsfilter dar: Elektrisches und magnetisches Feld stehen darin aufeinander und auf der Geschwindigkeitsrichtung senkrecht, sodass sich elektrische und magnetische Ablenkung gegenseitig aufheben. Nach der Drei-Finger-Regel der rechten Hand ergibt sich aus der Ionenstromrichtung von oben nach unten (positiv geladene Teilchen) und aus dem in die Zeichenebene gerichteten Magnetfeld, dass die Lorentzkraft nach rechts wirkt. Daher muss die ausgleichende elektrische Feldkraft nach links gerichtet und folglich die **rechte Platte positiv geladen** sein, die **linke negativ** (Abb. 3).

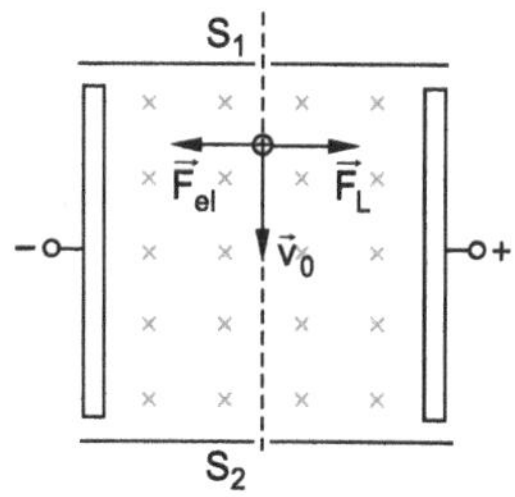

Abb. 3

Aus der Kräftebilanz ergibt sich für die **Geschwindigkeit** eines unabgelenkten Ions:

$$F_L = F_{el} \;\Leftrightarrow\; e \cdot v_0 \cdot B = e \cdot E \;\Rightarrow\; \underline{\underline{v_0 = \frac{E}{B}}}$$

b) Für die Feldstärke im Plattenkondensator gilt $E = \frac{U}{d}$, sodass man für den **Betrag der Ionengeschwindigkeit** erhält:

$$v_0 = \frac{U}{B \cdot d} = \frac{750\text{ V}}{0{,}15\text{ T} \cdot 0{,}050\text{ m}} = \underline{\underline{1{,}0 \cdot 10^5 \,\frac{\text{m}}{\text{s}}}}$$

c) Die Ionen fliegen alle mit der Geschwindigkeit v_0 in das Magnetfeld unter S_2. Dort zwingt sie die allein verbleibende Lorentzkraft als Zentripetalkraft auf eine Kreisbahn mit dem **Durchmesser** $D = 2r$:

$$F_Z = F_L \;\Leftrightarrow\; \frac{m \cdot v_0^2}{r} = e \cdot v_0 \cdot B \;\Rightarrow\; r = \frac{m \cdot v_0}{e \cdot B} \;\Rightarrow\; D = 2r = \underline{\underline{\frac{2m \cdot v_0}{e \cdot B}}} \qquad (*)$$

d) Da für verschiedene Isotope in der Formel (∗) sich nur die Ionenmasse m ändert, alle anderen Größen aber unverändert bleiben, kann man den gesuchten **Abstand** Δx direkt über die Massendifferenz $\Delta m = 0{,}17 \cdot 10^{-26}$ kg berechnen:

$$\Delta x = \Delta D = \frac{2 \cdot \Delta m \cdot v_0}{e \cdot B} = \frac{2 \cdot 0{,}17 \cdot 10^{-26}\text{ kg} \cdot 1{,}0 \cdot 10^5 \,\frac{\text{m}}{\text{s}}}{1{,}6 \cdot 10^{-19}\text{ As} \cdot 0{,}15\text{ T}} = \underline{\underline{1{,}4\text{ cm}}}$$

e) **Verdopplung von B:** Zunächst halbiert sich im Wien-Filter bei doppelter Flussdichte B und unveränderter Feldstärke E die Geschwindigkeit v_0 der unabgelenkten Ionen. Nach Formel (∗) führt dann diese Halbierung von v_0 zusammen mit der Verdopplung von B insgesamt zu einer **Viertelung des Bahndurchmessers D** bzw. des in Teilaufgabe d berechneten **Abstands Δx**.

Korrekte Wahl von B: Je kleiner Δx, desto schlechter ist das Auflösungsvermögen des Spektrometers, also seine Fähigkeit, verschiedene Teilchenmassen zu unterscheiden. Ein zu starkes Magnetfeld verringert das Auflösungsvermögen. Wird B zu klein gewählt, wird der Durchmesser zu groß für das Gerät.

Allgemein gilt für den Zusammenhang zwischen Flussdichte B und Auflösungsvermögen Δx bei sonst unveränderten Versuchsparametern, wie die Kombination der Formeln aus den Teilaufgaben 1 a und d zeigt:

$$\Delta x = \frac{2 \cdot \Delta m \cdot v_0}{e \cdot B} = \frac{2 \cdot \Delta m \cdot \frac{E}{B}}{e \cdot B} = \frac{2 \cdot \Delta m \cdot E}{e} \cdot \frac{1}{B^2} \quad \Rightarrow \quad \Delta x \sim \frac{1}{B^2}$$

2. a) Zwischen Wellenlänge, Lichtgeschwindigkeit und Frequenz gilt die Beziehung:

$$\lambda = \frac{c}{f} = \frac{3{,}00 \cdot 10^8 \, \frac{m}{s}}{77{,}5 \cdot 10^3 \, \frac{1}{s}} = \underline{\underline{3{,}87 \text{ km}}}$$

Ein Dipol besitzt in der Grundschwingung die Länge $\frac{\lambda}{2}$, welche im vorliegenden Fall viel zu groß wäre.

b) Einsetzen in die angegebene Formel liefert die **Induktivität**

$$L_0 = \mu_0 \cdot \frac{\pi \cdot r^2 \cdot N^2}{\ell}$$
$$= 4\pi \cdot 10^{-7} \frac{H}{m} \cdot \frac{\pi \cdot (0{,}0058 \text{ m})^2 \cdot 150^2}{0{,}045 \text{ m}} = 6{,}64 \cdot 10^{-5} \text{ H} = \underline{\underline{6{,}6 \cdot 10^{-5} \text{ H}}}.$$

Die Thomsonformel $f = \frac{1}{2\pi \cdot \sqrt{L \cdot C}}$ liefert für die **notwendige Induktivität** den Wert

$$L = \frac{1}{C} \cdot \left(\frac{1}{2\pi \cdot f} \right)^2$$
$$= \frac{1}{3{,}3 \cdot 10^{-9} \text{ F}} \cdot \left(\frac{1}{2\pi \cdot 77{,}5 \cdot 10^3 \frac{1}{s}} \right)^2 = 1{,}28 \cdot 10^{-3} \text{ H} = \underline{\underline{1{,}3 \cdot 10^{-3} \text{ H}}}.$$

Die **Permeabilitätszahl** von Ferrit ergibt sich aus dem Verhältnis beider Induktivitäten: Der Ferritkern wirkt sich verstärkend aus um den Faktor

$$\mu_r = \frac{L}{L_0} = \frac{1{,}28 \cdot 10^{-3} \text{ H}}{6{,}64 \cdot 10^{-5} \text{ H}} = \underline{\underline{19}}.$$

Wenn Sie statt der Zwischenergebnisse die (korrekt gerundeten) Endergebnisse für die Induktivitäten einsetzen, erhalten Sie die Permeabilitätszahl $\mu_r = 20$. Dieses Ergebnis wird ebenfalls als korrekt gewertet.

c) Mit dem Satz des Pythagoras gilt für den halben Laufweg s_{Raum} der Raumwelle:

$$s_{Raum} = \sqrt{s_{Boden}^2 + h^2}$$

$$= \sqrt{\left(\frac{819\,km}{2}\right)^2 + (80\,km)^2}$$

$$= 417{,}24\,km$$

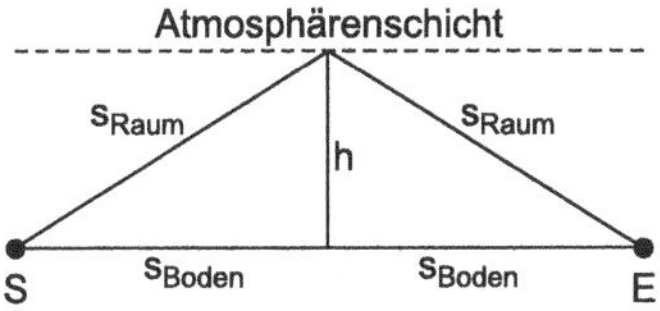

Abb. 4

Also ist der (rein geometrische) **Gangunterschied** zwischen Boden- und Raumwelle mit

$$\Delta s = 2s_{Raum} - 2s_{Boden} =$$

$$= 2 \cdot 417{,}24\,km - 819\,km = 15{,}5\,km = \underline{\underline{4\lambda}}$$

gerade das Vierfache der Wellenlänge $\lambda = 3{,}87$ km. Raum- und Bodenwelle müssten sich folglich konstruktiv überlagern und es müsste ein Interferenzmaximum bei E zu beobachten sein.

d) Auslöschung oder destruktive Interferenz tritt auf, wenn der Gangunterschied ein **ungeradzahliges Vielfaches der halben Wellenlänge** beträgt, also muss

$$z = \underline{\underline{0{,}5}}$$

sein.

Für den tatsächlichen Gangunterschied zwischen S und E gilt also:

$$\Delta s_{real} = 4\lambda + \frac{\lambda}{2} = 9 \cdot \frac{\lambda}{2}$$

e) In Abb. 5 ist die Situation skizziert (nicht maßstabsgetreu). Die Krümmung der Erdoberfläche und der reflektierenden Atmosphärenschicht führt dazu, dass bei einmaliger Reflexion selbst bei horizontaler Abstrahlrichtung nur ein endlich weit entfernter Empfangspunkt erreicht werden kann.

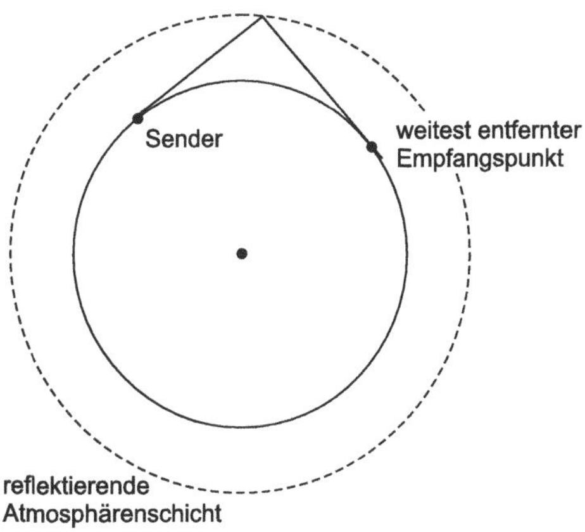

Abb. 5

Aufgabenvorschlag 1

Atomare Masseneinheit: $1\,u = 1{,}66054 \cdot 10^{-27}$ kg

1. **Radioaktives Cäsium in Wildschweinfleisch**
   In bestimmten Gebieten Deutschlands, in denen sich 1986 nach dem Reaktorunfall von Tschernobyl radioaktives ^{137}Cs ablagerte, können Wildschweine wegen ihrer Nahrungsaufnahme nach wie vor eine erhöhte Strahlenbelastung aufweisen. ^{137}Cs zerfällt mit einer Halbwertszeit von 30,2 Jahren in den Grundzustand des stabilen Tochterkerns ^{137}Ba. Hierbei wandelt sich ^{137}Cs unter Aussendung von β^--Strahlung in der Regel zunächst in einen angeregten Zwischenzustand des Tochterkerns um, der anschließend unter Emission von γ-Strahlung in seinen Grundzustand übergeht.

   Gegebene Atommassen: $m(^{137}Cs) = 136{,}907090\,u$; $m(^{137}Ba) = 136{,}905827\,u$

   a) Geben Sie die beiden Zerfallsgleichungen an und berechnen Sie die insgesamt frei werdende Energie Q.
   [Zur Kontrolle: $Q = 1{,}18$ MeV] (6 BE)

   Der menschliche Körper lagert das über den Verzehr von radioaktiv belastetem Wildschweinfleisch aufgenommene ^{137}Cs zunächst ein.

   b) Erläutern Sie, weshalb bei einem ^{137}Cs-Zerfall im menschlichen Körper nicht die gesamte Energie Q im Inneren des Körpers absorbiert wird. (4 BE)

   Die biologische Halbwertszeit – die Zeit, die der Körper braucht, um die Hälfte des aufgenommenen ^{137}Cs wieder auszuscheiden – beträgt 110 Tage.

   c) Erklären Sie unter Bezugnahme auf die Halbwertszeit des Zerfalls und die biologische Halbwertszeit, dass die Aktivität von aufgenommenem ^{137}Cs im menschlichen Körper im Laufe eines Jahres deutlich abnimmt. (5 BE)

   Für den Verkauf von Wildschweinfleisch ist ein Grenzwert von 600 Bq pro Kilogramm vorgegeben, der nicht überschritten werden darf.

   d) Berechnen Sie die Äquivalentdosis H, die eine Person der Masse 75 kg in einem Jahr aufnimmt, wenn sie einmalig 250 g Wildschweinfleisch verzehrt, das mit dem Grenzwert belastet ist. Gehen Sie hierbei davon aus, dass im menschlichen Körper die Hälfte der Energie Q pro ^{137}Cs-Zerfall absorbiert wird und die mittlere Aktivität von ^{137}Cs über einen Zeitraum von einem Jahr 40 % der Anfangsaktivität beträgt.
   [Zur Kontrolle: $H = 2{,}4\,\mu Sv$] (8 BE)

e) Nach einer Meldung des Bundesamtes für Strahlenschutz wurden bei Stichproben im Jahr 2012 vereinzelt Werte bis zu 9,8 kBq pro Kilogramm Wildschweinfleisch gemessen. Beurteilen Sie die Strahlenbelastung durch den Verzehr von unkontrolliertem Wildschweinfleisch unter Berücksichtigung dieser Meldung, des Ergebnisses der Teilaufgabe 1 d und der mittleren Strahlenbelastung in Deutschland von 4,0 mSv pro Jahr. (7 BE)

2. **Altersbestimmung mit der Uran-Blei-Methode**
Das Uranisotop ^{238}U zerfällt über mehrere Zwischenprodukte in das stabile Bleiisotop ^{206}Pb. Die Zerfallsreihe kann in guter Näherung als direkter Zerfall von ^{238}U in ^{206}Pb mit der Halbwertszeit $T_{1/2} = 4{,}5 \cdot 10^9$ a beschrieben werden.
Betrachtet wird eine Gesteinsprobe, die zum Zeitpunkt $t = 0$ kein Blei, aber die Anzahl $N_U(0)$ von ^{238}U-Atomen einschloss. Heute beinhaltet sie die Anzahl $N_U(t)$ an ^{238}U-Atomen und die Anzahl $N_{Pb}(t)$ an ^{206}Pb-Atomen. Verwenden Sie für Atommassen die Näherungsformel $m(^AX) = A \cdot u$.

a) Die Untersuchung der Gesteinsprobe ergibt die Massen $m_U = 1{,}23$ µg und $m_{Pb} = 0{,}50$ µg. Berechnen Sie die Anzahl $N_U(0)$ und das Alter des Gesteins unter der Annahme, dass es nach seiner Bildung nicht mehr mit der Umwelt wechselwirkte.
[Zur Kontrolle: $N_U(0) = 4{,}6 \cdot 10^{15}$] (9 BE)

b) Tatsächlich hat die Gesteinsprobe durch geologische Prozesse einen Teil ihres Bleigehalts verloren. Begründen Sie, ob das in Teilaufgabe 2a berechnete Alter geringer oder höher als das tatsächliche Alter ist. (5 BE)

3. **Interferenzexperiment mit schweren Molekülen (Universität Wien, 2012)**
Farbstoffmoleküle der Masse 1 298 u bewegen sich mit unterschiedlichen Geschwindigkeiten auf ein Gitter mit der Gitterkonstanten $b = 100$ nm zu. Das Interferenzbild entsteht hinter dem Gitter auf einem Schirm, der sich parallel zur Gitterebene im Abstand $a = 564$ mm befindet (vgl. Abb. 1).
Im Weiteren bezeichnet λ die De-Broglie-Wellenlänge eines Moleküls und Δx den zugehörigen Abstand eines Maximums 1. Ordnung vom Maximum 0. Ordnung.

a) Leiten Sie unter Verwendung der Kleinwinkelnäherung $\sin\alpha \approx \tan\alpha$ die Beziehung $\lambda = \frac{b \cdot \Delta x}{a}$ her. Berechnen Sie nichtrelativistisch für den Abstand $\Delta x = 11{,}0$ µm die zugehörige Molekülgeschwindigkeit v. (9 BE)

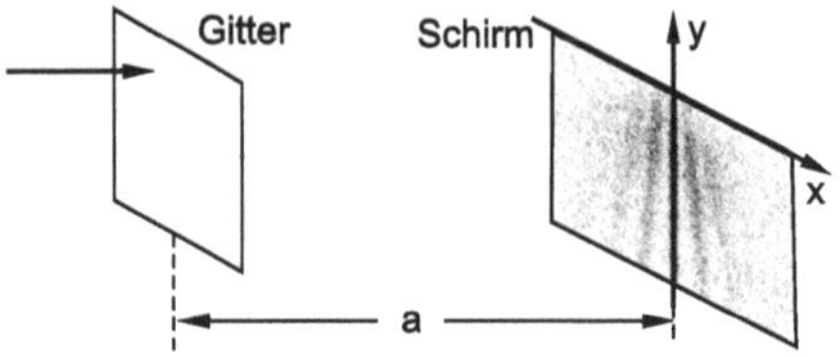

Abb. 1

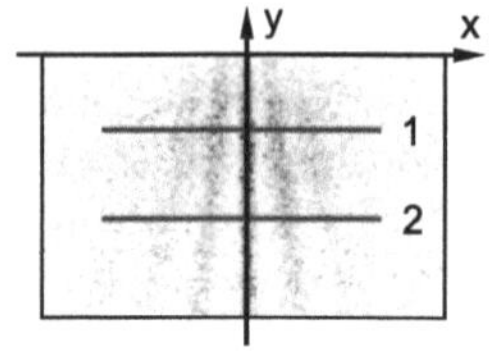

Abb. 2: Schirmbild

b) Die Moleküle bewegen sich unmittelbar vor dem Gitter auf den Ursprung eines x-y-Koordinatensystems zu, das auf dem Schirm festgelegt ist (vgl. Abb. 1). Die Geschwindigkeiten der Moleküle sind so gering, dass der Einfluss der Schwerkraft in negativer y-Richtung zu berücksichtigen ist.
Begründen Sie, dass die Auftreffpunkte auf den Linien 1 und 2 (vgl. Abb. 2) zu Molekülen mit unterschiedlichen Anfangsgeschwindigkeiten v_1 und v_2 gehören. Erklären Sie damit die Nichtparallelität der beiden Interferenzstreifen, die zu den Maxima 1. Ordnung gehören. (7 BE)

(60 BE)

Tipps und Hinweise zum Aufgabenvorschlag 1

Tipps zu Teilaufgabe 1

a: Achten Sie beim Aufstellen der Zerfallsgleichungen darauf, dass die Summen von Massen- und Kernladungszahl auf beiden Gleichungsseiten jeweils gleich sein müssen. Für die Bestimmung des Q-Werts benötigen Sie den Massendefekt.

b: Bedenken Sie, auf welche Zerfallsprodukte sich die Energie verteilt. Was folgt?

c: Berechnen Sie die Restaktivität sowie den Restbestand des Radionuklids im Körper nach je 1 Jahr und bewerten Sie das Ergebnis.

d: Bei der Äquivalentdosis wird die biologische Wirksamkeit der betreffenden Strahlungsart als Faktor berücksichtigt. Die absorbierte Energie können Sie anhand der angegebenen Daten berechnen.

e: Verwenden Sie in der Berechnung von Teilaufgabe 1d nun die Aktivität des stark strahlenden Wildschweinfleisches. Vergleichen Sie mit dem angegeben Grenzwert.

Tipps zu Teilaufgabe 2

a: Beachten Sie, dass zur Zeit $t = 0$ auch die aktuellen Bleiatome noch Uranatome waren. Zur Altersbestimmung benötigen Sie das Gesetz des radioaktiven Zerfalls.

b: Ausgewaschene Bleiatome waren „anfangs“ auch Uranatome, sodass die Bezugsgröße des heutigen Rest-Urangehalts sich ändert.

Tipps zu Teilaufgabe 3

a: Stellen Sie die beiden Beziehungen für den Beugungswinkel des 1. Maximums auf und wenden Sie die Kleinwinkelnäherung an. Zur Bestimmung der Geschwindigkeit benötigen Sie die Formel für die De-Broglie-Wellenlänge.

b: Berücksichtigen Sie die Flugdauer als Einwirkzeit für die Gravitation.
Wie hängt die Molekülgeschwindigkeit mit Δx zusammen?

Lösungen zum Aufgabenvorschlag 1

1. a) **Reaktionsgleichungen:**

- β^--Zerfall: $\underline{\underline{{}^{137}_{55}\mathrm{Cs} \rightarrow {}^{137}_{56}\mathrm{Ba}^* + {}^{0}_{-1}\mathrm{e} + {}^{0}_{0}\overline{\nu}}}$
- γ-Zerfall: $\underline{\underline{{}^{137}_{56}\mathrm{Ba}^* \rightarrow {}^{137}_{56}\mathrm{Ba} + {}^{0}_{0}\gamma}}$

Energiebilanz:

$$Q = (m_{Cs137} - m_{Ba137}) \cdot c^2 = (136{,}907090 - 136{,}905827)\,u \cdot c^2$$
$$= 0{,}001263 \cdot 931{,}49\ \mathrm{MeV} = \underline{\underline{1{,}18\ \mathrm{MeV}}}$$

b) Die freigesetzte Energie verteilt sich auf die β-Teilchen, die Antineutrinos und die Gammastrahlen. Antineutrinos und Gammastrahlung treten nicht mit dem Körpergewebe in Wechselwirkung, deren Energie verlässt also den Körper.

c) Die Halbwertszeit des Radionuklids ist mit $T_{1/2,\,rad} = 30{,}2$ Jahren so groß, dass nach einem Jahr noch kaum weniger Aktivität zu erwarten ist (nur ca. 2,3 %, also 97,7 % Restaktivität). Dank der relativ kurzen biologischen Halbwertszeit von $T_{1/2,\,bio} = 110$ Tagen ist jedoch das meiste Cs137 nach einem Jahr (mehr als 3,3 $T_{1/2,\,bio}$) ausgeschieden, nämlich etwa 90 %.

In Formeln ausgedrückt gilt mit dem Zerfallsgesetz

$$A(t) = A_0 \cdot e^{-\lambda \cdot t} = A_0 \cdot e^{-\frac{\ln 2}{T_{1/2}} \cdot t} = A_0 \cdot \left(\frac{1}{2}\right)^{\frac{t}{T_{1/2}}}$$

- für die Restaktivität: $\frac{A_{rad}(1\,a)}{A_{rad,\,0}} = \left(\frac{1}{2}\right)^{\frac{1\,a}{30{,}2\,a}} = 97{,}7\ \%$
- für die im Körper verbliebene Cs-Restmenge: $\frac{A_{bio}(1\,a)}{A_{bio,\,0}} = \left(\frac{1}{2}\right)^{\frac{365\,d}{110\,d}} = 10{,}0\ \%$

d) Die **Äquivalentdosis** beträgt $H = q \cdot D = q \cdot \frac{E}{m}$, wobei der Bewertungsfaktor q für Betastrahlung den Wert 1 besitzt. Die Körpermasse $m = 75$ kg ist gegeben, die absorbierte Energiemenge E lässt sich mithilfe des in Teilaufgabe 1a berechneten Q-Werts und der Angaben im Aufgabentext ermitteln:

- Absorbierte Energie: $E = 0{,}5 \cdot Q \cdot N$
- Anzahl der Kernreaktionen: $N = A_{mittel} \cdot t$
- Mittlere Aktivität: $A_{mittel} = 0{,}40 \cdot A_0 = 0{,}40 \cdot m_{Fleisch} \cdot 600\,\frac{Bq}{kg}$

Insgesamt erhält man

$$E = 0{,}5 \cdot Q \cdot 0{,}40 \cdot m_{Fleisch} \cdot 600\,\frac{Bq}{kg} \cdot t$$
$$= 0{,}5 \cdot 1{,}18 \cdot 10^6 \cdot 1{,}60 \cdot 10^{-19}\,J \cdot 0{,}40 \cdot 0{,}250\,kg \cdot 600\,\frac{Bq}{kg} \cdot 365 \cdot 24 \cdot 3600\,s$$
$$= 1{,}79 \cdot 10^{-4}\,J$$

und damit für die Äquivalentdosis:

$$H = \frac{E}{m} = \frac{1{,}79 \cdot 10^{-4}\,\text{J}}{75\,\text{kg}} = 2{,}4 \cdot 10^{-4}\,\text{Sv} = \underline{\underline{2{,}4\,\mu\text{Sv}}}$$

e) Verwendet man in der Berechnung in Teilaufgabe 1 d die Spitzenaktivität von 9,8 kBq/kg statt 600 Bq/kg, dann ergibt sich die Äquivalentdosis von etwa 39 µSv. Die Belastung liegt damit zwar um das 16-Fache höher, aber beträgt dennoch nur 0,98 % der mittleren Strahlenbelastung von 4,0 mSv in Deutschland. Das zusätzliche Strahlenrisiko bei einmaligem Verzehr von unkontrolliertem Wildschweinfleisch ist also gering; grundsätzlich sollte man aber jedem vermeidbaren Zusatzrisiko auch aus dem Weg gehen.

2. a) Zur Zeit $t = 0$ waren die heutigen ($t = T$) Bleiatome noch Uranatome, sodass für die **Anfangszahl der Uranatome** gilt:

$$N_U(0) = N_U(T) + N_{Pb}(T)$$

$$= \frac{m_U}{238\,\text{u}} + \frac{m_{Pb}}{206\,\text{u}}$$

$$= \frac{1{,}23 \cdot 10^{-9}\,\text{kg}}{238 \cdot 1{,}66054 \cdot 10^{-27}\,\text{kg}} + \frac{0{,}50 \cdot 10^{-9}\,\text{kg}}{206 \cdot 1{,}66054 \cdot 10^{-27}\,\text{kg}}$$

$$= 3{,}11 \cdot 10^{15} + 1{,}46 \cdot 10^{15}$$

$$= \underline{\underline{4{,}57 \cdot 10^{15}}}$$

Von diesen sind noch $N_U(T) = 3{,}11 \cdot 10^{15}$ nicht zerfallen, also ergibt sich das **Probenalter T** wie folgt:

$$N_U(T) = N_U(0) \cdot e^{-\frac{\ln 2 \cdot T}{T_{1/2}}}$$

$$\Rightarrow \ln\left(\frac{N_U(T)}{N_U(0)}\right) = -\frac{\ln 2}{T_{1/2}} \cdot T$$

$$T = -\frac{T_{1/2}}{\ln 2} \cdot \ln\left(\frac{N_U(T)}{N_U(0)}\right)$$

$$= -\frac{4{,}5 \cdot 10^9\,\text{a}}{\ln 2} \cdot \ln\left(\frac{3{,}11 \cdot 10^{15}}{4{,}57 \cdot 10^{15}}\right)$$

$$= \underline{\underline{2{,}5 \cdot 10^9\,\text{a}}}$$

b) Wenn der Bleigehalt ohne diese geologischen Prozesse höher wäre, dann sind anfangs tatsächlich mehr U238-Atome vorhanden gewesen als in Teilaufgabe 2 a angenommen. Die Probe ist daher **älter** als $2{,}5 \cdot 10^9$ Jahre.

3. a) Die beiden Maxima 1. Ordnung entstehen, wenn die Wellen dort einen Gangunterschied von einer Wellenlänge haben: $\Delta s = \lambda$. Für den Beugungswinkel gilt einerseits

$$\sin\alpha_1 = \frac{\Delta s}{b} = \frac{\lambda}{b},$$

andererseits (vgl. Abb. 1)

$$\tan\alpha_1 = \frac{\Delta x}{a}.$$

Mit der Kleinwinkelnäherung $\sin\alpha_1 \approx \tan\alpha_1$ folgt durch Gleichsetzen die gesuchte **Beziehung für die Wellenlänge**:

$$\frac{\lambda}{b} = \frac{\Delta x}{a} \quad \Rightarrow \quad \underline{\underline{\lambda = \frac{b \cdot \Delta x}{a}}} \qquad (*)$$

Die **Geschwindigkeit der Moleküle** hängt mit der De-Broglie-Wellenlänge über

$$\lambda = \frac{h}{m \cdot v} \quad \Leftrightarrow \quad v = \frac{h}{m \cdot \lambda}$$

zusammen. Einsetzen des rechten Terms von (∗) in diese Gleichung ergibt:

$$v = \frac{h}{m \cdot \lambda} = \frac{h \cdot a}{m \cdot b \cdot \Delta x} \qquad (**)$$

$$= \frac{6{,}63 \cdot 10^{-34}\,\text{Js} \cdot 0{,}564\,\text{m}}{1298 \cdot 1{,}66054 \cdot 10^{-27}\,\text{kg} \cdot 100 \cdot 10^{-9}\,\text{m} \cdot 11{,}0 \cdot 10^{-6}\,\text{m}} = \underline{\underline{158\,\frac{\text{m}}{\text{s}}}}$$

b) Langsamere Teilchen sind länger unterwegs und fallen währenddessen länger gravitationsbedingt nach unten. Das bedeutet $\mathbf{v_2 < v_1}$.

Der **Abstand der Maxima nimmt nach unten hin zu**, weil die Teilchen langsamer und damit wegen (∗∗) sowohl ihre De-Broglie-Wellenlänge als auch Δx größer werden.

Aufgabenvorschlag 2

Atomare Masseneinheit: $1\,u = 1{,}66054 \cdot 10^{-27}$ kg

1. **Radon und das Zerfallsprodukt Polonium**
   Überall in der Raumluft findet sich ein Gemisch aus radioaktivem Radon und seinen Zerfallsprodukten. Das Radonisotop ^{222}Rn gehört zur natürlichen Uran-Radium-Reihe und entsteht aus ^{238}U.

   a) Weisen Sie durch geeignete Rechnungen nach, dass sich ^{238}U nach vier α- und zwei β^--Zerfällen in ^{222}Rn umgewandelt hat. (4 BE)

   ^{222}Rn zerfällt durch α-Zerfall mit einer Halbwertszeit von 3,8 d in ^{218}Po. Der Tochterkern liegt nach dem α-Zerfall im Grundzustand vor.

   Gegebene Atommassen:
   $m_A(^4\text{He}) = 4{,}002603$ u;
   $m_A(^{222}\text{Rn}) = 222{,}017578$ u;
   $m_A(^{218}\text{Po}) = 218{,}008973$ u

   b) Berechnen Sie die bei diesem Zerfall frei werdende Energie Q.
   [Zur Kontrolle: $Q = 5{,}59$ MeV] (4 BE)

   Die kinetische Energie des α-Teilchens beim ^{222}Rn-Zerfall beträgt 5,49 MeV.

   c) Emittiert ein ruhender ^{222}Rn-Kern ein α-Teilchen, so bewirkt dies einen Rückstoß des entstandenen ^{218}Po-Kerns. Berechnen Sie die Geschwindigkeit v_α des α-Teilchens sowie die Geschwindigkeit v_{Po} des Po-Kerns und bestätigen Sie mithilfe der beiden Geschwindigkeitswerte den Impulserhaltungssatz. Verwenden Sie vereinfachend die oben angegebenen Atommassen.
   [Zur Kontrolle: $v_\alpha = 1{,}63 \cdot 10^7\ \frac{m}{s}$; $v_{Po} = 2{,}99 \cdot 10^5\ \frac{m}{s}$] (8 BE)

   In einem geschlossenen leeren Kellerraum wird über einen längeren Zeitraum eine mittlere ^{222}Rn-Aktivität von 358 Bq pro Kubikmeter Raumluft festgestellt. Der Kellerraum ist 4,0 m lang, 3,0 m breit und 2,5 m hoch.

   d) Berechnen Sie die Anzahl der ^{222}Rn-Atome, die in einem Kubikmeter des Kellerraums vorhanden sind, und vergleichen Sie diese mit der Anzahl von $3 \cdot 10^{25}$ Luftteilchen pro Kubikmeter. (6 BE)

   e) Das ^{222}Rn-Gas dringt fortwährend durch die Wände und durch den Boden in den Keller ein, sodass die Strahlenbelastung im Raum nicht zurückgeht. Nehmen Sie vereinfachend an, dass die Aktivität konstant 358 Bq pro Kubikmeter Raumluft beträgt und im Laufe eines Tages keine Raumluft aus dem Keller entweicht.
   Berechnen Sie, wie viel Gramm ^{222}Rn pro Tag in den Kellerraum einströmen. (5 BE)

Eine Person im Kellerraum atmet mit der Raumluft das Edelgas ^{222}Rn ein; dieses wird fast vollständig wieder ausgeatmet. Das Zerfallsprodukt Polonium ist dagegen ein Metall. ^{218}Po-Atome lagern sich an Staubteilchen der Luft an und werden ebenso eingeatmet. ^{218}Po zerfällt mit einer Halbwertszeit von 3,1 min unter Emission eines α-Teilchens der kinetischen Energie 6,0 MeV.

f) Begründen Sie jeweils kurz:
   i) Trotz der wesentlich kürzeren Halbwertszeit ist die Aktivität von ^{218}Po in der Raumluft nicht größer als die von ^{222}Rn.
   ii) Von eingeatmetem ^{218}Po geht eine höhere Strahlenbelastung aus als von eingeatmetem ^{222}Rn. (4 BE)

g) α-Strahlung besitzt eine hohe biologische Wirksamkeit. Ein α-Teilchen des ^{218}Po-Zerfalls gibt beim Durchqueren des menschlichen Gewebes auf einer Strecke der Länge 2,0 nm im Mittel die Energie 350 eV ab.
   Berechnen Sie die Reichweite des α-Teilchens und vergleichen Sie diese mit dem Durchmesser einer Zelle von rund 20 μm. (4 BE)

2. **Positronium-Atom**

Das Anti-Teilchen e^+ zum Elektron heißt Positron. Als Positronen-Quelle für Experimente wird häufig der β^+-Strahler ^{22}Na verwendet.

a) Geben Sie die zugehörige Zerfallsgleichung an und erläutern Sie allgemein für den β^+-Zerfall die Vorgänge im Atomkern anhand einer schematischen Darstellung einer Potentialtopfbesetzung des Kerns. (6 BE)

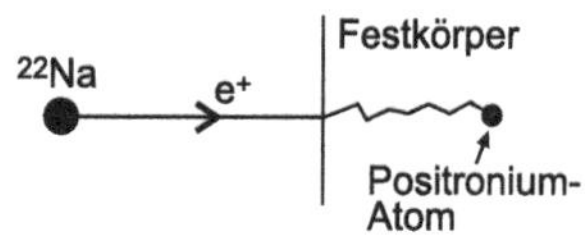

Abb. 1

Positronen der ^{22}Na-Quelle dringen in einen Festkörper ein und werden dort rasch abgebremst. Trifft ein langsames Positron auf ein Elektron des Festkörpers, so kann es passieren, dass beide Teilchen sich aufgrund ihrer ungleichnamigen Ladungen kurzzeitig aneinander binden und ein sogenanntes Positronium-Atom bilden. Im Vergleich zum Wasserstoffatom ist hier das Proton durch das Positron ersetzt.

b) In einem klassischen Modell des Positronium-Atoms besitzen Elektron und Positron einen festen Abstand. Berechnen Sie diesen bei einer potentiellen Energie von –13,6 eV und begründen Sie, warum ein fester Abstand nicht mit einem quantenphysikalischen Atommodell vereinbar ist. (7 BE)

c) Ein Positronium-Atom hat die Energieniveaus

$$E_n = \frac{6{,}8\,\text{eV}}{n^2} \quad (n = 1, 2, 3 \ldots).$$

Stellen Sie in einem Energieniveauschema die ersten vier Niveaus dar und überprüfen Sie, ob es innerhalb dieses Schemas einen Übergang gibt, bei dem Licht im sichtbaren Bereich emittiert wird. (8 BE)

d) Ein Positronium-Atom besitzt eine sehr kurze Lebensdauer. Von den nachfolgenden vier Zerfallsgleichungen beschreibt nur eine den Zerfall eines ruhenden Positronium-Atoms. Identifizieren Sie diese, indem Sie drei Zerfallsgleichungen argumentativ ausschließen.

i) $e^+ + e^- \rightarrow 2n$

ii) $e^+ + e^- \rightarrow 2\gamma$

iii) $e^+ + e^- \rightarrow 2\mu^-$

iv) $e^+ + e^- \rightarrow \gamma$ (4 BE)

(60 BE)

Tipps und Hinweise zum Aufgabenvorschlag 2

Tipps zu Teilaufgabe 1

a: Betrachten Sie erst die Änderung der Nukleonenzahl und schließen Sie dann auf die erforderliche Änderung der Protonenzahl.

b: Sie benötigen den Massendefekt.

c: Für die Bestimmung von Geschwindigkeit und Impuls genügt nichtrelativistische Rechnung.

d: Verwenden Sie den Zusammenhang zwischen Aktivität und Teilchenzahl.

e: Bestimmen Sie zunächst die Anzahl der täglich einströmenden Radonatome, dann deren Gesamtmasse.

f: Von welchen Größen hängt die Aktivität ab? Vergleichen Sie diesbezüglich Rn222 und Po218. Bewerten Sie die Tatsache, dass sich Po218 an Staub anlagert.

g: Wie weit reicht dem Alphateilchen seine Energie?

Tipps zu Teilaufgabe 2

a: Führen Sie eine Energiebetrachtung im Potenzialtopf durch. Beachten Sie hierfür insbesondere die gegenseitige Lage der Energieniveaus der beteiligten Kernbausteine.

b: Elektron und Positron unterliegen dem Coulombgesetz. Eine feste Abstandsbeziehung bedeutet eine präzise (relative) Ortsangabe.

c: Sie müssen 6 Übergänge einzeichnen und die Übergangsenergien berechnen. Vergleichen Sie mit den Grenzenergien der Photonen im sichtbaren Spektrum.

d: Beachten Sie die Erhaltungssätze.

Lösungen zum Aufgabenvorschlag 2

1. a) Bei jedem Alphazerfall nimmt die Nukleonenzahl um 4, die Protonen- und damit die Ordnungszahl um 2 ab. Bei jedem Betazerfall steigt die Ordnungszahl um 1, weil aus einem Neutron im Kern ein Proton wird, die Nukleonenzahl ändert sich nicht.
   Beim Zerfall von U238 in Rn222 verringert sich die Nukleonenzahl um $238-222=16$, es finden also **4 Alphazerfälle** statt. Die Ordnungszahl nimmt dadurch um $2 \cdot 4 = 8$ ab; folglich müssen **2 Betazerfälle** erfolgen, sodass die Ordnungszahl wieder um 2 auf diejenige von Rn222 ansteigt:

$$Z_U = 92 \quad \rightarrow \quad Z_U - 8 + 2 = 86 = Z_{Rn}$$

   b) Die Energiebilanz liefert mit den angegebenen Atommassen den **Q-Wert**:

$$Q = (m_{Rn222} - m_{Po218} - m_{He4}) \cdot c^2$$

$$= (222{,}017578 - 218{,}008973 - 4{,}002603) \cdot 931{,}49 \text{ MeV} = \underline{\underline{5{,}59 \text{ MeV}}}$$

   c) Das α-Teilchen besitzt die kinetische Energie $E_\alpha = 5{,}49$ MeV, der Po218-Kern die kinetische Restenergie $E_{Po218} = (Q - E_\alpha) = 0{,}10$ MeV. Daraus folgt für die zugehörigen **Geschwindigkeiten** (nichtrelativistische Rechnung).

$$E_\alpha = \frac{1}{2} m_\alpha \cdot v_\alpha^2$$

$$\Rightarrow \quad v_\alpha = \sqrt{\frac{2E_\alpha}{m_\alpha}} = \sqrt{\frac{2 \cdot 5{,}49 \cdot 10^6 \cdot 1{,}60 \cdot 10^{-19} \text{ J}}{4{,}002603 \cdot 1{,}66054 \cdot 10^{-27} \text{ kg}}} = \underline{\underline{1{,}63 \cdot 10^7 \frac{\text{m}}{\text{s}}}} \quad (\approx 0{,}05c)$$

$$v_{Po} = \sqrt{\frac{2E_{Po218}}{m_{Po218}}} = \sqrt{\frac{2 \cdot 0{,}10 \cdot 10^6 \cdot 1{,}60 \cdot 10^{-19} \text{ J}}{218{,}008973 \cdot 1{,}66054 \cdot 10^{-27} \text{ kg}}} = \underline{\underline{2{,}97 \cdot 10^5 \frac{\text{m}}{\text{s}}}}$$

   Die **Impulse** $p = m \cdot v$ der beiden beteiligten Teilchen betragen

$$p_\alpha = 4{,}002603 \cdot 1{,}66054 \cdot 10^{-27} \text{ kg} \cdot 1{,}63 \cdot 10^7 \frac{\text{m}}{\text{s}} = 1{,}08 \cdot 10^{-19} \text{ Js}$$

$$p_{Po218} = 218{,}008973 \cdot 1{,}66054 \cdot 10^{-27} \text{ kg} \cdot 2{,}97 \cdot 10^5 \frac{\text{m}}{\text{s}} = 1{,}08 \cdot 10^{-19} \text{ Js}$$

   und sind damit (entgegengesetzt) gleich. Damit ist der Gesamtimpuls null – wie vor dem Zerfall – und der **Impulserhaltungssatz erfüllt**.

   d) Die Anzahl der Rn222-Atome in einem Kubikmeter Luft ist etwa

$$A = \lambda \cdot N \Rightarrow N = \frac{A}{\lambda} = \frac{A \cdot T_{1/2}}{\ln 2} = \frac{358 \frac{1}{\text{s} \cdot \text{m}^3} \cdot 3{,}8 \cdot 24 \cdot 3600 \text{ s}}{\ln 2} = 1{,}7 \cdot 10^8 \frac{1}{\text{m}^3}.$$

   Auf ein Radonatom kommen daher $\frac{3 \cdot 10^{25} \text{ m}^{-3}}{1{,}7 \cdot 10^8 \text{ m}^{-3}} = \underline{\underline{1{,}8 \cdot 10^{17}}}$ Luftteilchen.

e) Wegen der angenommenen konstanten Aktivität werden die zerfallenden Rn222-Atome gerade durch die neu aus der Wand einströmenden Atome ersetzt. Bei $4\,\mathrm{m}\cdot 3\,\mathrm{m}\cdot 2{,}5\,\mathrm{m}=30\,\mathrm{m}^3$ Raumluft beträgt deren Zahl am Tag

$$N = 30\,\mathrm{m}^3 \cdot 358\,\frac{1}{\mathrm{s}\cdot\mathrm{m}^3}\cdot 3600\cdot 24\,\mathrm{s} = 9{,}3\cdot 10^8$$

Teilchen mit einer **Gesamtmasse** von

$$m = N\cdot m_{\mathrm{Rn}222} = 9{,}3\cdot 10^8\cdot 222{,}017578\cdot 1{,}66054\cdot 10^{-27}\,\mathrm{kg} = \underline{\underline{3{,}4\cdot 10^{-16}\,\mathrm{kg}}}.$$

f) i) Die Aktivität eines Radionuklids ist durch die Beziehung

$$A = \lambda\cdot N = \frac{\ln 2}{T_{1/2}}\cdot N$$

bestimmt. Po218 hat eine deutlich kürzere Halbwertszeit, aber – gerade deswegen – auch eine deutlich geringere Teilchenzahl als Rn222, sodass seine Aktivität nicht größer ist als die des längerlebigen Rn222.

ii) Po218 an Staubteilchen kann im Körper hängenbleiben und führt aufgrund der kurzen Halbwertszeit zu einem spürbaren Zerfall. Dagegen wird Rn222, weil seine Halbwertszeit groß ist, wieder vollständig ausgeatmet, noch bevor es nennenswert zerfallen kann.

g) Wenn das Alphateilchen je 2,0 nm die Energie 350 eV abgibt, ergibt sich die **Reichweite** bei der Anfangsenergie von 6,0 MeV zu

$$\frac{6{,}0\cdot 10^6\,\mathrm{eV}\cdot 2{,}0\cdot 10^{-9}\,\mathrm{m}}{350\,\mathrm{eV}} = \underline{\underline{34\,\mu\mathrm{m}}}.$$

Das sind $\frac{34\,\mu\mathrm{m}}{20\,\mu\mathrm{m}} = 1{,}7$ Zelldurchmesser.

2. a) Die **Zerfallsgleichung** des Na22 lautet:

$$\underline{\underline{{}^{22}_{11}\mathrm{Na} \rightarrow {}^{22}_{10}\mathrm{Ne} + {}^{0}_{1}\mathrm{e}^+ + {}^{0}_{0}\nu}}$$

Der Kernprozess läuft exotherm ab, es wird Energie frei. Das bedeutet, dass das entstehende Neutron im **Potenzialtopf** des Na22-Kerns energetisch tiefer liegen muss als das ursprüngliche Proton (Abb. 2).

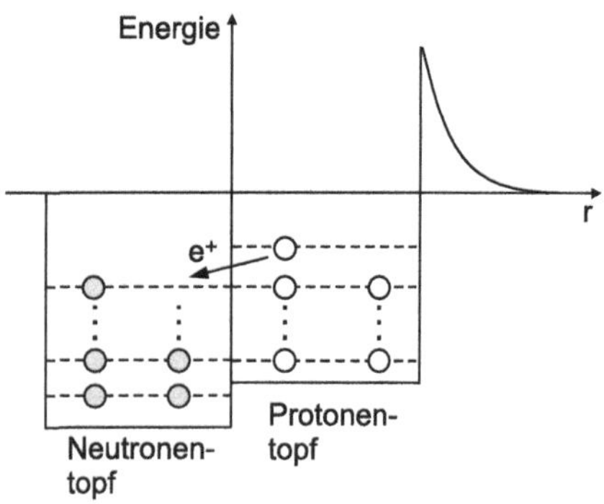

Abb. 2

b) Im klassischen Modell ist der Abstand d zwischen Elektron und Positron, die sich aufgrund der Coulombkraft gegenseitig anziehen, bei vorgegebener potenzieller Energie durch die Beziehung

$$E_{pot} = \frac{1}{4\pi \cdot \varepsilon_0} \cdot \frac{-e \cdot e}{d}$$

gegeben. Man erhält:

$$d = \frac{1}{4\pi \cdot \varepsilon_0} \cdot \frac{-e^2}{E_{pot}}$$

$$= \frac{1}{4\pi \cdot 8{,}85 \cdot 10^{-12} \frac{As}{Vm}} \cdot \frac{-(1{,}60 \cdot 10^{-19}\ As)^2}{-13{,}6 \cdot 1{,}60 \cdot 10^{-19}\ J} = \underline{\underline{1{,}06 \cdot 10^{-10}\ m}}$$

Ein konstanter Teilchenabstand ist gleichbedeutend mit einer Ortsunschärfe $\Delta d = 0$. Diese steht quantenphysikalisch im Widerspruch zur Heisenberg'schen Unschärferelation $\Delta d \cdot \Delta p \geq \frac{h}{4\pi}$ (Δp: Impulsunschärfe; h: Planck-Konstante), nach der die Ortsunschärfe einen endlichen Wert besitzen muss.

c) **Energieniveauschema**

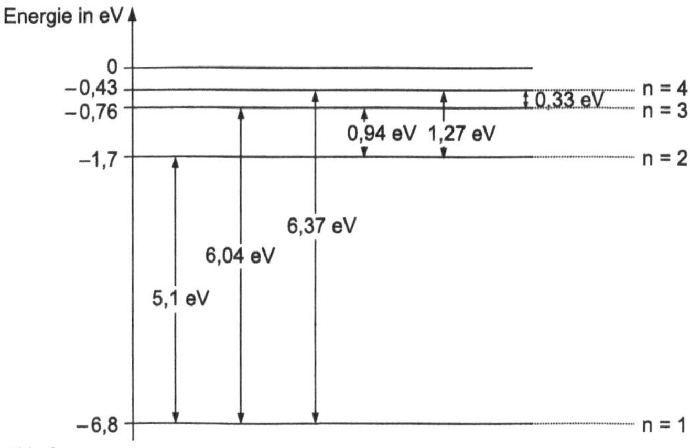

Abb. 3

Das sichtbare Spektrum liegt zwischen 380 nm und 780 nm bzw. in Photonenenergien ($E = \frac{h \cdot c}{\lambda}$) zwischen 1,6 eV und 3,3 eV. Also sind die Übergänge hier entweder im UV-Bereich (> 3,3 eV) oder im Infraroten (< 1,6 eV), jedoch **nicht im sichtbaren Teil**.

d) **Gleichung ii** ist korrekt. Die drei anderen Gleichungen führen zu Widersprüchen gegen den

i) Energieerhaltungssatz

iii) Ladungserhaltungssatz.

iv) Impulserhaltungssatz.

Aufgabenvorschlag 1

Längenangaben: $1\ \text{pc} = 3{,}26\ \text{Lj} = 3{,}09 \cdot 10^{16}\ \text{m}$

$1\ \text{AE} = 1{,}496 \cdot 10^{11}\ \text{m}$

Daten zur Sonne: $M_{\odot} = 4{,}83$

$L_{\odot} = 3{,}85 \cdot 10^{26}\ \text{W}$

$R_{\odot} = 6{,}96 \cdot 10^{8}\ \text{m}$

$m_{\odot} = 1{,}989 \cdot 10^{30}\ \text{kg}$

$T_{\odot} = 5{,}8 \cdot 10^{3}\ \text{K}$

1. **Regulus A – ein Stern im Löwen**

Der Löwe, in dem sich die Sonne Anfang September befindet, gehört zu den markantesten Sternbildern am Firmament. Sein hellster Stern ist der Stern Regulus A. Er befindet sich in einer Entfernung von 24,2 pc, hat eine Oberflächentemperatur von $13 \cdot 10^3$ K und eine Leuchtkraft von 138 $L_{\odot}$.

a) Erläutern Sie, zu Beginn welchen Monats Regulus A in unseren Breiten die ganze Nacht über beobachtbar ist. (3 BE)

Aufgrund der Nähe von Regulus A zur Ekliptik wird der Stern vergleichsweise häufig von anderen Himmelskörpern bedeckt. Am 20. März 2014 zog der Asteroid Erigone vor Regulus A vorbei. Dies konnte unter anderem von New York aus beobachtet werden. Der Asteroid hat einen Radius von 36 km und besaß am 20. März eine Entfernung von 1,2 AE zur Erde.

b) Bestimmen Sie den Radius R von Regulus A in Vielfachen des Sonnenradius.
[Zur Kontrolle: $R = 2{,}3\ R_{\odot}$] (3 BE)

c) Entscheiden Sie anhand einer Rechnung, ob Erigone Regulus A am Sternenhimmel von New York vollständig bedecken konnte. (5 BE)

Eine genaue Analyse des Spektrums von Regulus A führt zur Einordnung des Sterns in die Spektralklasse B7.

d) Erklären Sie allgemein das Zustandekommen von Absorptionslinien in einem Sternenspektrum und beschreiben Sie kurz, wie aufgrund dieser Linien ein Stern einer Spektralklasse zugeordnet werden kann. (6 BE)

e) Begründen Sie, dass Regulus A ein Hauptreihenstern ist. (3 BE)

f) Beurteilen Sie, zu welchem Endstadium sich Regulus A voraussichtlich entwickeln wird, und beschreiben Sie kurz seine Entwicklung dorthin. (6 BE)

2. **Entfernungsbestimmung von M66 – eine Galaxie im Löwen**
Im Sternbild Löwe befindet sich auch die Galaxie M66. In ihr wurde im Jahr 1989 eine Supernova mit der maximalen scheinbaren Helligkeit m = 11 entdeckt. Von Bedeutung für die Entfernungsbestimmung einer Galaxie ist eine beobachtete Supernova vom Typ I a, da solche Supernovae annähernd die gleiche maximale absolute Helligkeit von –19 besitzen.

a) Vergleichen Sie eine Supernova vom Typ I a mit einer Supernova, die am Ende der Entwicklung eines Sternes auftreten kann. (6 BE)

b) Nebenstehend ist eine Lichtkurve der in M66 beobachteten Supernova abgebildet. Finden Sie anhand des Diagramms ein Argument dafür, dass es sich bei dieser Supernova um den Typ I a gehandelt hat. Schätzen Sie anschließend die Entfernung von M66 ab. (6 BE)

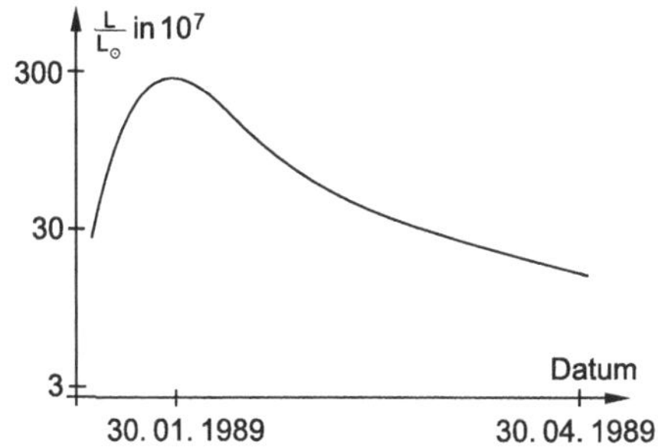

Abb. 1

c) Nennen Sie zwei Methoden zur Entfernungsbestimmung von Galaxien, in denen bislang keine Supernova vom Typ I a beobachtet wurde. Geben Sie jeweils an, welche Größen dazu gemessen werden müssen. (4 BE)

3. **Die NASA-Mission Dawn zu Vesta und Ceres**
Die im Jahr 2007 gestartete Raumsonde Dawn erreichte im Jahr 2011 den Asteroiden Vesta. Der Abstand von Vesta zur Sonne variiert zwischen 2,15 AE und 2,57 AE.

a) Berechnen Sie die Umlaufzeit von Vesta. (4 BE)

Man geht davon aus, dass Vesta an einer größeren Kollision beteiligt war. Trümmer dieser Kollision bewegen sich durch das Sonnensystem; einige davon haben die Erde als Meteoriten erreicht.

b) Beschreiben Sie zwei Phänomene, die im Zusammenhang mit Meteoriten auftreten können. (4 BE)

Eine Aufnahme der Sonde Dawn zeigt den Krater Occia auf Vesta zu einem Zeitpunkt, als Vesta 2,3 AE von der Sonne entfernt war. Die auffällig hellen Bereiche reflektieren 80 % der einfallenden Strahlung, die sehr dunklen nur 10 %.

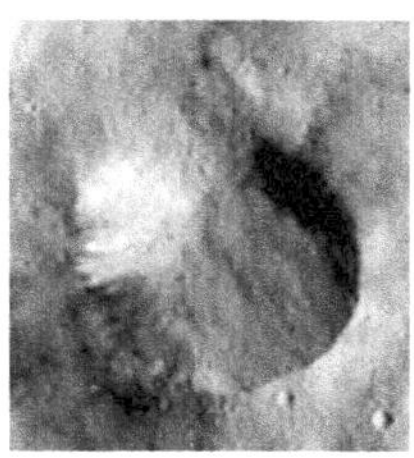
Abb. 2

c) Schätzen Sie den maximalen Temperaturunterschied zwischen diesen beiden Bereichen an der Vestaoberfläche ab. Nehmen Sie hierzu vereinfachend an, dass jeder Bereich eben ist, sich im Strahlungsgleichgewicht befindet und dass das Sonnenlicht senkrecht auftrifft. (6 BE)

Im Jahr 2015 wird die Sonde Dawn den Zwergplaneten Ceres erreichen, der wie Vesta zum Asteroidgürtel gehört.

d) Mitte April 2014 standen Ceres und Vesta in Opposition zur Sonne. Führen Sie zwei mögliche Gründe an, weshalb uns Vesta hierbei heller erschien, obwohl Ceres größer ist. (4 BE)

(60 BE)

Tipps und Hinweise zum Aufgabenvorschlag 1

Tipps zu Teilaufgabe 1

a: Überlegen Sie, wie Sie die Information nutzen können, dass sich die Sonne Anfang September im Löwen befindet. Stellen Sie sich vor, wo der Löwe sich am Himmel aufhalten muss, wenn er in der ganzen Nacht zu beobachten sein soll.

b: Mit welchem Gesetz lässt sich aus den gegeben Daten (L, T) der Radius eines Sternes berechnen? Verwenden Sie Vergleichsgleichungen mit der Sonne.

c: Verwenden Sie den Strahlensatz. Denken Sie an die analoge Situation, dass der Mond vollständig die Sonne bedeckt.

d: Denken sie an die Umkehrung der Natriumlinie. Was ändert sich bei Atomen/Molekülen in der oberen Sternschicht, wenn unterschiedliche Oberflächentemperaturen vorliegen?

e: Stellen Sie sich den ungefähren Verlauf der Hauptreihe im HR-Diagramm vor.

f: Entscheidend für die Lösung ist die Endmasse eines Sternes. Zum Abschätzen der Endmasse benötigen Sie zunächst die Anfangsmasse des Sternes.
Bedenken Sie, dass unter Teilaufgabe e zu zeigen war, dass es sich um einen Hauptreihenstern handelt. Welche Beziehung zwischen Leuchtkraft und Masse gibt es auf der Hauptreihe? Was geschieht mit der Sternmasse im Laufe seiner Entwicklung?

Tipps zu Teilaufgabe 2

a: Es handelt sich hier **nicht** um das Endstadium eines Sternes am Ende seiner Entwicklung (das ist die Supernova vom Typ II). Wann kann noch eine Supernova auftreten?
Denken Sie auch an den Begriff der Nova. Im Vergleich sollten Sie auch die auftretenden Helligkeiten erwähnen.

b: Aus dem Diagramm kann man die größte erreichte Leuchtkraft der Supernova entnehmen. Die Leuchtkraft hängt mit der absoluten Helligkeit zusammen. Stellen Sie einen Zusammenhang mit Ihren Ergebnissen aus Teilaufgabe 2 a her.
Wie berechnet man aus der scheinbaren und der absoluten Helligkeit die Entfernung?

c: Denken Sie an die Entfernungsleiter!
Mithilfe welcher anderen besonderen Sterne kann man die Entfernung der Galaxie berechnen? Welche Größen müssen jeweils für diese Entfernungsbestimmungen bekannt sein?
Denken Sie daran, dass sich M66 genauso verhält wie fast alle Galaxien im Universum (für die es eine wesentliche Aussage von Hubble gibt).

Tipps zu Teilaufgabe 3

a: Achtung: Hier ist in der Angabe keine große Halbachse gegeben!
Wie berechnet man mit dem Wert der großen Halbachse in unserem Planetensystem die Umlaufdauer?

b: Wie verhalten sich die Meteorite beim Durchgang durch unsere Atmosphäre?
Was geschieht, wenn sie die Atmosphäre durchflogen haben (im Unterschied zu Sternschnuppen)?

c: Denken Sie hier an die Bestimmung der Gleichgewichtstemperatur der Erde.
Welche Temperatur ergibt sich für die hellen/dunklen Stellen im Gleichgewicht für eine gleich große Fläche A?
Verwenden Sie die Bilanzgleichung „eingestrahlte Leistung = abgestrahlte Leistung".

d: Überlegen Sie, wann ein und derselbe Planet uns heller bzw. dunkler erscheint.
Bedenken Sie, warum Planeten, die sich in gleicher Entfernung befinden, dennoch unterschiedlich hell erscheinen können.

Lösungen zum Aufgabenvorschlag 1

1. Vorgegeben sind: $r = 24{,}2$ pc; $T_{eff} = 13 \cdot 10^3$ K und $L = 138\ L_\odot$

   a) In der Aufgabenstellung steht, dass die Sonne Anfang September im Löwen zu finden ist. Dann ist Regulus (sprich: das Sternbild Löwe) im Monat **März** die ganze Nacht über beobachtbar, da sich die Sonne dann am Tag im gegenüberliegenden Sternbild (Wassermann) befindet. Während der Löwe am Abendhimmel im Osten aufgeht, geht die Sonne im Westen unter.

   b) Zur Bestimmung des Radius verwendet man das Gesetz von Stefan und Boltzmann, einmal angewendet auf Regulus,

   $$L_R = \sigma \cdot 4\pi \cdot R_R^2 \cdot T_R^4,$$

   einmal angewendet auf die Sonne:

   $$L_\odot = \sigma \cdot 4\pi \cdot R_\odot^2 \cdot T_\odot^4$$

   Division der beiden Gleichungen führt zu

   $$\frac{L_R}{L_\odot} = \frac{R_R^2}{R_\odot^2} \cdot \frac{T_R^4}{T_\odot^4} \quad \text{bzw.} \quad L^* = \left(R^*\right)^2 \cdot \frac{T_R^4}{T_\odot^4},$$

   woraus nach Umstellen für den **Radius nach R* von Regulus A** folgt:

   $$R^* = \sqrt{L^*} \cdot \left(\frac{T_\odot}{T_R}\right)^2 = \sqrt{138} \cdot \left(\frac{5\,800\ \text{K}}{13\,000\ \text{K}}\right)^2 = \underline{\underline{2{,}3}}$$

   c) Gegeben sind folgende Daten:

   Erigone:

   $$R_E = 36\ \text{km} = 36 \cdot 10^3\ \text{m}$$

   $$r_E = 1{,}2\ \text{AE} = 1{,}8 \cdot 10^{11}\ \text{m}$$

   Regulus A:

   $$R_R = 2{,}3 \cdot 6{,}96 \cdot 10^8\ \text{m} = 1{,}6 \cdot 10^9\ \text{m}$$

   $$r_R = 24{,}2\ \text{pc} = 7{,}5 \cdot 10^{17}\ \text{m}$$

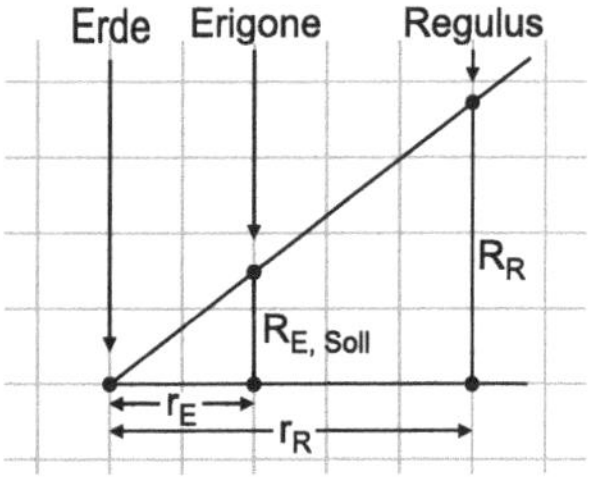

Abb. 3

   Zur Überprüfung verwendet man den Strahlensatz (Abb. 3), wobei $R_{E,\,Soll}$ den Mindestradius bezeichnet, den Erigone zur vollständigen Abdeckung besitzen muss:

   $$\frac{r_R}{r_E} = \frac{R_R}{R_{E,\,Soll}}$$

   $$\Rightarrow \quad R_{E,\,Soll} = R_R \cdot \frac{r_E}{r_R} = 1{,}6 \cdot 10^9\ \text{m} \cdot \frac{1{,}8 \cdot 10^{11}\ \text{m}}{7{,}5 \cdot 10^{17}\ \text{m}} = 3{,}8 \cdot 10^2\ \text{m}$$

   Wegen $R_{E,\,Soll} \ll R_E = 36$ km kann Erigone Regulus vollständig bedecken.

d) Das **Entstehen der Absorptionslinien** beruht auf der Resonanzfluoreszenz: Die im Stern erzeugte elektromagnetische Strahlung regt beim Durchgang durch die Fotosphäre des Sternes Atome passender Anregungsfrequenzen an. Die Atome senden das Licht dieser Frequenzen in alle Richtungen aus, sodass in Beobachtungsrichtung weniger Energie des gestreuten Lichts ankommt als vom restlichen Licht. Im Spektrum werden daher bei den betreffenden Lichtfrequenzen dunkle Linien sichtbar (vgl. Umkehrung der Natrium-Linie).

Je nach Oberflächentemperatur des Sternes befinden sich die Atome in verschiedenen Anregungsstufen, sodass unterschiedliche Absorptionslinien entstehen. Die verschiedenen Oberflächentemperaturen wiederum sind äquivalent zu den von Annie Jump Cannon eingeführten **Spektralklassen**.

e) Mit rund 100 Sonnenleuchtkräften und der Spektralklasse B7 (d. h. einer Temperatur von 13 000 K) liegt **Regulus auf der Hauptreihe** (vgl. Hertzsprung-Russell-Diagramm in Abb. 4)

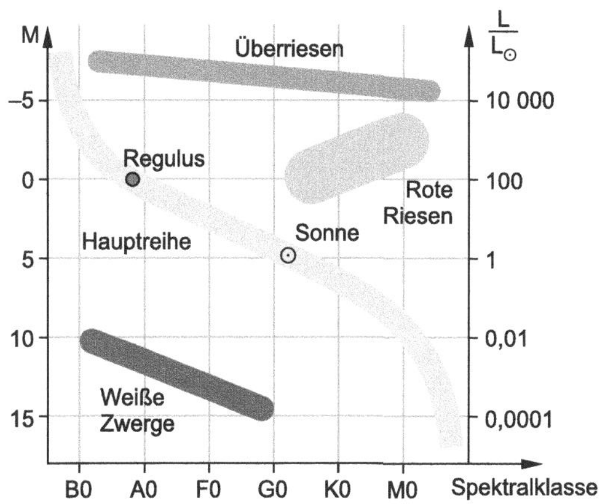

Abb. 4

Für die korrekte Lösung der Aufgabe (volle Punktzahl) ist es nicht notwendig, ein HR-Diagramm zu erstellen.

f) Als Hauptreihenstern gilt für Regulus die Masse-Leuchtkraft-Beziehung

$$L \sim m^3,$$

d. h., seine Masse beträgt $m^* = \sqrt[3]{138} = 5{,}2$ Sonnenmassen.

Es sind realistisch zwei Möglichkeiten denkbar, abhängig vom Verhältnis der Endmasse des Kerns zur Chandrasekhar-Grenze $m^*_{Ch} = 1{,}4$ (die restliche Masse wurde zuvor durch starke Sternwinde im Riesen- bzw. Überriesenstadium abgeblasen, vgl. Planetarische Nebel):

- **$m^*_{End} < 1{,}4$:** In diesem Fall entwickelt sich Regulus über den Zustand des „Roten Riesen" zu einem **Weißen Zwerg**.

- **$m^*_{End} > 1{,}4$:** In diesem Fall wird aus Regulus zunächst ein Überriese, dann wird er in einer Supernova vom Typ II enden. Da eine Endmasse über der Oppenheimer-Volkhoff-Grenze von ca. 3 Sonnenmassen eher unwahrscheinlich ist, wird sich der Kern zu einem **Neutronenstern** entwickeln (andernfalls würde der Kern zu einem Schwarzen Loch).

2. a) Der **Supernova Typ I a** ist eine Sternexplosion in einem Doppelsternsystem, in dem eine Komponente schon ein Weißer Zwerg ist. Der Weiße Zwerg zieht Wasserstoff in einer Akkretionsscheibe vom Begleitstern auf seine Oberfläche. Die Materie wird vom Weißen Zwerg beschleunigt und erreicht beim Aufprall auf der Oberfläche sehr hohe Temperaturen, sodass es auf der Oberfläche zu einem Wasserstoffbrennen kommen kann („Nova"). Landet jedoch bei diesem Prozess zu viel Masse (Wasserstoffmaterie) auf dem Weißen Zwerg, sodass er die Chandrasekhar-Grenze – also 1,4 Sonnenmassen – überschreitet, explodiert der Weiße Zwerg in einer Supernova (SN). Alle SN der Klasse I a, die auf der gleichen Grundsituation – Weißer Zwerg, der gerade die Grenzmasse überschreitet – beruhen, erreichen in etwa die gleiche Helligkeit.

   Eine **Supernova Typ II** findet am Ende der Entwicklung eines solchen Sterns statt, dessen Endmasse (nach Abstoßen der Hüllenmaterie) über 1,4 Sonnenmassen liegt. Meist wurde im Kern bis zu den Elementen Silizium oder Eisen fusioniert. Die Helligkeitsentwicklung dieser SN ist unterschiedlich, wobei der Maximalwert deutlich unterhalb der SN vom Typ 1 liegt (z. B. $M = -16$) und von den unterschiedlichen Endmassen abhängig ist.

   b) Aus Abb. 1 kann man eine maximale Leuchtkraft von $300 \cdot 10^7$ Sonnenleuchtkräften ablesen. Mit der Beziehung der absoluten Leuchtkräfte zweier Sterne kann die absolute Helligkeit der SN bestimmt werden:

$$M - M_\odot = -2{,}5 \lg L^*$$

$$\Rightarrow \quad M = -2{,}5 \cdot \lg(L^*) + M_\odot$$

$$= -2{,}5 \cdot \lg(300 \cdot 10^7) + 4{,}83 = -18{,}9$$

   Sie ist deutlich größer als die einer SN vom Typ II. Vielmehr muss es sich wegen $M \approx -19$ um eine **SN Typ 1 a** handeln (vgl. Aufgabentext).

   Die **Entfernung** berechnet man mit dem Wissen der absoluten Helligkeit unter Verwendung des Entfernungsmoduls:

$$m - M = 5 \cdot \lg\left(\frac{r}{10\,\text{pc}}\right)$$

$$\Rightarrow \quad r = 10^{\frac{m-M}{5}} \cdot 10\,\text{pc}$$

$$= 10^{\frac{11-(-18{,}9)}{5}} \cdot 10\,\text{pc} = \underline{\underline{9{,}5\,\text{Mpc}}}$$

c) Möglich ist die Entfernungsmessung

- **mithilfe der Cepheidensterne:** Dazu ist das Auffinden eines Cepheiden erforderlich, die Messung der Periodendauer seiner Helligkeitsschwankung sowie seine mittlere scheinbare Helligkeit.
- **mithilfe eines RR-Lyrae-Sterns:** Dazu ist das Auffinden eines RR-Lyrae-Sterns erforderlich, die im Mittel alle die absolute Helligkeit von 0,6 haben. Zu messen ist nur die scheinbare Helligkeit des Sterns.

Abb. 5: M66

- **durch „Hellsten Stern" in der Galaxie:** Auch hier misst man nur die scheinbare Helligkeit des Sternes und geht davon aus, das die absolute Helligkeit des hellsten Sternes einer Galaxie bei ca. −9 liegt.
- **mithilfe des Hubble-Gesetzes:** Hierfür muss aus der Rotverschiebung der Galaxie die Fluchtgeschwindigkeit der Galaxie berechnet werden. Zu messen ist also die Verschiebung einer charakteristischen Spektrallinie.

Zur vollständigen Lösung der Aufgabe genügt es, zwei Methoden auszuführen (siehe Aufgabenstellung).

3. Vorgegeben sind: Perihelabstand $r_P = 2{,}15$ AE und Aphelabstand $r_A = 2{,}57$ AE

a) Die Berechnung der **Umlaufzeit** gelingt mit dem 3. Kepler'schen Gesetz. Dazu muss man zunächst die große Halbachse der Umlaufbahn von Vesta bestimmen. Für den Perihelabstand r_P und den Aphelabstand r_A gilt:

$$2a = r_P + r_A \Rightarrow a = \frac{r_P + r_A}{2} = \frac{2{,}15\ \text{AE} + 2{,}57\ \text{AE}}{2} = 2{,}36\ \text{AE}$$

Eingesetzt in das 3. Gesetz von Kepler folgt bezogen auf die Umlaufdaten der Erde um die Sonne:

$$\frac{T_V^2}{a_V^3} = \frac{1\,\text{a}^2}{1\,\text{AE}^3} \Rightarrow T_V^2 = a_V^3 \cdot \frac{1\,\text{a}^2}{1\,\text{AE}^3} \Rightarrow T_V = \sqrt{2{,}36^3} \cdot \text{a} = \underline{\underline{3{,}63\ \text{a}}}$$

b) **Mögliche Phänomene:**

- Meteorite, welche die Erdatmosphäre erreichen, erzeugen Leuchterscheinungen (Feuerkugel).
- Je nach Größe des Meteoriten führt sein Aufschlag auf der Erde zur Kraterbildung.

Unterscheiden Sie

- Meteoriden: Körper, die sich durch den interplanetaren Raum bewegen;
- Meteor: in der Atmosphäre erzeugte Leuchterscheinung eines Meteorid;
- Meteorit: Meteorid, der den Erdboden erreicht und nicht vorher verglüht (diejenigen, die vorher verglüht sind, bezeichnet man als Sternschnuppen).

c) Helle Gebiete reflektieren 80 %, sehr dunkle Gebiete reflektieren 10 % der einfallenden Sonnenstrahlung. Um den Temperaturunterschied zu bestimmen, müssen zunächst die Oberflächentemperaturen der hellen und dunklen Bereiche berechnet werden. Das geschieht mithilfe der Leistungsbilanz $P_{auf} = P_{ab}$, wobei mit der Solarkonstante S_V auf Vesta, der Albedo A und der absorbierenden Fläche F für die aufgenommene Leistung gilt

$$P_{auf} = S_V \cdot (1-A) \cdot F, \qquad (*)$$

während die abgegebene Leistung durch das Stefan-Boltzmann-Gesetz bei der Flächentemperatur T_F bestimmt ist:

$$P_{ab} = \sigma \cdot F \cdot T_F^4 \qquad (**)$$

S_V lässt sich mithilfe der Solarkonstanten $S_E = 1{,}37\ \mathrm{kW/m^2}$ der Erde ausdrücken, wobei für die Abstände zur Sonne $r_V = 2{,}3$ AE (Aufgabenstellung) und $r_E = 1$ AE eingesetzt wird:

$$\left.\begin{aligned} S_V &= \frac{L_\odot}{4\pi \cdot r_V^2} \\ S_E &= \frac{L_\odot}{4\pi \cdot r_E^2} \end{aligned}\right\} \Rightarrow \frac{S_V}{S_E} = \frac{r_E^2}{r_V^2} \Rightarrow S_V = \frac{1}{2{,}3^2} \cdot 1{,}37\ \frac{\mathrm{kW}}{\mathrm{m^2}} = 0{,}26\ \frac{\mathrm{kW}}{\mathrm{m^2}}$$

Im Strahlungsgleichgewicht gilt mit (*) und (**):

$$S_V \cdot (1-A) \cdot F = \sigma \cdot F \cdot T_F^4 \Rightarrow T_F = \sqrt[4]{\frac{S_V \cdot (1-A)}{\sigma}}$$

Für die hellen Bereiche folgt dann mit $1 - A_{hell} = 1 - 0{,}8 = 0{,}2$:

$$T_{F,\,hell} = \sqrt[4]{\frac{0{,}2 \cdot 0{,}26 \cdot 10^3\ \frac{\mathrm{W}}{\mathrm{m^2}}}{5{,}37 \cdot 10^{-8}\ \frac{\mathrm{W}}{\mathrm{m^2\,K^4}}}} = 176\ \mathrm{K}$$

Für die dunklen Bereiche folgt mit $1 - A_{dunkel} = 1 - 0{,}1 = 0{,}9$:

$$T_{F,\,dunkel} = \sqrt[4]{\frac{0{,}9 \cdot 0{,}26 \cdot 10^3\ \frac{\mathrm{W}}{\mathrm{m^2}}}{5{,}37 \cdot 10^{-8}\ \frac{\mathrm{W}}{\mathrm{m^2\,K^4}}}} = 257\ \mathrm{K}$$

Damit erhält man für den gesuchten **Temperaturunterschied ca. 80 Kelvin**:

$$\Delta T = T_{F,\,dunkel} - T_{F,\,hell} = 257\ \mathrm{K} - 176\ \mathrm{K} = \underline{\underline{81\ \mathrm{K}}}$$

d) **Mögliche Gründe:**

- Vesta hält sich näher bei uns auf als Ceres.
- Vesta reflektiert mehr Sonnenlicht als Ceres.

Bildnachweis

Abb. 5: ESO, lizensiert unter cc-by-sa-3.0 unported;
URL: http://commons.wikimedia.org/wiki/File:Phot-33c-03-fullres.jpg

Aufgabenvorschlag 2

Längenangaben:	$1\,\text{pc} = 3{,}26\,\text{Lj} = 3{,}09 \cdot 10^{16}\,\text{m}$	$1\,\text{AE} = 1{,}496 \cdot 10^{11}\,\text{m}$
Daten zur Sonne:	$M_\odot = 4{,}83$	$m_\odot = 1{,}989 \cdot 10^{30}\,\text{kg}$
	$L_\odot = 3{,}85 \cdot 10^{26}\,\text{W}$	$T_\odot = 5{,}8 \cdot 10^{3}\,\text{K}$
	$R_\odot = 6{,}96 \cdot 10^{8}\,\text{m}$	

1. **Der Asteroid Apophis**
   Im Jahr 2004 wurde der Asteroid Apophis entdeckt, der nach dem altägyptischen Gott des Chaos und der Auflösung benannt ist. Sein mittlerer Durchmesser beträgt 350 m, seine Masse $5 \cdot 10^{10}$ kg. Die große Halbachse seiner Bahn, die etwa in der Ekliptikebene liegt, hat eine Länge von 0,92 AE. Die numerische Exzentrizität der Bahn ist 0,191.

   a) Berechnen Sie die Umlaufdauer T des Asteroiden um die Sonne.
   [Zur Kontrolle: $T = 0{,}88$ a] (3 BE)

   b) Zeigen Sie rechnerisch, dass Apophis die Erdbahn kreuzt und so möglicherweise die Erde treffen könnte. (6 BE)

   c) Berechnen Sie die Energie, die umgewandelt würde, falls Apophis auf der Erdoberfläche mit einer Geschwindigkeit von $12\,\frac{\text{km}}{\text{s}}$ einschlagen würde, und vergleichen Sie den Wert mit der Energie $3 \cdot 10^{18}$ J, die bei dem Seebeben 2004 im Indischen Ozean freigesetzt wurde. (4 BE)

   d) Ein Einschlag von Apophis auf der Erde wird derzeit ausgeschlossen. Um eine solche Vorhersage treffen zu können, müssen ausreichend Bahndaten gesammelt werden. Erläutern Sie, warum dies für Apophis immer wieder über einen längeren Zeitraum nicht möglich ist. (4 BE)

2. **Die Hyaden und der Stern κ_1 Tauri**
   Der Hauptreihenstern κ_1 Tauri gehört zu den Hyaden, einem offenen Sternhaufen im Sternbild Stier. Die trigonometrische Parallaxe von κ_1 Tauri beträgt 0,0212", seine scheinbare Helligkeit 4,21.

   a) Bestimmen Sie die Entfernung und die absolute Helligkeit M von κ_1 Tauri.
   [Zur Kontrolle: $M = 0{,}842$] (5 BE)

   b) Berechnen Sie seine relative Leuchtkraft $L^* = \frac{L}{L_\odot}$ und einen Näherungswert für seine relative Masse $m^* = \frac{m}{m_\odot}$.
   [Zur Kontrolle: $L^* = 39{,}4$; $m^* \approx 3{,}4$] (6 BE)

   Nachfolgend ist ein Hertzsprung-Russell-Diagramm (HRD) der Hyaden abgebildet (Abb. 1).

   c) Ermitteln Sie den Radius von κ_1 Tauri in Vielfachen des Sonnenradius. Entnehmen Sie hierfür benötigte Angaben näherungsweise dem HRD. (6 BE)

d) Von der Sonne ist bekannt, dass ihr Hauptreihenstadium $7 \cdot 10^9$ Jahre andauert. Zwischen der Masse m eines Sterns und seiner Verweildauer t auf der Hauptreihe gilt annähernd die Proportionalität $t \sim m^{-2}$. Erläutern Sie, dass mithilfe von κ_1 Tauri das Alter der Hyaden bestimmt werden kann, und berechnen Sie dieses.

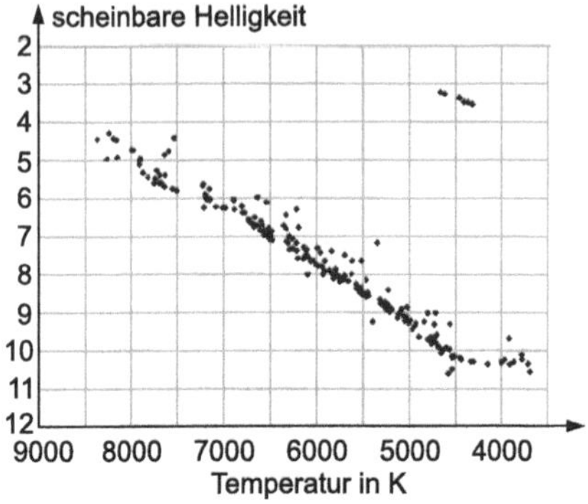

Abb. 1

(7 BE)

3. **Der Exoplanet HD 40307g**

Im Jahr 2012 wurde der Planet HD 40307g des Sterns HD 40307 entdeckt, auf dem erdähnliche Bedingungen herrschen könnten. Nehmen Sie vereinfachend an, dass sich der Stern und sein Planet auf Kreisbahnen um ihren bezüglich der Erde ruhenden Schwerpunkt bewegen und die Bahnebenen von Exoplanet und Erde übereinstimmen. Die Umlaufdauer des Planeten beträgt $T_P = 198$ d, die Masse des Sterns $m_S = 0{,}78\, m_\odot$.

a) Die H_α-Linie besitzt im Labor die Wellenlänge 656,3 nm. Im Spektrum des Sterns variiert die Wellenlänge dagegen periodisch zwischen zwei Werten, deren Differenz $3{,}8 \cdot 10^{-15}$ m beträgt. Erklären Sie dies und berechnen Sie die Bahngeschwindigkeit v_S des Sterns sowie den Abstand r_S des Sternmittelpunkts vom Schwerpunkt.
[Zur Kontrolle: $v_S = 0{,}87\,\frac{m}{s}$] (8 BE)

Da der Schwerpunkt näherungsweise mit dem Sternmittelpunkt zusammenfällt, soll der Stern nun als ruhender Zentralkörper betrachtet werden, um den sich der Planet auf einer Kreisbahn mit Radius r_P bewegt.

b) Zeigen Sie mithilfe eines Kraftansatzes, dass folgender Zusammenhang gilt:

$$\frac{T_P^2}{r_P^3} = \frac{4\pi^2}{G \cdot m_S}$$

Berechnen Sie damit den Bahnradius r_P des Planeten.
[Zur Kontrolle: $r_P = 9{,}2 \cdot 10^{10}$ m] (6 BE)

c) Die Leuchtkraft des Sterns HD 40307 beträgt 47 % der Sonnenleuchtkraft. Berechnen Sie die Energie, die vom Stern pro Sekunde senkrecht auf einen Quadratmeter der Atmosphäre von HD 40307g eingestrahlt wird, und vergleichen Sie den Wert mit der Solarkonstanten. (5 BE)

(60 BE)

Tipps und Hinweise zum Aufgabenvorschlag 2

Tipps zu Teilaufgabe 1

a: Über welches Gesetz hängen die Größen „Umlaufdauer“ und „Große Halbachse“ zusammen?

b: Verdeutlichen Sie sich die Aussage „Apophis kreuzt die Erdbahn“ anhand einer Skizze. Welche Bedeutung hat das Kreuzen für das Aphel/Perihel?

c: Welche Art von Energie und wie viel Energie bringt Apophis beim Absturz auf die Erde mit?

d: Verwenden sie wieder die Skizze aus Teilaufgabe b. Welche Aussagen kennen Sie für die Beobachtungsfenster innerer Planeten bzw. äußerer Planeten?

Tipps zu Teilaufgabe 2

a: Wie bestimmt man die Entfernung bei bekannter Parallaxe? Wie hängen die scheinbare Helligkeit, die Entfernung eines Sternes und seine absolute Helligkeit zusammen?

b: L^* stellt einen Vergleich mit der Sonne da. Mit welcher Beziehung vergleicht man die Leuchtkräfte zweier Sterne?
Achten Sie darauf, dass Sie zuerst die Leuchtkraft berechnet haben und, beachten Sie, dass es sich bei κ_1 Tauri um einen Hauptreihenstern handelt.

c: Lesen Sie aus dem Diagramm die Oberflächentemperatur ab. Verwenden Sie das Gesetz von Stefan und Boltzmann.

d: Jedem Stern auf der Hauptreihe kann sein Alter mit der angegebenen Proportionalität zugeordnet werden. Der Sternhaufen ist mindestens so alt, wie das Alter des Sternes am weitesten oben auf der Hauptreihe beträgt. Denken Sie an das „Knie“ im HR-Diagramm eines Kugelsternhaufens.

Tipps zu Teilaufgabe 3

a: Es handelt sich um den Dopplereffekt. Fertigen Sie eine Skizze mit den Verhältnissen (Schwerpunkt, Bahn des Sternes, Bahn des Planeten) an. Denken Sie daran, dass das Spektrum des Sterns aufgenommen wird (nicht das des Planeten!). Berücksichtigen Sie, dass in der angegebenen Wellenlängendifferenz beide möglichen Relativbewegungen des Sterns zu uns vorkommen.
Verwenden Sie zur Berechnung des Radius nur den Kreis, den der Stern um den Schwerpunkt ausführt. Bedenken Sie, dass der Stern für seinen (kleinen) Kreis die gleiche Umlaufdauer benötigt wie der Planet.

b: Welchen Kraftansatz für Massenberechnung meint der Aufgabensteller?

c: Vergleichen Sie direkt die Solarkonstanten von HD 40307g und der Erde. Verwenden Sie dabei die Formel für die Solarkonstante (Bestrahlungsstärke) und ersetzen Sie die relative Leuchtkraft sowie eine entsprechende Entfernung ein.

Lösungen zum Aufgabenvorschlag 2

1. Vorgaben: d = 350 m; $m = 5 \cdot 10^{10}$ kg; a = 0,92 AE und $\varepsilon = 0{,}191$

   a) Die **Umlaufzeit** berechnet man mit dem grundlegenden 3. Kepler'schen Gesetz:

   $$\frac{T_1^2}{a_1^3} = \frac{T_2^2}{a_2^3},$$

   wobei man für T_2 und a_2 die Daten der Erde verwendet:

   $$\frac{T_A^2}{(0{,}92\ \text{AE})^3} = \frac{1\ \text{a}^2}{1\ \text{AE}^3} \quad \Rightarrow \quad T_A = \sqrt{(0{,}92^3)} \cdot \text{a} = \underline{\underline{0{,}88\ \text{a}}}$$

   b) Wenn Apophis die Erdbahn kreuzt und sowohl Erd- als auch Apophisbahn in der Ekliptik liegen, bewegt er sich eine Zeit lang innerhalb und eine Zeit lang außerhalb der Erdbahn. Deswegen muss sich das Aphel von Apophis in mehr als 1 AE Entfernung zur Sonne befinden, während das Perihel in weniger als 1 AE Entfernung zur Sonne liegt (vgl. Skizze in Abb. 2).

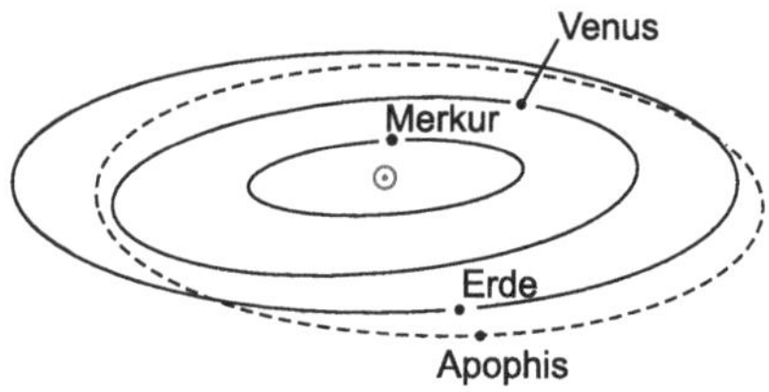

Abb. 2

   Rechnerischer Nachweis:
   Wie man der Skizze der Bahnellipse um die Sonne (Abb. 3) entnimmt, gilt für die Perihelentfernung r_P und die Aphelentfernung r_A:

   $$r_P = a - e = a - \varepsilon \cdot a = a \cdot (1 - \varepsilon) \quad \text{und}$$
   $$r_A = a + e = a + \varepsilon \cdot a = a \cdot (1 + \varepsilon)$$

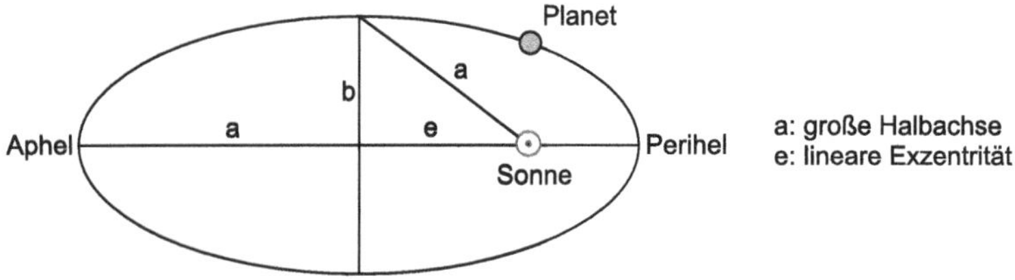

Abb. 3: Aphel und Perihel

   Mit den angegebenen Daten ergibt sich damit für Apophis:

   $$r_P = 0{,}92\ \text{AE} \cdot (1 - 0{,}191) = \underline{\underline{0{,}74\ \text{AE} < 1\text{AE}}}$$

   $$r_A = 0{,}92\ \text{AE} \cdot (1 + 0{,}191) = \underline{\underline{1{,}1\ \text{AE} > 1\ \text{AE}}}$$

c) Apophis soll mit einer Geschwindigkeit von $v = 12\,\frac{km}{s}$ auf der Erdoberfläche einschlagen. Hierbei ist wohl davon auszugehen, dass diese Geschwindigkeit die Relativgeschwindigkeit zwischen Erde und Asteroid sein soll. Dann gilt für die **kinetische Energie** des Asteroiden:

$$E_{kin} = \frac{1}{2} m \cdot v^2 = \frac{1}{2} \cdot 5 \cdot 10^{10}\,kg \cdot \left(12\,000\,\frac{m}{s}\right)^2 = \underline{\underline{3{,}6 \cdot 10^{18}\,J}}$$

Diese Energie ist von der **gleichen Größenordnung** wie die des Seebebens im Jahr 2004.

d) Wenn man sich Abb. 2 vor Augen hält, ist eine ordentliche Erhebung für Daten nur möglich, wenn sich Apophis außerhalb der Erdbahn (im Bild im Bereich unten rechts) aufhält. In den anderen Bereichen verhält sich Apophis wie ein innerer Planet (Venus/Merkur) und lässt sich höchsten am Morgen oder Abend kurzzeitig beobachten. In den Bereichen der unteren/oberen Konjunktion ist eine Beobachtung gar nicht möglich.

2. Vorgaben: $p = 0{,}0212''$ und $m = 4{,}21$

a) Die **Entfernung** berechnet man mithilfe der trigonometrischen Parallaxe:

$$\frac{r}{1\,pc} = \frac{1''}{p} \quad \Rightarrow \quad r = \frac{1}{0{,}0212}\,pc = 47{,}167\,pc = \underline{\underline{47{,}2\,pc}}$$

Damit lässt sich die **absolute Helligkeit** mit dem Entfernungsmodul bestimmen:

$$m - M = 5 \cdot \lg\left(\frac{r}{10\,pc}\right)$$

$$\Rightarrow \quad M = m - 5 \cdot \lg\left(\frac{r}{10\,pc}\right) = 0{,}842 = 4{,}21 - 5 \cdot \lg(4{,}7167) = \underline{\underline{0{,}842}}$$

b) Zwischen den absoluten Helligkeiten von κ_1 Tauri und Sonne und den zugehörigen Leuchtkräften gilt die Beziehung:

$$M - M_{\odot} = -2{,}5 \cdot \lg\left(\frac{L}{L_{\odot}}\right)$$

Mit $M - M_{\odot} = 0{,}842 - 4{,}83 = -3{,}988$ folgt für die **relative Leuchtkraft**:

$$0{,}842 - 4{,}83 = -2{,}5 \cdot \lg L^* \quad \Rightarrow \quad \frac{3{,}988}{2{,}5} = \lg L^* \quad \Rightarrow \quad L^* = 10^{1{,}5952} = \underline{\underline{39{,}4}}$$

Für die Hauptreihensterne gilt die Masse-Leuchtkraft-Beziehung:

$$L \sim m^3$$

Im Vergleich zur Sonne erhält man für die **relative Masse**:

$$L^* = (m^*)^3 \quad \Rightarrow \quad m = \sqrt[3]{39{,}4} = \underline{\underline{3{,}40}}$$

c) Aus dem HRD liest man die Oberflächentemperatur von κ_1 Tauri zu $8{,}3 \cdot 10^3$ K ab (Abb. 4).
Nun wendet man das Gesetz von Stefan und Boltzmann einmal für κ_1 und einmal für die Sonne an:

$$L_K = \sigma \cdot 4\pi \cdot R_\kappa^2 \cdot T_\kappa^4$$

$$L_\odot = \sigma \cdot 4\pi \cdot R_\odot^2 \cdot T_S^4$$

Division beider Gleichungen und Umstellen ergibt für den **relativen Radius** R^* von κ_1 Tauri:

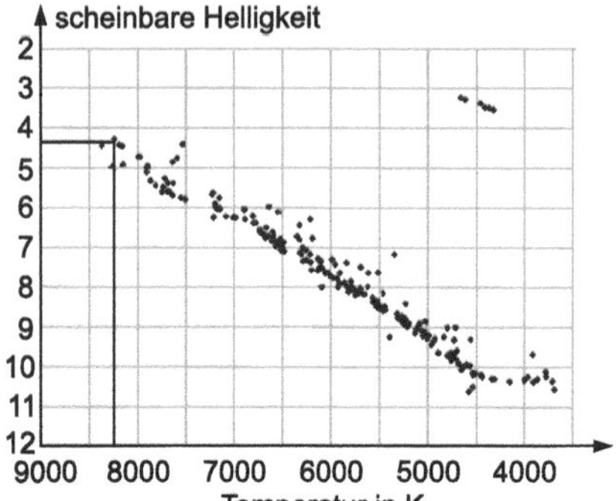

Abb. 4

$$L^* = (R^*)^2 \cdot \frac{T_\kappa^4}{T_\odot^4}$$

$$\Rightarrow \quad R^* = \sqrt{L^*} \cdot \frac{T_\odot^2}{T_\kappa^2} = \sqrt{39{,}4} \cdot \left(\frac{5{,}8 \cdot 10^3\ \text{K}}{8{,}3 \cdot 10^3\ \text{K}}\right)^2 = \underline{\underline{3{,}1}}$$

Der Stern hat **3,1 Sonnenradien**.

d) Die Hauptreihe des HR-Diagramms der Hyaden endet offensichtlich in der Umgebung von κ_1 Tauri. Sterne weiter oben links auf der Hauptreihe gibt es nicht mehr. Da am linken oberen Ende der Hauptreihe die hellsten und damit massereichsten Sterne liegen, sind diese aufgrund der Proportionalität $t \sim \frac{1}{m^2}$ (m: Masse) die jüngsten Sterne des Sternhaufens. Damit gibt die Verweildauer t_κ von κ_1 Tauri das **Mindestalter des Sternhaufens** an.

Durch Vergleich von t_κ mit der Verweildauer der Sonne ergibt sich hierfür:

$$\frac{t_\kappa}{t_\odot} = \left(\frac{m_\odot}{m_\kappa}\right)^2 = \frac{1}{(m^*)^2} \quad \Rightarrow \quad t_\kappa = \frac{1}{3{,}1^2} \cdot 7 \cdot 10^9\ \text{a} = \underline{\underline{7 \cdot 10^8\ \text{a}}}$$

Die Hyaden sind ein „Offener Sternhaufen“, welche bekanntlich relativ jung sind.

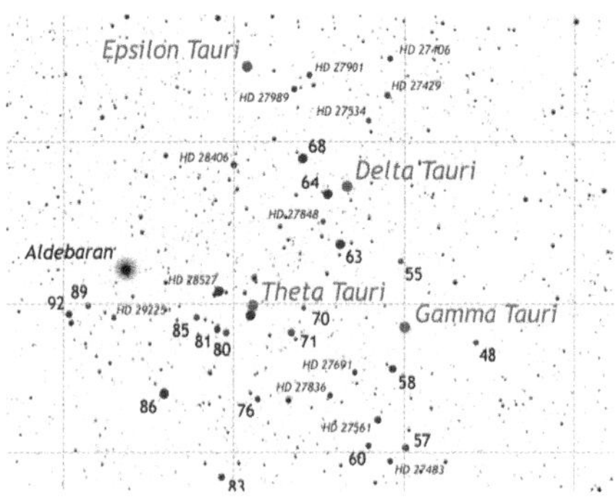

Abb. 5: Hyaden mit Aldebaran

3. Vorgaben: $T_P = 198\,d$; $m_S = 0{,}78\,m_{\odot}$

a) Laborwellenlänge der H_{α}-Linie:

$$\lambda = 656{,}3\,nm$$

Maximal gemessene Wellenlängendifferenz beim Stern:

$$\Delta\lambda_{max} = 3{,}8 \cdot 10^{-15}\,m$$

Gemäß Aufgabentext befinden wir uns als Beobachter auf der Erde in der Situation der Abb. 6: Der Stern bewegt sich einmal von der Erde weg (Position A; Rotverschiebung) bzw. einmal auf die Erde zu (Position B; Blauverschiebung); dabei sind die gemessenen Wellenlängenänderungen Folge des Dopplereffekts. Auf dem äußeren Kreis bewegt sich der Planet.

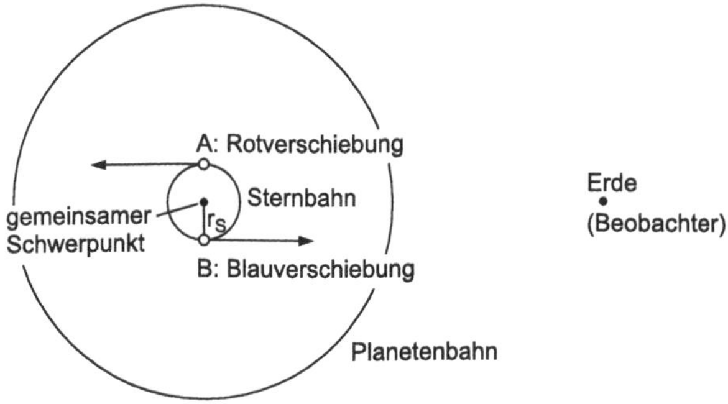

Abb. 6: Dopplerverschiebungen (Skizze nicht maßstäblich)

Die angegebene maximale Wellenlängendifferenz ist doppelt so groß wie der Betrag der durch die Rot- bzw. Blauverschiebung auftretenden Änderung:

$$\Delta\lambda_{Rot} = -\Delta\lambda_{Blau} = \frac{\Delta\lambda_{max}}{2} = 1{,}9 \cdot 10^{-15}\,m$$

Die **Bahngeschwindigkeit des Sterns** ergibt sich aus der Formel für den Dopplereffekt:

$$\frac{\Delta\lambda_{Rot}}{\lambda} = \frac{v_S}{c} \quad \Rightarrow \quad v_S = \frac{\Delta\lambda_{Rot}}{\lambda} \cdot c = \frac{1{,}9 \cdot 10^{-15}\,m}{656{,}3 \cdot 10^{-9}\,m} \cdot 3{,}0 \cdot 10^{8}\,\frac{m}{s} = \underline{\underline{0{,}87\,\frac{m}{s}}}$$

Bei bekannter Bahngeschwindigkeit v_S lässt sich der **Bahnradius r_S** mittels der Beziehung

$$v_S = r_S \cdot \omega = r_S \cdot \frac{2\pi}{T_S} \quad \Rightarrow \quad r_S = \frac{v_S \cdot T_S}{2\pi}$$

berechnen. T_S ist ebenfalls bekannt, denn da der Planet (auf dem äußeren Kreis) sich in 198 Tagen um den Schwerpunkt bewegt, tut dies auch der Stern im gleichen Zeitraum, d. h., es gilt $T_S = T_P$. Daraus folgt:

$$r_S = \frac{v_S \cdot T_P}{2\pi} = \frac{0{,}87\,\frac{m}{s} \cdot 198 \cdot 24 \cdot 3600\,s}{2\pi} = \underline{\underline{2{,}4 \cdot 10^{6}\,m = 2{,}4 \cdot 10^{3}\,km}}$$

b) Wenn sich der Stern im Zentrum der Kreisbewegung des Planeten befindet, kann man den Ansatz „Zentralkraft = Gravitationskraft“ verwenden, die beiden Kraftterme einsetzen und die Gleichung so umstellen, dass sich die gesuchte **Beziehung** (nämlich eine Darstellung des 3. Kepler'schen Gesetzes) ergibt:

$$F_Z = F_G \quad \Leftrightarrow \quad m_P \cdot r_P \cdot \omega^2 = \frac{G \cdot m_P \cdot m_S}{r_P^2} \quad \Leftrightarrow \quad \left(\frac{2\pi}{T_P}\right)^2 = \frac{G \cdot m_S}{r_P^3}$$

$$\Rightarrow \quad \underline{\underline{\frac{T_P^2}{r_P^3} = \frac{4\pi^2}{G \cdot m_S}}}$$

Zur Berechnung des **Planetenbahnradius** stellt man diese Gleichung nach r_P^3 um, zieht die 3. Wurzel aus beiden Gleichungsseiten und setzt die Werte ein:

$$r_P^3 = \frac{T_P^2 \cdot G \cdot m_S}{4\pi^2}$$

$$r_P = \sqrt[3]{\frac{T_P^2 \cdot G \cdot 0{,}78 \cdot m_\odot}{4\pi^2}}$$

$$= \sqrt[3]{\frac{(198 \cdot 24 \cdot 3600\,\text{s})^2 \cdot 6{,}67 \cdot 10^{-11}\,\frac{\text{m}^3}{\text{kg} \cdot \text{s}^2} \cdot 0{,}78 \cdot 1{,}989 \cdot 10^{30}\,\text{kg}}{4\pi^2}}$$

$$= \underline{\underline{9{,}2 \cdot 10^{10}\,\text{m}}}$$

c) Die Solarkonstante berechnet man mit

$$S = \frac{L}{4\pi \cdot r^2}.$$

Setzt man die Gleichung jeweils für das System HD 40307/ HD 40307g und das System Sonne/Erde an, erhält man durch anschließende Division:

$$\frac{S_P}{S_E} = \frac{L_{HD}}{L_\odot} \cdot \frac{r_E^2}{r_P^2} = 0{,}47 \cdot \frac{(150 \cdot 10^9\,\text{m})^2}{(9{,}2 \cdot 10^{10}\,\text{m})^2} = \underline{\underline{1{,}25}}$$

Die Solarkonstante bei HD 40307g ist um **ca. 25 % größer** als unsere Solarkonstante.

Bildnachweis
Abb. 5: Thuvan Dihn, lizensiert unter cc-by-sa-3.0 unported;
URL: http://commons.wikimedia.org/wiki/File:HyadesStarMap.jpg

Aufgabenvorschlag 1

1. **Bestimmung von elektrischen Feldstärken mithilfe einer Potenzialsonde**
Im elektrischen Feld eines Plattenkondensators wurden die nebenstehend abgebildeten Äquipotenziallinien ① bis ⑤ experimentell ermittelt.

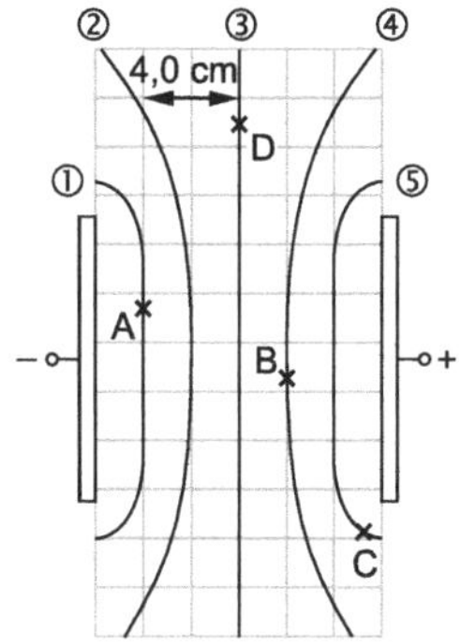

Abb. 1

a) Zeichnen Sie in die Abbildung die elektrischen Feldlinien durch die Punkte A, B, C und D ein. (4 BE)

Aus dem Versuchsprotokoll sind die mithilfe einer Potenzialsonde gemessenen Werte $\varphi_A = 3{,}0$ V und $\varphi_B = 12{,}0$ V des elektrischen Potenzials φ in den Punkten A und B bekannt. Für die negativ geladene Kondensatorplatte gilt die Festlegung $\varphi = 0$.

b) Geben Sie die Messwerte an, die Sie im Versuchsprotokoll für das Potenzial φ_C im Punkt C und φ_D im Punkt D sowie für die am Kondensator anliegende Spannung U_0 erwarten. (3 BE)

c) Im homogenen Bereich des elektrischen Feldes wird mit x der Abstand eines Punktes von der negativ geladenen Platte bezeichnet. Zeichnen Sie das x-φ-Diagramm.
Erläutern Sie anhand des Diagramms, dass alle Quotienten $\frac{\Delta\varphi}{\Delta x}$ mit dem Betrag E_0 der elektrischen Feldstärke des homogenen Feldes übereinstimmen, und berechnen Sie E_0. (7 BE)

d) Erläutern Sie, wie unter Einsatz der Potenzialsonde der Betrag der elektrischen Feldstärke in einem Punkt des Randfeldes (z. B. Punkt C) näherungsweise bestimmt werden kann. Beachten Sie hierbei, dass das Feld in einer kleinen Umgebung eines solchen Punktes annähernd homogen ist. (4 BE)

2. **Der Ringbeschleuniger „Large Hadron Collider“ (LHC)**
Vorbeschleunigte Protonen treten mit der Anfangsenergie $E_{min} = 0{,}450$ TeV in den ringförmigen Beschleuniger LHC ein. Im LHC werden die Protonen durch hochfrequente elektrische Felder in der Zeit $\Delta t = 20{,}0$ min weiter auf die Endenergie $E_{max} = 4{,}00$ TeV beschleunigt. Hierbei wird vereinfachend angenommen, dass die Teilchen durch ein homogenes Magnetfeld stets auf der gleichen Kreisbahn mit Radius $r = 4{,}24$ km gehalten werden.

a) Zeigen Sie, dass für ein Proton mit Anfangsenergie E_{min} der Lorentzfaktor $\gamma = 480$ beträgt, und weisen Sie rechnerisch nach, dass sich ein Proton bereits beim Eintritt in den LHC näherungsweise mit Lichtgeschwindigkeit c bewegt. (8 BE)

Vereinfachend wird im Folgenden für die Geschwindigkeit der Protonen während der gesamten Zeit Δt die Näherung $v = c$ verwendet.

b) Die Flussdichte B des Magnetfeldes steigt in der Zeit Δt vom Wert B_{min} kontinuierlich auf den Wert B_{max} an. Zeigen Sie, dass für die Energie E eines Protons näherungsweise $E = r \cdot e \cdot c \cdot B$ gilt, und berechnen Sie B_{max}. (6 BE)

c) Berechnen Sie die Anzahl der Umläufe bis zum Erreichen von E_{max} und die Energie, die einem Proton pro Umlauf durchschnittlich zugeführt wird. Gehen Sie dabei von der vereinfachenden Annahme aus, dass ein Proton Energie, die ihm einmal zugeführt wurde, nicht wieder abgibt.
[Zur Kontrolle: 263 keV] (6 BE)

Tatsächlich gibt ein kreisendes Proton elektromagnetische Strahlung ab. Für die Energie E_S der sogenannten Synchrotronstrahlung, die ein Teilchen (Ladung q, Ruheenergie E_0) mit konstant angenommener Energie E während eines Umlaufs abstrahlt, gilt die Beziehung

$$E_S = \frac{q^2}{3\varepsilon_0 \cdot r} \cdot \left(\frac{E}{E_0}\right)^4.$$

d) Berechnen Sie die Energie, die einem Proton mit Endenergie E_{max} pro Umlauf zugeführt werden muss, um die Energieabgabe durch Synchrotronstrahlung auszugleichen. Begründen Sie, ob die in Teilaufgabe 2c getroffene vereinfachende Annahme gerechtfertigt war.
[Zur Kontrolle: 0,470 keV] (5 BE)

Der Ringtunnel des LHC wurde ursprünglich für einen anderen Beschleuniger, den „Large Elektron Positron Collider" (LEP), erbaut. Im LEP wurden Elektronen und Positronen bei hoher Energie zur Kollision gebracht.

e) Vergleichen Sie quantitativ die beiden Beschleuniger im Hinblick auf die Energieabgabe durch Synchrotronstrahlung. Gehen Sie davon aus, dass die Protonen die gleiche Energie E wie die Elektronen bzw. Positronen haben. (5 BE)

3. **Dreifarbiges Interferenzbild**
Zur visuellen Untermalung eines Konzerts werden Lichtstrahlen der verschiedensten Farben eingesetzt. Die Spektralanalyse eines bestimmten Lichtstrahls mithilfe eines Gitters ergibt das nachfolgende symmetrische Interferenzbild.

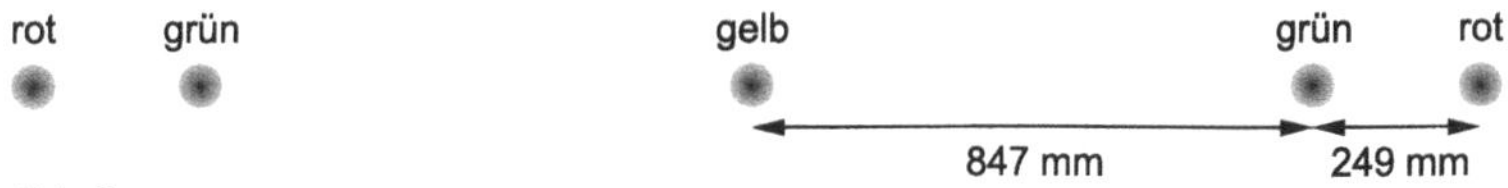

Abb. 2

a) Begründen Sie anhand des Interferenzbildes, in welcher Farbe der untersuchte Strahl erscheint. (3 BE)

Der Strahl trifft senkrecht auf das Gitter. Der Schirm, auf dem das Interferenzbild zu sehen ist, wurde im Abstand 1,80 m parallel zur Gitterebene aufgestellt.

b) Berechnen Sie die Wellenlänge λ_r des roten Lichts, wenn die Wellenlänge des grünen Lichts $\lambda_g = 532$ nm beträgt. Begründen Sie, dass hierbei die Verwendung der Kleinwinkelnäherung nicht sinnvoll ist. (9 BE)

(60 BE)

Tipps und Hinweise zum Aufgabenvorschlag 1

Tipps zu Teilaufgabe 1

a: Feldlinien und Äquipotenziallinien stehen immer senkrecht aufeinander.

b: Beachten Sie den linear zu- bzw. abnehmenden Potenzialverlauf im Bereich des homogenen Feldes.

c: Es sollte sich eine Ursprungsgerade ergeben.

d: Um vom (gemessenen) Potenzial auf die Feldstärke schließen zu können, müssen Sie die Sonde bewegen und mehr als eine Messung durchführen.

Tipps zu Teilaufgabe 2

a: Berechnen Sie den Lorentzfaktor aus der Anfangsenergie.

b: Beachten Sie hier, dass die Lorentzkraft dem Wesen nach eine Zentripetalkraft ist.

c: Verwenden Sie den eben bestätigten Zusammenhang.

d: Setzen Sie die Werte in die angegebene Formel ein.

e: Vergleichen Sie die Ruheenergien von Elektron und Proton, deren Quotient in der vierten Potenz eingeht!

Tipps zu Teilaufgabe 3

a: Das gelbe Licht ist *nicht* spektral rein (wie z. B. Natriumlicht).

b: Auch wenn die Kleinwinkelnäherung hier nicht zulässig ist, kann man mit den Winkeln trotzdem arbeiten und somit die Wellenlänge des roten Lichtes berechnen.

Lösungen zum Aufgabenvorschlag 1

1. a) Die **Feldlinien** stehen grundsätzlich senkrecht auf den Äquipotenziallinien mit Richtung von der positiven zur negativen Platte (Abb. 3).

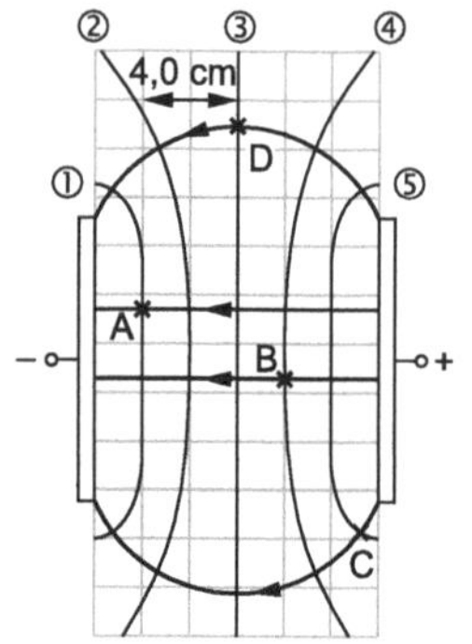

Abb. 3

b) Die in Abb. 1 bzw. 3 eingezeichneten Äquipotenziallinien besitzen im zentralen Bereich des Plattenkondensators, in dem das Feld homogen ist, einen konstanten gegenseitigen Abstand von 2 cm (≙ 1 Kästchen). A und B liegen in diesem Bereich und besitzen bei einem Abstand von 6,0 cm die Potenzialdifferenz 12,0 V – 3,0 V = 9,0 V. Da das Potenzial im homogenen Feld sich linear mit dem Abstand ändert, folgt, dass das Potenzial pro Zentimeter von links nach rechts um 3,0 V größer wird. Folglich liegt **C** auf dem Potenzial **15,0 V**, **D** auf **9,0 V**; die anliegende Kondensatorspannung ist $\mathbf{U_0 = 18{,}0\ V}$.

c) Abb. 4 zeigt das **x-φ-Diagramm**. Der Quotient $\frac{\Delta\varphi}{\Delta x}$ ist die Steigung der Ursprungsgeraden und damit konstant. Speziell gilt:

$$\frac{\Delta\varphi}{\Delta x} = \frac{U_0}{d} = E_0,$$

d. h., die Steigung ist gleich der **elektrischen Feldstärke**. Sie beträgt:

$$E_0 = \frac{18{,}0\ \text{V}}{0{,}120\ \text{m}} = \underline{\underline{150\,\frac{\text{V}}{\text{m}}}}$$

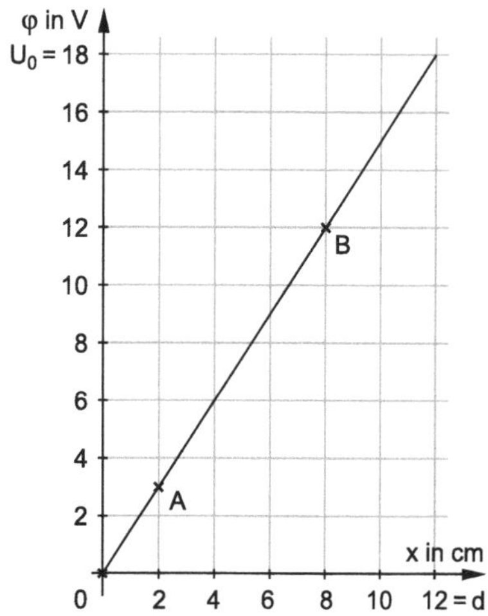

Abb. 4

d) Um mit der Potenzialsonde die elektrische Feldstärke E an einem Punkt P des Randfeldes zu messen, bewegt man die Sonde entlang der Feldlinie durch P ein wenig (Δs) hin und her, dabei schwankt der Messwert um Δφ. Die **Feldstärke in P** ist dann näherungsweise

$$\underline{\underline{E(P) = \left|\frac{\Delta\varphi}{\Delta s}\right|}}.$$

2. a) Die relativistische Energie der Protonen ist bei LHC-Eintritt

$$E_{min} = 0{,}450\ \text{TeV} = \gamma \cdot m_0 \cdot c^2,$$

sodass der **Lorentzfaktor**

$$\gamma = \frac{E_{min}}{m_0 \cdot c^2} = \frac{4{,}50 \cdot 10^{11} \cdot 1{,}60 \cdot 10^{-19}\ \text{J}}{1{,}67 \cdot 10^{-27}\ \text{kg} \cdot \left(3{,}00 \cdot 10^8\ \frac{\text{m}}{\text{s}}\right)^2} = \underline{\underline{479}}$$

und damit tatsächlich **rund 480** beträgt. Die **Protongeschwindigkeit** berechnet sich zu

$$\gamma = \frac{1}{\sqrt{1-\left(\frac{v}{c}\right)^2}} \quad \Rightarrow \quad 1-\left(\frac{v}{c}\right)^2 = \frac{1}{\gamma^2}$$

$$v = c \cdot \sqrt{1-\frac{1}{\gamma^2}}$$

$$= c \cdot \sqrt{1-\frac{1}{479^2}} = \underline{\underline{c \cdot 0{,}99999\ldots \approx c}}.$$

b) Die Protonen bewegen sich auf einer Kreisbahn mit konstantem Radius im homogenen Magnetfeld. Die notwendige Zentripetalkraft F_Z ist hier die Lorentzkraft F_L. Unter der Annahme $v \approx c$ folgt durch Gleichsetzen der beiden Kraftterme für die **Energie des Protons**:

$$F_Z = F_L \quad \Leftrightarrow \quad \frac{m \cdot c^2}{r} = e \cdot c \cdot B$$

$$\frac{E}{r} = e \cdot c \cdot B$$

$$E = \underline{\underline{r \cdot e \cdot c \cdot B}}$$

Damit erhält man für die **maximale Flussdichte**:

$$B_{max} = \frac{E_{max}}{r \cdot e \cdot c} = \frac{4{,}00 \cdot 10^{12} \cdot 1{,}60 \cdot 10^{-19}\ \text{J}}{4{,}24 \cdot 10^3\ \text{m} \cdot 1{,}60 \cdot 10^{-19}\ \text{As} \cdot 3{,}00 \cdot 10^8\ \frac{\text{m}}{\text{s}}} = \underline{\underline{3{,}14\ \text{T}}}$$

c) Bei einer Gesamtdauer von $\Delta t = 20\ \text{min} = 1\,200\ \text{s}$, der (konstanten) Geschwindigkeit c und dem LHC-Umfang $2\pi \cdot r$ ergibt sich für die **Anzahl der Umläufe**:

$$n \cdot 2\pi \cdot r = c \cdot \Delta t \quad \Rightarrow \quad n = \frac{c \cdot \Delta t}{2\pi \cdot r} = \frac{3{,}00 \cdot 10^8\ \frac{\text{m}}{\text{s}} \cdot 1200\ \text{s}}{2\pi \cdot 4{,}24 \cdot 10^3\ \text{m}} = \underline{\underline{13{,}5 \cdot 10^6}}$$

Die **Energie**, die das Proton **je Umlauf** im Schnitt aufnimmt, beträgt

$$\frac{E_{max} - E_{min}}{n} = \frac{4{,}00\ \text{TeV} - 0{,}450\ \text{TeV}}{13{,}5 \cdot 10^6} = \frac{3{,}55 \cdot 10^{12}\ \text{eV}}{13{,}5 \cdot 10^6} = \underline{\underline{263\ \text{keV}}}$$

d) Die **Kompensationsenergie E_K**, die pro Umlauf zugeführt werden muss, ist gerade gleich der abgestrahlten Energie E_S. Einsetzen in die angegebene Formel im Fall $E = E_{max}$ liefert:

$$E_K = \frac{e^2}{3\varepsilon_0 \cdot r} \cdot \left(\frac{E_{max}}{E_0} \right)^4 \qquad (*)$$

$$= \frac{(1{,}60 \cdot 10^{-19}\,\text{As})^2}{3 \cdot 8{,}85 \cdot 10^{-12}\,\frac{\text{As}}{\text{Vm}} \cdot 4{,}24 \cdot 10^3\,\text{m}} \cdot \left(\frac{4{,}00 \cdot 10^{12} \cdot 1{,}60 \cdot 10^{-19}\,\text{J}}{1{,}67 \cdot 10^{-27}\,\text{kg} \cdot \left(3{,}00 \cdot 10^8\,\frac{\text{m}}{\text{s}}\right)^2} \right)^4$$

$$\approx 7{,}5 \cdot 10^{-17}\,\text{J} \approx \underline{\underline{0{,}47\,\text{keV}}}$$

Selbst bei maximalen Abstrahlverlusten sind das weniger als 2 Promille des Zugewinns von 263 keV je Umlauf. Damit war die vereinfachende **Annahme gerechtfertigt**.

Je nachdem, mit welcher Genauigkeit Sie die Naturkonstanten ε_0, e und c einsetzen, kommen Sie auf geringfügig unterschiedliche Werte für E_K. Die Unterschiede sind aber im Sachzusammenhang der Aufgabe unerheblich.

e) Die Ruheenergie des Protons ist um etwa 2 000 Mal größer als die des Elektrons bzw. Positrons. Dieser Faktor geht in vierter Potenz in den Abstrahlterm (*) ein; daher war die Synchrotronstrahlung bei LEP im Vergleich zum LHC etwa um den **Faktor 10^{13}** größer.

3. a) Der Strahl ist **gelb** (siehe Hauptmaximum) und ergibt sich additiv aus roten und grünen Strahlanteilen (wegen der Nebenmaxima!). Er ist also nicht spektral rein gelb (wie z. B. Natriumlicht).

b) Der Abstand des roten Nebenmaximums vom Zentrum ist 1 096 mm, der Schirmabstand laut Angabe 1,80 m, also ist der zugehörige Beugungswinkel

$$\tan\alpha_r = \frac{1\,096\,\text{mm}}{1\,800\,\text{mm}} \quad \Rightarrow \quad \alpha_r = 31{,}3°$$

deutlich zu groß für eine Kleinwinkelnäherung (sinnvoll für $\alpha < 10°$).
Mit der Wellenlänge des grünen Lichtes erhält man den Winkel

$$\tan\alpha_g = \frac{847}{1800} \quad \Rightarrow \quad \alpha_g = 25{,}2°.$$

Der Sinus des Winkels α ist bei der Beugung am Gitter gemäß der Formel $\sin\alpha = \frac{\lambda}{b}$ (Maxima 1. Ordnung, b: Gitterkonstante) proportional zur Wellenlänge λ, sodass sich die **Wellenlänge des roten Lichts** bestimmen lässt:

$$\frac{\sin\alpha_r}{\sin\alpha_g} = \frac{\lambda_r}{\lambda_g} \quad \Rightarrow \quad \lambda_r = \frac{\sin\alpha_r}{\sin\alpha_g} \cdot \lambda_g = \frac{\sin 31{,}3°}{\sin 25{,}2°} \cdot 532\,\text{nm} \approx \underline{\underline{650\,\text{nm}}}$$

Aufgabenvorschlag 2

1. **Abgasreinigung mit einem Elektrofilter**

Mit einem Elektrofilter werden Rußpartikel aus dem Abgas von Kohlekraftwerken entfernt. Nebenstehend ist ein wesentliches Element des Filters im Querschnitt dargestellt. Die negativ geladenen Sprühkathoden sind parallele Drähte, die jeweils den gleichen Abstand zu einer positiv geladenen Platte (Anode) haben.

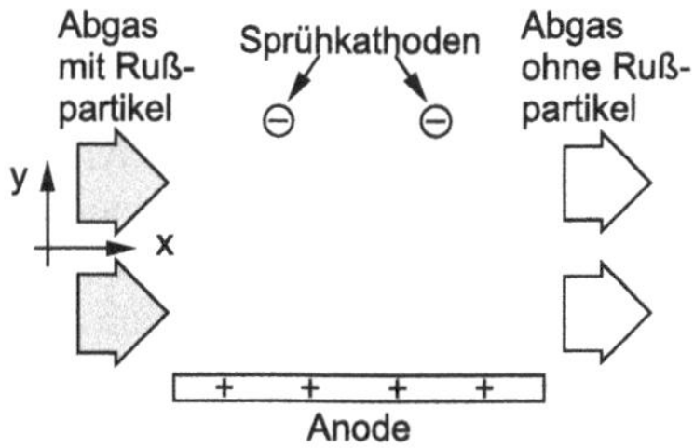

Abb. 1

a) Zeichnen Sie in die obige Abbildung das elektrische Feldlinienbild zwischen den Sprühkathoden und der Anode ein. (4 BE)

b) Im Abgas sind stets in geringer Zahl freie Elektronen vorhanden. Begründen Sie, warum diese Elektronen in der Nähe der Drähte besonders stark beschleunigt werden.
Beschreiben Sie die Folgeprozesse, die dazu führen, dass aus den Nahbereichen der Drähte sehr viele Elektronen herausströmen. (4 BE)

Die von den Kathoden „abgesprühten" Elektronen bewirken, dass die Rußpartikel negativ geladen und daher von der Anode angezogen werden, Dies hat im Filter einen elektrischen Strom der konstanten Stromstärke 1,2 A zur Folge. Pro Stunde werden aus dem Abgas 10 t Ruß herausgefiltert. Ein Rußpartikel besitzt im Mittel die Masse $7{,}7 \cdot 10^{-15}$ kg und die Ladung q.

c) Berechnen Sie die Ladung q.
[Zur Kontrolle: $q = -3{,}3 \cdot 10^{-15}$ C] (5 BE)

In einem vereinfachten Modell werden die Sprühkathoden durch eine negativ geladene Platte ersetzt, sodass ein Plattenkondensator vorliegt. Ferner tragen alle Rußpartikel bereits die Ladung q, wenn sie in x-Richtung mit der einheitlichen Geschwindigkeit $v_x = 5{,}6\,\frac{m}{s}$ mit dem Abgas einströmen. Die an den Platten anliegende Spannung beträgt $U = 20$ kV, der Plattenabstand ist $d = 20$ cm.

d) Zeigen Sie rechnerisch, dass die auf die Rußpartikel wirkende Gravitationskraft im Vergleich zur elektrischen Kraft vernachlässigbar ist. (5 BE)

Um die Bewegung der Rußpartikel zu beschreiben, ist neben der elektrischen Kraft auch eine Reibungskraft zu berücksichtigen.

e) Begründen Sie, dass die im Abgas mitgeführten Rußpartikel eine Reibungskraft in positive y-Richtung erfahren, jedoch keine in x-Richtung. (4 BE)

f) Erklären Sie, dass sich die Rußpartikel nach kurzer Zeit in negativer y-Richtung mit einer konstanten Geschwindigkeit v_y bewegen. (3 BE)

g) Berechnen Sie die für eine vollständige Reinigung des Abgases erforderliche Mindestlänge der Kondensatorplatten, wenn $v_y = -0{,}66\,\frac{m}{s}$ ist. (4 BE)

2. **Rotierende Spule im Erdmagnetfeld**

Eine rechteckige Spule mit N Windungen und den Seitenlängen a und b ist auf eine Rotationsachse montiert, die in senkrechter Position in eine Bohrmaschine eingespannt ist. Die Drehzahl, mit der die Spule im Erdmagnetfeld der Flussdichte $B_{Erde} = 49\,\mu T$ rotiert, beträgt 300 Umdrehungen pro Minute. Für den magnetischen Fluss durch die Spule gilt $\Phi(t) = a \cdot b \cdot B_1 \cdot \cos(\omega \cdot t)$, wobei ω die Winkelgeschwindigkeit und $\vec{B}_1$ eine Komponente von $\vec{B}_{Erde}$ sind.

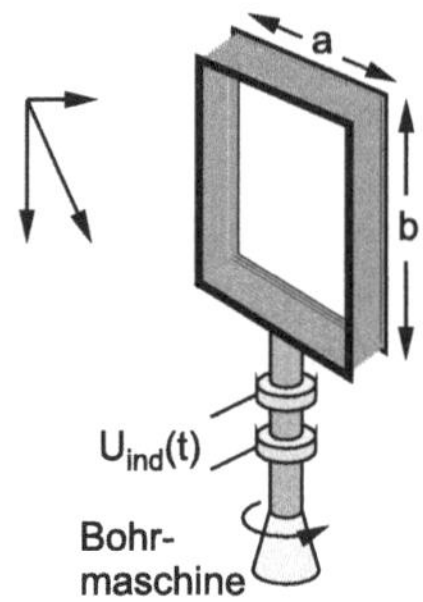

Abb. 2

a) Die magnetischen Feldlinien treten unter einem Winkel von 66° gegenüber der Horizontalen in den Erdboden ein.
Beschriften Sie zunächst die entsprechenden Pfeile in Abb. 2 mit $\vec{B}_{Erde}$ und $\vec{B}_1$ sowie $\vec{B}_2$, der anderen Komponente von $\vec{B}_{Erde}$.
Berechnen Sie dann $\vec{B}_1$.
[Zur Kontrolle: $B_1 = 20\,\mu T$] (5 BE)

b) Zeigen Sie, dass für den Scheitelwert U_0 der an den Schleifringen messbaren Induktionsspannung $U_{ind}(t)$ die Beziehung $U_0 = N \cdot a \cdot b \cdot B_1 \cdot \omega$ gilt.
Zeichnen Sie unter der Annahme, dass dieser Scheitelwert 1,0 mV beträgt, den zeitlichen Verlauf von $U_{ind}(t)$ für $t = 0$ bis $t = 0{,}40\,s$. (7 BE)

c) Geben Sie sinnvolle Werte für a, b und N an, sodass der in Teilaufgabe 2b gezeichnete Graph von $U_{ind}(t)$ tatsächlich beobachtet werden kann. (5 BE)

3. **Kapazitiver Beschleunigungssensor**

Beschleunigungssensoren werden z. B. in Smartphones eingesetzt. Das nebenstehende Sensormodell besitzt zwei kammförmige Elektroden mit jeweils drei Stegen, die ineinander greifen, ohne sich zu berühren. Benachbarte Stege stellen im Bereich, in dem sie sich überlappen, einen luftgefüllten Plattenkondensator der Kapazität C mit Plattenabstand $d = 1{,}0\,\mu m$ dar.

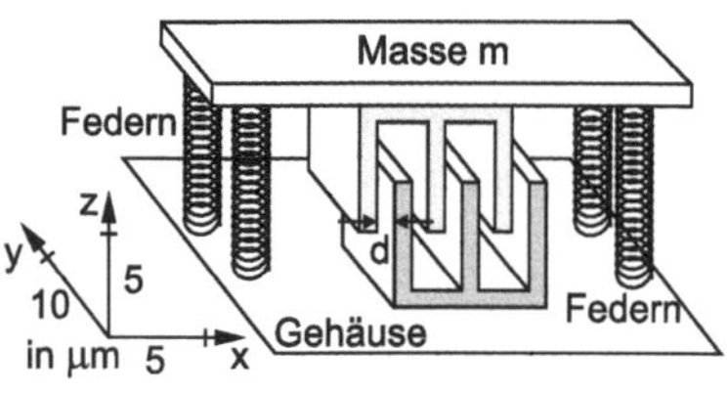

Abb. 3

Der untere Kamm ist am Gehäuse montiert, der obere an einer Platte (Isolator) der Masse m. Diese ist über vier Federn mit dem Gehäuse verbunden.

a) Schätzen Sie anhand der Abb. 3 die Kapazität C sowie die Gesamtkapazität des Sensors als Summe aller Kapazitäten vom Wert C ab. (5 BE)

b) Im Laborexperiment bildet ein Sensor dieser Bauart gemeinsam mit einer Spule der Induktivität L einen elektromagnetischen Schwingkreis. Nun wird das Gehäuse in positive z-Richtung beschleunigt. Erklären Sie, wie sich hierdurch die Anfangsfrequenz der Schwingung verändert. (5 BE)

c) Eine Beschleunigung kann erst ab einer Mindestauslenkung des oberen Kamms registriert werden. Geben Sie zwei Veränderungen im Sensoraufbau an, um kleinere Beschleunigungen als bislang messen zu können. (4 BE)

(60 BE)

Tipps und Hinweise zum Aufgabenvorschlag 2

Tipps zu Teilaufgabe 1

a: Beachten Sie, dass die elektrischen Feldlinien von Plus nach Minus verlaufen und senkrecht zur Oberfläche enden.

b: Vergleichen Sie die Krümmung der Drahtoberfläche mit der der positiven Platte. Was folgern Sie daraus für die jeweiligen „Feldliniendichten"?

c: Bestimmen Sie zunächst die Anzahl der stündlich entsorgten Rußpartikel.

d: Für den Kräftevergleich benötigen Sie die Ladung q. Deren Wert ist, falls Sie ihn in Teilaufgabe 1 c nicht berechnen konnten, dort als Kontrollergebnis angegeben.

e: Denken Sie an Menschenströme zum Pausenende oder am Bahnhof, die Sie (mühsam) durchqueren müssen oder denen Sie sich einfach anschließen.

f: Konstante Geschwindigkeit bedeutet Kräftegleichgewicht und damit keine Beschleunigung.

g: Wie lange ist ein Rußpartikel unterwegs, bis er in y-Richtung die volle Breite durchflogen hat?

Tipps zu Teilaufgabe 2

a: Wie muss die für die Induktion relevante Magnetfeldkomponente bzgl. der Spulenfläche orientiert sein?

b: Verwenden Sie die übliche Formel zur Berechnung der Induktionsspannung.

c: Überlegen Sie zunächst „handliche" Werte für a und b, erst dann eine mögliche Windungszahl N.

Tipps zu Teilaufgabe 3

a: Beachten Sie den durch das Koordinaten-Dreibein in Abb. 3 vorgegebenen Längenmaßstab.
Die Kondensator-„Kämme" greifen in der Darstellung etwa zur Hälfte ineinander. Überlegen Sie, wie die Einzelkapazitäten geschaltet sind: parallel oder in Reihe?

b: Betrachten Sie die relevante Kondensator-Plattenfläche A.

c: In Betracht kommen Änderungen an der aufgelegten Masse und/oder an den Federn. Beachten Sie den Operator „angeben": Sie müssen nichts begründen.

Lösungen zum Aufgabenvorschlag 2

1. a) **Feldlinienskizze:**

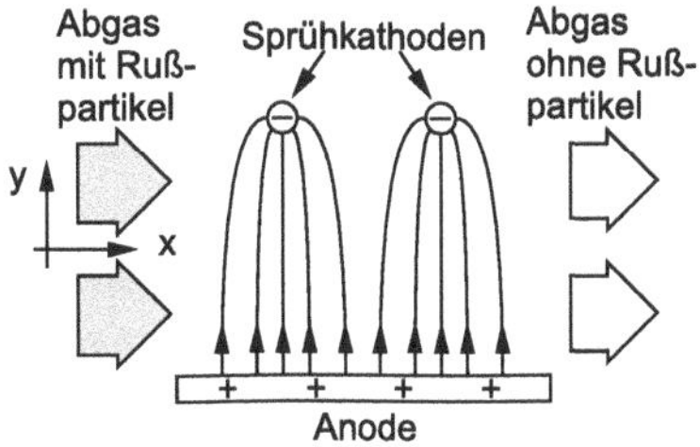

Abb. 4

b) Die **Feldstärke** ist in Drahtnähe besonders hoch, dadurch auch die elektrische Kraft auf die freien Elektronen, die wiederum durch Stöße die Abgasteilchen ionisieren. So werden weitere Elektronen frei und beteiligen sich an dieser **Ionisationskaskade**. Wegen der Abstoßung durch den negativ geladenen Draht strömen sehr viele Elektronen aus dem Nahbereich des Drahtes heraus.

c) Die Anzahl n der stündlich ausgefilterten Rußpartikel ist

$$n = \frac{10\,000\text{ kg}}{7{,}7 \cdot 10^{-15}\text{ kg}} = 1{,}3 \cdot 10^{18}$$

und besitzt die Gesamtladung

$$Q = -1{,}2\text{ A} \cdot 3\,600\text{ s} = n \cdot q_{\text{Ruß}}.$$

Für die einzelnen Partikel ergibt sich die **Ladung** zu je

$$q_{\text{Ruß}} = -\frac{1{,}2\text{ A} \cdot 3\,600\text{ s}}{1{,}3 \cdot 10^{18}} = \underline{\underline{-3{,}3 \cdot 10^{-15}\text{ C}}}.$$

d) Die Gravitationskraft auf ein Rußpartikel beträgt

$$F_G = m \cdot g = 7{,}7 \cdot 10^{-15}\text{ kg} \cdot 9{,}81\,\frac{\text{N}}{\text{kg}} = 7{,}6 \cdot 10^{-14}\text{ N},$$

der Betrag der elektrischen Feldkraft, die auf das geladene Partikel wirkt, ist

$$F_{el} = |\,q_{\text{Ruß}}\,| \cdot \frac{U}{d} = 3{,}3 \cdot 10^{-15}\text{ As} \cdot \frac{20 \cdot 10^3\text{ V}}{0{,}20\text{ m}} = 3{,}3 \cdot 10^{-10}\text{ N} \approx \underline{\underline{4300 \cdot F_G}}.$$

Damit ist die **Gravitation** hier **vernachlässigbar klein**.

e) **x-Richtung:** Hier tritt keine Reibung auf, weil die Rußteilchen sich hier in Richtung aller Abgasteilchen mit bewegen.

y-Richtung: Der vertikale Anteil ihrer Bewegung (Drift zur Anode) zwingt die Teilchen durch den Querstrom und das ist mit Reibung (Kraft in Gegenrichtung) verbunden.

Vergleichen Sie mit dem Pausenende im Schulhaus: Solange Sie mit allen anderen die Treppe hinauf strömen, spüren sie kaum Widerstand, dagegen einen deutlichen, wenn Sie zum jenseitigen Trakt der gleichen Etage queren möchten.

f) Es stellt sich sehr schnell ein **Gleichgewicht** zwischen Reibungskraft und elektrischer Feldkraft ein, sodass die resultierende Kraft null wird und sich v_y nicht mehr ändert.

g) Wenn auch die Rußpartikel „ganz oben" (größte y-Koordinate) ausgefiltert werden sollen, müssen sie die Anode erreichen können. Bei $v_y = -0{,}66\,\frac{m}{s}$ und $d = 20\,cm$ dauert das

$$t = \frac{0{,}20\ m}{0{,}66\,\frac{m}{s}} = 0{,}30\ s,$$

sodass die **Ausdehnung des Kondensators** in x-Richtung mindestens

$$v_x \cdot t = 5{,}6\,\frac{m}{s} \cdot 0{,}30\ s = \underline{\underline{1{,}7\ m}}$$

betragen muss.

2. a) Der waagrechte Anteil von $\vec{B}_{Erde}$ ist $\vec{B}_1$ mit

$$B_1 = B_{Erde} \cdot \cos 66° = 49\ \mu T \cdot \cos 66° = \underline{\underline{20\ \mu T}},$$

der senkrechte Anteil ist $\vec{B}_2$ (Abb. 5).

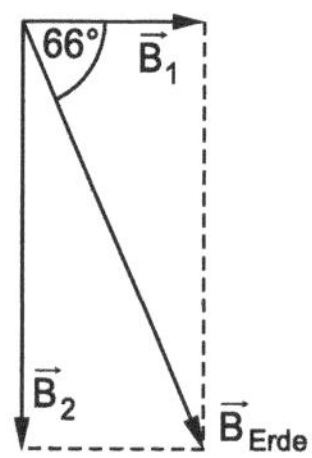

Abb. 5

b) Mit der angegebenen Formel $\Phi(t) = a \cdot b \cdot B_1 \cdot \cos(\omega \cdot t)$ für den magnetischen Fluss ergibt sich der Spannungsverlauf $U_{ind}(t)$ und die **Scheitelspannung U_0** aus dem Induktionsgesetz:

$$\begin{aligned} U_{ind}(t) &= -N \cdot \dot{\Phi}(t) \\ &= -N \cdot a \cdot b \cdot B_1 \cdot (-\sin(\omega \cdot t) \cdot \omega) \\ &= N \cdot a \cdot b \cdot B_1 \cdot \omega \cdot \sin(\omega \cdot t) \\ &= U_0 \cdot \sin(\omega \cdot t) \quad \text{mit } \underline{\underline{U_0 = N \cdot a \cdot b \cdot B_1 \cdot \omega}} \end{aligned}$$

300 Umdrehungen je Minute bedeuten eine Frequenz $f = 5\ Hz$ und damit die Periodendauer

$$T = \frac{1}{f} = \frac{1}{5}\ s = 0{,}20\ s.$$

sodass sich mit $U_0 = 1{,}0\ mV$ die Funktion $U_{ind}(t) = 1{,}0\ mV \cdot \sin(2\pi \cdot \frac{t}{0{,}20\ s})$ ergibt. Den **U(t)-Graphen** für $0\ s \le t \le 0{,}40\ s$ zeigt Abb. 6.

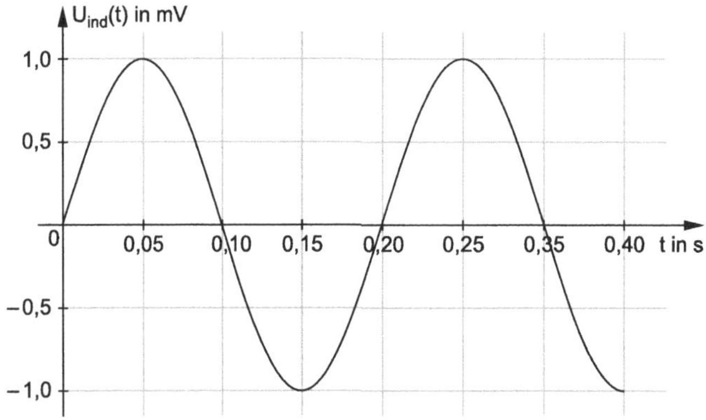

Abb. 6

c) Es gilt mit $\omega = 2\pi \cdot f = 2\pi \cdot 5\,s^{-1} = 10\pi\,s^{-1}$ und $U_0 = N \cdot a \cdot b \cdot B_1 \cdot \omega$:

$$1{,}0 \cdot 10^{-3}\,V = N \cdot a \cdot b \cdot 20 \cdot 10^{-6}\,T \cdot 10\pi \frac{1}{s} \quad \Rightarrow \quad N \cdot a \cdot b = 1{,}6\,m^2$$

Nimmt man z. B. die Spulenmaße **a = 0,10 m** und **b = 0,20 m** an, folgt **N = 80**.

3. a) Die Plattenausdehnung horizontal ist etwa 10 µm, vertikal überlappen die Flächen etwa zur Hälfte, d. h. ca. 2,5 µm, sodass sich für die **Kapazität C** zweier Platten im Abstand d der Wert

$$C = \varepsilon_0 \cdot \frac{A}{d} = 8{,}85 \cdot 10^{-12} \frac{C}{Vm} \cdot \frac{10 \cdot 10^{-6}\,m \cdot 2{,}5 \cdot 10^{-6}\,m}{1{,}0 \cdot 10^{-6}\,m} \approx 2 \cdot 10^{-16}\,F$$

ergibt. Fünf dieser Plattenpaare sind in dem Sensor parallel geschaltet, daher beträgt die **Gesamtkapazität**

$$C_{ges} = 5C \approx \underline{\underline{1 \cdot 10^{-15}\,F.}}$$

Sollten Sie die Parallelschaltung nicht gleich erkennen, hilft Ihnen vielleicht Abb. 7, in der ein- und dieselbe Schaltung auf verschiedene Weise dargestellt ist (hier für zwei zweizackige Kämme).

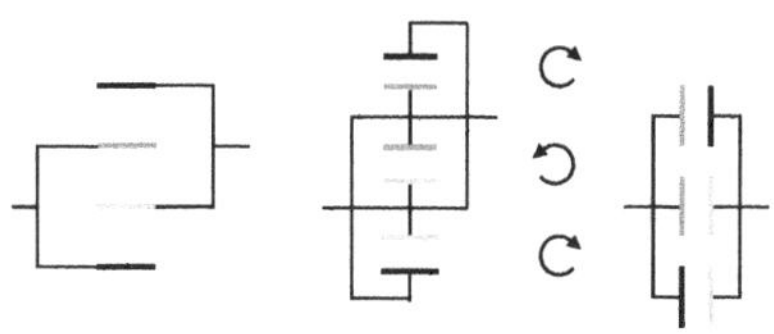
Abb. 7

b) Wenn sich das Gehäuse nach oben bewegt, dann überlappen die Kondensatorkämme weiter, die relevante Fläche A wird also größer und damit auch die Kapazität. Nach der Thomsongleichung gilt für die Schwingkreisfrequenz $f \sim \frac{1}{\sqrt{L \cdot C}}$, daher **wird f** für L = konst. und wachsendem C **kleiner**.

c) Es könnten entweder **weichere Federn** eingebaut werden oder (auch) eine **größere Masse m** aufgelegt werden, damit die Empfindlichkeit erhöht wird.

Aufgabenvorschlag 1

1. **Interferenz von Neutronen am makroskopischen Doppelspalt**
Im Jahr 1994 gelang es den Physikern Gähler und Zeilinger, die Interferenz von Neutronen an einem mit bloßem Auge erkennbaren Doppelspalt zu demonstrieren. Der Doppelspalt besaß den Spaltmittenabstand $b = 0{,}126$ mm. Die Beobachtungsebene befand sich im Abstand $a = 5{,}00$ m zur Doppelspaltebene; ein Detektor zählte dort in verschiedenen Positionen während eines bestimmten Zeitraums die jeweils einfallenden Neutronen. Bei der Detektion konnten nur Auftreffstellen unterschieden werden, deren Abstand mindestens $10\,\mu\text{m}$ betrug.

a) Zeigen Sie rechnerisch, dass bei diesem Experiment das Maximum 1. Ordnung nicht vom Maximum 0. Ordnung hätte unterschieden werden können, falls Neutronen der Geschwindigkeit $2{,}7\,\frac{\text{km}}{\text{s}}$ verwendet worden wären. (6 BE)

Um langsamere Neutronen zu erhalten, wurden diese durch Moderation in flüssigem Deuterium auf die mittlere Geschwindigkeit $0{,}80\,\frac{\text{km}}{\text{s}}$ abgebremst.

b) Betrachten Sie ein Neutron mit Anfangsgeschwindigkeit $2{,}7\,\frac{\text{km}}{\text{s}}$. Nehmen Sie an, dass die kinetische Energie eines Neutrons bei jedem Stoß mit einem Deuterium-Kern um 30 % abnimmt. Berechnen Sie, wie viele Stöße mindestens nötig sind, damit die Neutronengeschwindigkeit unter $0{,}80\,\frac{\text{km}}{\text{s}}$ liegt. (6 BE)

Aus den moderierten Neutronen wurden Neutronen ausgefiltert, deren Geschwindigkeiten in einer schmalen Bandbreite um $0{,}21\,\frac{\text{km}}{\text{s}}$ lagen. Das Diagramm zeigt das Interferenzmuster bei Verwendung dieser Neutronen.

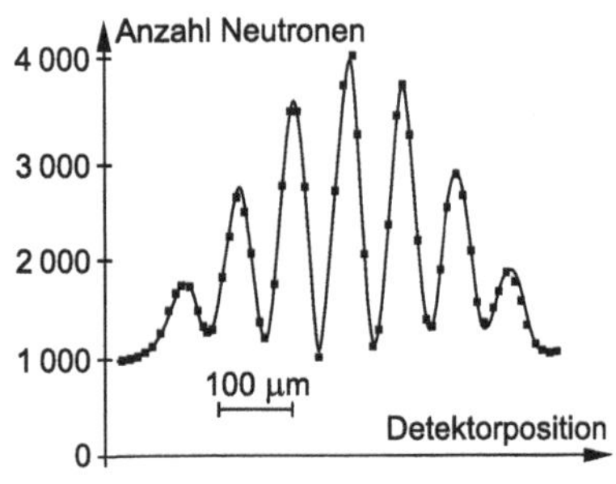

Abb. 1

c) Entnehmen Sie dem Diagramm den Abstand der Maxima dritter Ordnung. Bestätigen Sie ausgehend hiervon den angegebenen Geschwindigkeitswert für die ausgefilterten Neutronen. (7 BE)

d) Erläutern Sie einen möglichen Grund, weshalb für die Minima im Diagramm eine Neutronenanzahl deutlich über null vorliegt. (4 BE)

2. **Potenzialtopf und quantenphysikalisches Modell zum Wasserstoffatom**
Betrachtet wird zunächst ein eindimensionaler unendlich hoher Potenzialtopf der Breite ℓ. Für das Innere des Topfes ($0 < x < \ell$) ist $E_{pot}(x) = 0$ festgelegt. Die Wellenfunktion

$$\psi_n(x) = \sqrt{\frac{2}{\ell}} \cdot \sin\left(\frac{2\pi}{\lambda_n} \cdot x\right)$$

beschreibt den n-ten Quantenzustand ($n = 1, 2, 3, \ldots$) eines im Topf gebundenen Elektrons. Hierbei bezeichnet λ_n die Wellenlänge des Elektrons.

a) Leiten Sie aus der Randbedingung $\psi_n(\ell) = 0$ eine Beziehung zwischen λ_n und ℓ her.
Hinweis: $\sin(n \cdot \pi) = 0$ (4 BE)

b) Beschreiben Sie die quantenphysikalische Bedeutung des Terms $|\psi_n(x)|^2$. Geben Sie ohne Rechnung den Wert des Integrals

$$\int_0^{\ell} |\psi_n(x)|^2 \, dx$$

an und begründen Sie diesen Wert. (6 BE)

c) Nehmen Sie an, dass der Grundzustand des Potenzialtopfs den Energiewert $E_1 = 1{,}0$ eV besitzt. Stellen Sie die Energieniveaus E_1 bis E_4 des Potenzialtopfs zeichnerisch dar. Zeichnen Sie ebenfalls die vier niedrigsten Stufen eines Energieniveauschemas zum Wasserstoffatom. Vergleichen Sie beide Schemata im Hinblick auf das Verhalten der Differenz $E_{n+1} - E_n$ bei zunehmender Quantenzahl n. (11 BE)

d) Es werden nun radialsymmetrische Zustände des Wasserstoffatoms und zugehörige Wellenfunktionen in ihrer radialen Abhängigkeit betrachtet. Wählen Sie unter den Diagrammen A bis D den skizzierten Graphen der Wellenfunktion zu $n = 2$ sowie den zu $n = 3$ aus und begründen Sie Ihre Entscheidung.

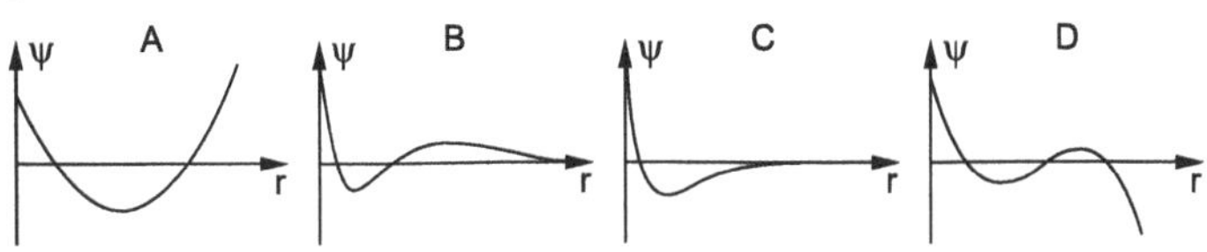

(4 BE)

Abb. 2

3. **Neudatierung des Pekingmenschen**
Archäologen fanden in einer Höhle in der Nähe von Peking das Steinwerkzeug eines Urmenschen. Eine Untersuchung dieses Werkzeugs mit der Aluminium-Beryllium-Methode ergab, dass der Pekingmensch vor wesentlich längerer Zeit gelebt haben muss als die bis dahin angenommenen halbe Million Jahre.

An der Oberfläche von Steinen entstehen durch die kosmische Strahlung ständig neue Kerne der radioaktiven Isotope ^{26}Al (Halbwertszeit $T_{1/2,\,Al} = 7{,}17 \cdot 10^5$ a) und ^{10}Be ($T_{1/2,\,BE} = 1{,}51 \cdot 10^6$ a). Bei anhaltender Bestrahlung stellt sich ein konstantes Verhältnis

$$k(t) = \frac{N_{Al}(t)}{N_{Be}(t)}$$

der Anzahl der Kerne beider Isotope ein. Für die Umgebung der Höhle geht man davon aus, dass zu Lebzeiten des Pekingmenschen ($t = 0$) das Verhältnis 6,9 betrug. Bei der Untersuchung ($t = t_H$) erhielten die Archäologen für das gefundene Steinwerkzeug das Verhältnis $k(t_H) = 4{,}72$.

a) Das Steinwerkzeug war in der Höhle von der kosmischen Strahlung abgeschirmt. Erklären Sie, warum dies für die Anwendung obiger Methode wesentlich ist und weshalb der Wert von k(t) abgenommen hat. (5 BE)

b) Leiten Sie die Beziehung $k(t) = k(0) \cdot e^{(\lambda_{Be} - \lambda_{Al}) \cdot t}$ her und berechnen Sie mit dieser das Alter t_H des Steinwerkzeugs. (7 BE)

(60 BE)

Tipps und Hinweise zum Aufgabenvorschlag 1

Tipps zu Teilaufgabe 1

a: Verwenden Sie die De-Broglie-Wellenlänge und die Kleinwinkelnäherung.

b: Beachten Sie, dass nach jedem Stoß 30 % der Energie abgegeben werden.

c: Das dritte seitliche Maximum markiert den Auftreffort der Wellen mit 3 Wellenlängen Gangunterschied.

d: Beachten Sie, dass die Geschwindigkeiten der Teilchen nicht exakt den angegebenen Wert haben, sondern nur ungefähr.

Tipps zu Teilaufgabe 2

a: Der in der Aufgabenstellung gegebene Ansatz $\psi_n(\ell) = 0$ führt zusammen mit dem Hinweis sofort zur Lösung.

b: Denken Sie an den Begriff der Aufenthaltswahrscheinlichkeit.

c: Die Energiewerte im Potenzialtopf wachsen quadratisch mit n.

d: Ermitteln Sie zunächst die beiden Diagramme, die sicher (weit entfernt!) keine solche radiale Verteilung beschreiben. Erinnern Sie sich an den Zusammenhang zwischen Knotenzahl und Quantenzahl einer Wellenfunktion.

Tipps zu Teilaufgabe 3

a: Vergleichen Sie die Halbwertszeiten der beteiligten Isotope.

b: Wenden Sie das Zerfallsgesetz auf Zähler und Nenner von k(t) an.

Lösungen zum Aufgabenvorschlag 1

1. a) Die beiden Maxima 1. Ordnung entstehen, wenn die Wellen dort einen Gangunterschied von einer De-Broglie-Wellenlänge haben:

$$\Delta s = \lambda = \frac{h}{m \cdot v} = \frac{6{,}63 \cdot 10^{-34}\,\text{Js}}{1{,}67 \cdot 10^{-27}\,\text{kg} \cdot 2{,}7 \cdot 10^{3}\,\frac{\text{m}}{\text{s}}} = 1{,}47 \cdot 10^{-10}\,\text{m}$$

Für den Beugungswinkel gilt einerseits (b: Spaltmittenabstand)

$$\sin\alpha_1 = \frac{\Delta s}{b} = \frac{\lambda}{b},$$

andererseits (a: Schirmabstand; x_1: Abstand zwischen 0. und 1. Maximum)

$$\tan\alpha_1 = \frac{x_1}{a}.$$

Wegen $\lambda \ll b$ darf die Kleinwinkelnäherung $\sin\alpha_1 \approx \tan\alpha_1$ verwendet werden, sodass folgt:

$$\frac{\lambda}{b} = \frac{x_1}{a} \quad \Rightarrow \quad x_1 = \frac{a}{b} \cdot \lambda = \frac{5{,}00\,\text{m}}{0{,}126 \cdot 10^{-3}\,\text{m}} \cdot 1{,}47 \cdot 10^{-10}\,\text{m}$$

$$= 5{,}8 \cdot 10^{-6}\,\text{m} = \underline{\underline{5{,}8\,\mu\text{m} < 10\,\mu\text{m}}}$$

Der Abstand zwischen 0. und 1. Maximum liegt bei dieser Neutronengeschwindigkeit unter der Auflösungsgrenze.

b) Nach jedem Stoß bleiben 70 % der kinetischen Energie, also nach n Stößen

$$E_{\text{kin, n}} = 0{,}7^{n} \cdot E_{\text{kin, 0}}.$$

Für die **Mindestzahl an Stößen** muss daher gelten:

$$E_{\text{kin, n}} < \frac{1}{2} m \cdot \left(0{,}80\,\frac{\text{km}}{\text{s}}\right)^2 \Rightarrow 0{,}7^{n} \cdot \frac{1}{2} m \cdot \left(2{,}7\,\frac{\text{km}}{\text{s}}\right)^2 < \frac{1}{2} m \cdot \left(0{,}80\,\frac{\text{km}}{\text{s}}\right)^2$$

$$0{,}7^{n} < \frac{0{,}80^2}{2{,}7^2}$$

$$n > \frac{\ln\frac{0{,}80^2}{2{,}7^2}}{\ln 0{,}7} = 6{,}8$$

$$\Rightarrow \quad n_{\min} = \underline{\underline{7}}$$

c) Aus Abb. 1 entnimmt man den für **Abstand der Maxima 3. Ordnung**:

$$2x_3 = \underline{\underline{440\,\mu\text{m}}}$$

Der Gangunterschied Δs beträgt dort 3 Wellenlängen, also folgt zunächst:

$$\frac{\Delta s}{b} = \frac{x_3}{a} \quad \Rightarrow \quad 3\lambda = \frac{b}{a} \cdot x_3$$

Die **Geschwindigkeit** der ausgefilterten Neutronen erhält man daraus über die De-Broglie-Formel $\lambda = \frac{h}{m \cdot v}$:

$$3 \cdot \frac{h}{m \cdot v} = \frac{b}{a} \cdot x_3 \quad \Rightarrow \quad v = \frac{3a \cdot h}{b \cdot x_3 \cdot m}$$

$$= \frac{3 \cdot 5{,}00\ \text{m} \cdot 6{,}63 \cdot 10^{-34}\ \text{Js}}{0{,}126 \cdot 10^{-3}\ \text{m} \cdot 220 \cdot 10^{-6}\ \text{m} \cdot 1{,}67 \cdot 10^{-27}\ \text{kg}}$$

$$= \underline{\underline{2{,}1 \cdot 10^2\ \frac{\text{m}}{\text{s}} = 0{,}21\ \frac{\text{km}}{\text{s}}}}$$

d) Wegen der **Geschwindigkeitsunterschiede** zwischen den verschiedenen Neutronen und damit auch verschiedenen De-Broglie-Wellenlängen sind die Minima nicht exakt lokalisiert, sondern trotz gleicher Ordnung leicht verschoben. Einzelne Neutronen, deren Geschwindigkeit geringfügig von $0{,}21\ \frac{\text{km}}{\text{s}}$ abweicht, treffen also knapp neben den Diagramm-Minima auf (nämlich dort, wo die Minima für „ihre" Geschwindigkeit liegen).

2. a) Die angegebene Wellenfunktion $\psi_n(x) = \sqrt{\frac{2}{\ell}} \cdot \sin(\frac{2\pi}{\lambda_n} \cdot x)$ hat bei allen Vielfachen von π im Argument eine Nullstelle. Damit folgt für den **Zusammenhang zwischen der Wellenlänge und der Topfbreite**:

$$\psi_n(\ell) = 0 \quad \Leftrightarrow \quad \frac{2\pi}{\lambda_n} \cdot \ell = n \cdot \pi \quad \Rightarrow \quad \underline{\underline{\lambda_n = \frac{2\ell}{n}}}$$

b) $|\psi_n(x)|^2$ ist eine lineare Wahrscheinlichkeitsdichte: Der Term $|\psi_n(x)|^2\,dx$ liefert die **Aufenthaltswahrscheinlichkeit** des Elektrons im Ortsintervall $[x;\ x + dx]$. Weil es mit Sicherheit *irgendwo* im Topf ist, gilt für das Integral über die gesamte Topfbreite:

$$\int_0^{\ell} |\psi_n(x)|^2\,dx = \underline{\underline{1}}$$

c) **Potenzialtopf**

Die Energie eines Elektrons im (unendlich hohen) Potenzialtopf wächst quadratisch mit n: $E_n \sim n^2$.

Sie können sich diesen Zusammenhang, falls Sie ihn nicht auswendig wissen, rasch anhand der in Teilaufgabe a gefundenen Beziehung herleiten:

$$\left.\begin{aligned} E_n &= E_{kin,\,n} = \frac{1}{2} m \cdot v^2 = \frac{p_n^2}{2m} \\ \lambda_n &= \frac{2\ell}{n} \overset{\text{de Broglie}}{\Leftrightarrow} \frac{h}{p_n} = \frac{2\ell}{n} \Leftrightarrow p_n = \frac{h \cdot n}{2\ell} \end{aligned}\right\} \Rightarrow E_n = \frac{h^2}{8m \cdot \ell^2} \cdot n^2$$

Für die ersten vier Energieniveaus gilt dann:

$E_1 = 1{,}0\ \text{eV};\ \ E_2 = 4{,}0\ \text{eV};\ \ E_3 = 9{,}0\ \text{eV};\ \ E_4 = 16{,}0\ \text{eV}$

Die **Energiedifferenzen** zwischen aufeinander folgenden Stufen werden hier für hohe Quantenzahlen **immer größer**.

Wasserstoff
Hier liegen die Energieniveaus gemäß der Gleichung

$$E_n = -R_H h \cdot c \cdot \frac{1}{n^2}$$

bei folgenden Werten:

$E_1 = -13{,}6\ \text{eV};\ \ E_2 = -3{,}4\ \text{eV};\ \ E_3 = -1{,}5\ \text{eV};\ \ E_4 = -0{,}85\ \text{eV}$

Die **Energiedifferenzen** zwischen aufeinander folgenden Zuständen werden für hohe Quantenzahlen **immer kleiner**.

Vergleich der Energieschemata

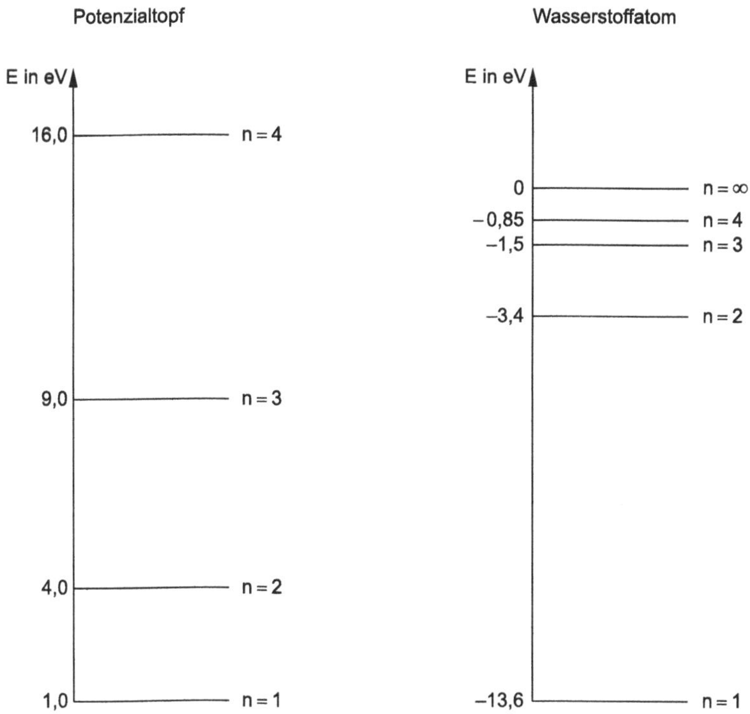

Abb. 3

d) • Die Diagramme A und D scheiden aus, weil sie rechts außen nicht asymptotisch gegen null konvergieren; sie können damit kein gebundenes Elektron mit räumlich begrenzter Aufenthaltswahrscheinlichkeit beschreiben.
- Weil **Diagramm B** mehr Nullstellen (Knoten) besitzt als C, muss es zur höheren Quantenzahl gehören, d. h. zu **n = 3**.
- Folglich gehört **Diagramm C** zu **n = 2**.

3. a) Es wurden keine ^{26}Al- oder ^{10}Be-Kerne mehr nachproduziert, weil die kosmische Strahlung vom Werkzeug abgehalten wurde. Die Anzahl der vorhandenen Kerne dieser Isotope nimmt also gemäß Zerfallsgesetz ab. Dabei zerfällt ^{26}Al schneller (kleinere Halbwertszeit) als ^{10}Be, sodass das Verhältnis k(t) im Lauf der Zeit kleiner wird.

b) Man wendet das Zerfallsgesetz auf beide Isotope an. Dann gilt für ^{26}Al

$$N_{^{26}Al}(t) = N_{^{26}Al}(0) \cdot e^{-\lambda_{^{26}Al} \cdot t},$$

und für ^{10}Be

$$N_{^{10}Be}(t) = N_{^{10}Be}(0) \cdot e^{-\lambda_{^{10}Be} \cdot t},$$

wobei die Zerfallskonstanten über $\lambda = \frac{\ln 2}{T_{1/2}}$ mit den jeweiligen Halbwertszeiten zusammenhängen.
Für das **Isotopenverhältnis** ergibt sich durch Quotientenbildung:

$$k(t) = \frac{N_{^{26}Al}(0) \cdot e^{-\lambda_{^{26}Al} \cdot t}}{N_{^{10}Be}(0) \cdot e^{-\lambda_{^{10}Be} \cdot t}} = \frac{N_{^{26}Al}(0)}{N_{^{10}Be}(0)} \cdot e^{(\lambda_{^{10}Be} - \lambda_{^{26}Al}) \cdot t}$$

$$= \underline{\underline{k(0) \cdot e^{(\lambda_{^{10}Be} - \lambda_{^{26}Al}) \cdot t}}}$$

Das **Alter der Steinprobe** erhält man durch Umstellen dieser Gleichung nach der Zeit $t = t_H$:

$$k(t_H) = k(0) \cdot e^{(\lambda_{^{10}Be} - \lambda_{^{26}Al}) \cdot t}$$

$$\Rightarrow \quad \ln \frac{k(t_H)}{k(0)} = (\lambda_{^{10}Be} - \lambda_{^{26}Al}) \cdot t_H$$

$$t_H = \ln \frac{k(t_H)}{k(0)} \cdot \frac{1}{\lambda_{^{10}Be} - \lambda_{^{26}Al}}$$

Mit $\lambda_{^{10}Be} - \lambda_{^{26}Al} = \frac{\ln 2}{T_{1/2,\,Be}} - \frac{\ln 2}{T_{1/2,\,Al}} = \left(\frac{1}{15{,}1} - \frac{1}{7{,}17}\right) \cdot \frac{\ln 2}{10^5\ a} = -5{,}08 \cdot 10^{-7}\ \frac{1}{a}$ folgt:

$$t_H = \ln \frac{4{,}72}{6{,}9} \cdot \frac{1}{-5{,}08 \cdot 10^{-7}\ \frac{1}{a}} = \underline{\underline{0{,}75 \cdot 10^6\ a}}$$

Aufgabenvorschlag 2

1. **Fotoeffekt**

An einer Universität findet am Tag der offenen Tür ein Experimentalvortrag zum Fotoeffekt statt. Die Besucher erhalten ein Handout, auf dem folgende Daten zum Versuchsmaterial notiert sind: drei Laser gleicher Strahlungsleistung mit den Wellenlängen 670 nm, 532 nm und 405 nm, drei Fotozellen mit Beschriftungen „Cs: $W = 2{,}14$ eV", „Cu: $W = 4{,}48$ eV" und „Pt: $W = 5{,}32$ eV".

a) Die Referentin stellt zu Beginn die Frage: „Welchen Laser und welche Fotozelle würden Sie aus unserem Versuchsmaterial wählen, damit die Versuchsbedingungen für ein Einsetzen des Fotoeffekts am günstigsten sind?"
Beantworten Sie die Frage und begründen Sie Ihre Antwort kurz, ohne eine Rechnung durchzuführen. (4 BE)

Die Referentin verwendet die Cs-Fotozelle im Versuchsaufbau.

b) Ein Besucher meldet sich zu Wort: „Rufen alle drei Laser bei der Cs-Fotozelle einen Fotoeffekt hervor?" Referentin: „Nein, einer der Laser ist hierfür ungeeignet." Der Besucher erwidert: „Aber Sie könnten doch mehrere Exemplare dieses Lasers verwenden und damit die Strahlungsleistung ausreichend erhöhen."
Bestätigen Sie rechnerisch die Antwort der Referentin und erläutern Sie, dass auch dann kein Fotoeffekt eintritt, wenn der Vorschlag des Besuchers umgesetzt wird. (7 BE)

Zur Messung des maximalen Fotostroms legt die Referentin eine ausreichend große Gleichspannung an die Cs-Fotozelle an. Sie demonstriert, dass zwei der drei Laser in etwa den gleichen maximalen Fotostrom erzeugen.

c) Fertigen Sie eine Skizze des Versuchsaufbaus an. (4 BE)

d) Tritt der Fotoeffekt ein, so lösen nicht unbedingt alle Photonen Elektronen aus. Die Referentin fragt: „Bei welchem Laser – dem kurzwelligeren oder langwelligeren – ist der Anteil der Photonen, die Elektronen aus der Cs-Kathode auslösen, größer?"
Beantworten Sie diese Frage mit Begründung. (5 BE)

2. **Radioisotop mit Halo-Neutron (Universität Mainz, 2008)**

Im Jahre 2008 konnte experimentell gezeigt werden, dass eines der Neutronen im Beryllium-Kern ^{11}Be einen ungewöhnlich großen mittleren Abstand von den restlichen Nukleonen besitzt. Der mittlere Abstand r_H des sogenannten Halo-Neutrons zum kompakten ^{10}Be-Rumpfkern beträgt 7 Femtometer.

a) Berechnen Sie mithilfe der Näherungsformel aus der Formelsammlung den Radius r_K des ^{10}Be-Rumpfkerns und vergleichen Sie r_K mit dem Abstand r_H. (3 BE)

b) ^{11}Be zerfällt in der Regel über einen β^--Zerfall. Geben Sie die zugehörige Zerfallsgleichung an und beschreiben Sie den β^--Zerfall im Quark-Modell. (6 BE)

c) Vergleichen Sie die starke Kraft mit der Coulomb-Kraft bezüglich dreier grundlegender Eigenschaften.
Erklären Sie ausgehend hiervon, weshalb Kerne mit einem Halo-Neutron ungewöhnlich sind. Begründen Sie ferner, dass ein Halo-Proton bei gleichem mittlerem Abstand zum Rumpfkern noch schwächer an diesen gebunden sein müsste. (8 BE)

3. **Technetium-99 in der Strahlendiagnostik**
Ein Herstellungsprozess von Technetium-99, einem der bedeutendsten Radiopharmaka, beginnt mit dem Beschuss eines ^{235}U-Kerns mit einem Neutron. Bei einer Spaltung wird neben ^{135}Sn auch ^{99}Mo erzeugt.
Gegebene Atommassen: $m(^{135}\text{Sn}) = 134{,}93473\ \text{u}$; $m(^{99}\text{Mo}) = 98{,}90771\ \text{u}$

a) Stellen Sie die Reaktionsgleichung der beschriebenen Kernspaltung auf. Berechnen Sie die bei dieser Spaltung frei werdende Energie Q. (6 BE)

Das extrahierte ^{99}Mo zerfällt in das Technetium-Isotop ^{99m}Tc (der Buchstabe m kennzeichnet einen angeregten Zustand des Kerns mit vergleichsweise großer Lebensdauer). Nach Kopplung von ^{99m}Tc-Atomen an organische Moleküle und intravenöser Injektion werden diese über den Blutkreislauf ins Gehirn transportiert. ^{99m}Tc emittiert beim Übergang in den stabilen Grundzustand γ-Strahlung der Energie 141 keV. Der Radiologe kann diese γ-Strahlung registrieren und Rückschlüsse auf die Durchblutung des Gehirns ziehen.

b) Nach 2,0 Stunden sind von den zu Beginn vorhandenen ^{99m}Tc-Kernen 20,6 % in den Grundzustand übergegangen. Berechnen Sie die Halbwertszeit von ^{99m}Tc mithilfe des Zerfallsgesetzes.
[zur Kontrolle: $T_{1/2} = 6{,}0\ \text{h}$] (4 BE)

Technetium wird über die Nieren rasch wieder ausgeschieden. Nach einer biologischen Halbwertszeit von 4,0 Stunden hat die Hälfte des aufgenommenen ^{99m}Tc den Körper wieder verlassen.

c) Berechnen Sie den Anteil an ^{99m}Tc -Kernen, der im Körper 12,0 Stunden nach der Injektion noch vorliegt. Hierbei kann modellhaft angenommen werden, dass radioaktiver Zerfall und biologische Ausscheidung von ^{99m}Tc nicht gleichzeitig ablaufen, sondern nacheinander für jeweils 12,0 Stunden. (5 BE)

Einem Patienten der Masse 80 kg werden für eine Untersuchung 2,56 Nanogramm ^{99m}Tc (Atommasse m(^{99m}Tc) = 98,90625 u) verabreicht.

d) Zeigen Sie, dass die Anfangsaktivität $5{,}0 \cdot 10^8$ Bq beträgt. (4 BE)

e) Der Patient berechnet die Äquivalentdosis H, die er innerhalb von 12,0 Stunden nach der Injektion aufnimmt, wie folgt:

$$H = q \cdot D = 1 \cdot \frac{E}{m} = \frac{141\,\text{keV} \cdot 5{,}0 \cdot 10^8\,\text{Bq} \cdot 12{,}0 \cdot 3\,600\,\text{s}}{80\,\text{kg}} = 6{,}1\,\text{mSv}$$

Erläutern Sie anhand von zwei Werten in der Rechnung, dass der tatsächliche Wert für die Äquivalentdosis kleiner ist. (4 BE)

(60 BE)

Tipps und Hinweise zum Aufgabenvorschlag 2

Tipps zu Teilaufgabe 1

a: Achten Sie auf Austrittsarbeit und Energiegehalt des jeweiligen Lichtes.

b: Berechnen Sie die Wellenlänge von Licht, das ausreichend Energie hat.

c: Denken Sie daran, alle wesentliche Bauteile Ihrer Skizze zu beschriften.

d: Vergleichen Sie die Anzahl der emittierten Photonen angesichts der gleichen Strahlungsleistung aller Laser.

Tipps zu Teilaufgabe 2

a: Verwenden Sie die Näherungsformel mit der dritten Wurzel der atomaren Massenzahl.

b: Neutron und Proton unterscheiden sich in einem Quark.

c: Berücksichtigen Sie mögliche Partner, Verlauf und Reichweite dieser Kräfte.

Tipps zu Teilaufgabe 3

a: Übersehen Sie bei der Massenbilanz kein Neutron!

b: Berechnen Sie zunächst den Anteil der nach 2,0 h noch angeregten ^{99m}Tc-Kerne.

c: Radioaktiver Zerfall und biologische Entsorgung laufen unabhängig voneinander ab.

d: Sie benötigen den Zusammenhang zwischen Aktivität und Teilchenzahl beim radioaktiven Zerfall.

e: Achten Sie insbesondere auf *Anfangs*aktivität und Energie der Gammastrahlung.

Lösungen zum Aufgabenvorschlag 2

1. a) Am geeignetsten sind
   - die **Caesium-Zelle**, weil Cs die kleinste Austrittsarbeit hat;
   - der **405-nm-Laser**, weil er die Strahlung mit der kürzesten Wellenlänge und damit der größten Energie aussendet.

   b) Für das Auslösen eines Elektrons aus dem Caesium sind $W = 2{,}14\ \text{eV}$ notwendig, das bedeutet eine maximale Wellenlänge von

   $$\lambda_{max} = \frac{h \cdot c}{W} = \frac{6{,}63 \cdot 10^{-34}\ \text{Js} \cdot 3{,}00 \cdot 10^{8}\ \frac{\text{m}}{\text{s}}}{2{,}14 \cdot 1{,}60 \cdot 10^{-19}\ \text{J}} = \underline{\underline{581\ \text{nm}}}.$$

   Folglich wird der Laser mit 670 nm Wellenlänge keine Elektronen auslösen können. Eine Intensitätserhöhung durch mehrere gleichartige Laser bringt keine Erhöhung der Photonenenergie und damit auch keinen Fotoeffekt.

   c) **Versuchsaufbau zur Messung des Fotostroms**

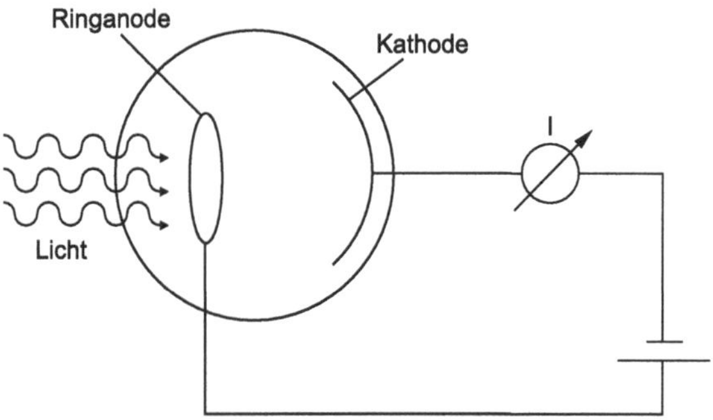

Abb. 1

   d) Die Strahlungsleistung der Laser ist laut Angabe gleich, also werden beim langwelligen (und energieärmeren) Laser mehr Photonen je Sekunde emittiert als beim kurzwelligen. Da aber auch der auftretende maximale Fotostrom laut Messung gleich ist, müssen die weniger zahlreichen, „kurzwelligen“ Photonen eine höhere Auslösequote haben.

2. a) Mit der Näherungsformel ergibt sich für den **Radius des Rumpfkerns**

   $$r_K = 1{,}4 \cdot 10^{-15}\ \text{m} \cdot \sqrt[3]{A} = 1{,}4 \cdot 10^{-15}\ \text{m} \cdot \sqrt[3]{10} = 3{,}0 \cdot 10^{-15}\ \text{m} = \underline{\underline{3{,}0\ \text{fm}}}.$$

   Der (mittlere) Abstand des Halo-Neutrons zum Rumpfkern ist mit $r_H = 7\ \text{fm}$ **mehr als doppelt so groß** wie der Radius des Rumpfkerns.

b) Die **Zerfallsgleichung** lautet:

$$\underline{\underline{{}^{11}_{4}\text{Be} \rightarrow {}^{11}_{5}\text{B} + {}^{0}_{-1}\text{e} + {}^{0}_{0}\overline{\nu}}}$$

Dabei verwandelt sich in einem der Neutronen (ddu) ein d-Quark in ein u-Quark, das Neutron wird zum Proton (duu). Daneben entstehen ein Elektron und ein Antineutrino.

c) Starke (F_S) und Coulomb-Kraft (F_C) unterscheiden sich in

- ihrer **Stärke:** F_S ist etwa um den Faktor 100 größer als F_C.
- ihrer **Reichweite:** F_S ist räumlich begrenzt und wirkt nur auf extrem kurze Distanz ($\approx 10^{-15}$ m). F_C wirkt unendlich weit, ihre Betrag nimmt quadratisch mit dem Abstand ab ($\sim r^{-2}$).
- ihren **Wechselwirkungspartnern:** F_S ist stets anziehend und wirkt ausschließlich zwischen Quarks (unabhängig von deren elektrischen Ladung). F_C wirkt zwischen elektrisch geladenen Teilchen und ist je nach Polung der Partner anziehend oder abstoßend.

Ungewöhnlich an der Existenz eines Halo-Neutrons ist der große Abstand zu den Rest-Nukleonen, der die „übliche“ Reichweite der bindenden starken Kraft deutlich übersteigt (die Coulomb-Kraft spielt für das neutrale Neutron keine Rolle).
Bei einem **Halo-Proton** träte zusätzlich die abstoßende elektrische Kraft vom positiv geladenen Restkern auf und würde die Bindung weiter schwächen.

3. a) Die **Reaktionsgleichung** ist:

$$\underline{\underline{{}^{235}_{92}\text{U} + {}^{1}_{0}\text{n} \rightarrow {}^{99}_{42}\text{Mo} + {}^{135}_{50}\text{Sn} + 2\,{}^{1}_{0}\text{n}}}$$

Die Energiebilanz dieser Reaktion liefert für die dabei **freigesetzte Energie**:

$$\begin{aligned} Q &= [m_{U235} - m_{Sn135} - m_{Mo99} - m_n] \cdot c^2 \\ &= [235{,}04392 - 134{,}93473 - 98{,}90771 - 1{,}008665] \cdot 931{,}49\ \text{MeV} \\ &= \underline{\underline{180\ \text{MeV}}} \end{aligned}$$

b) Wenn nach 2,0 h bereits 20,6 % der ^{99m}Tc-Kerne in den Grundzustand übergegangen sind, dann befinden sich die übrigen 79,4 % noch im angeregten Zustand. Daher gilt wegen

$$N(t) = N_0 \cdot \left(\frac{1}{2}\right)^{\frac{t}{T_{1/2}}}$$

für die **Halbwertszeit** von ^{99m}Tc:

$$\frac{N(2\,h)}{N_0} = \left(\frac{1}{2}\right)^{\frac{2\,h}{T_{1/2}}} \quad \Rightarrow \quad 0{,}794 = 2^{\frac{-2\,h}{T_{1/2}}} \quad \Rightarrow \quad \ln 0{,}794 = \frac{-2\,h}{T_{1/2}} \cdot \ln 2$$

$$\Rightarrow \quad T_{1/2} = -2\,h \cdot \frac{\ln 2}{\ln 0{,}794} = \underline{\underline{6{,}0\,h}}$$

c) Für den **Anteil an ^{99m}Tc -Kernen** nach 12 h erhält man durch „Hintereinanderschalten“ der beiden Zerfallsarten (radioaktiv und biologisch):

$$\frac{N(12\,h)}{N_0} = \left(\frac{1}{2}\right)^{\frac{12\,h}{6{,}0\,h}} \cdot \left(\frac{1}{2}\right)^{\frac{12\,h}{4{,}0\,h}} = \left(\frac{1}{2}\right)^2 \cdot \left(\frac{1}{2}\right)^3 = \frac{1}{2^5} = \frac{1}{32} = \underline{\underline{3{,}1\,\%}}$$

d) Die **Anfangsaktivität** ist:

$$A_0 = \lambda \cdot N_0 = \frac{\ln 2}{T_{1/2}} \cdot \frac{m(Tc)}{m_A(Tc)}$$

$$= \frac{\ln 2}{6{,}0 \cdot 3600\,s} \cdot \frac{2{,}56 \cdot 10^{-12}\,kg}{98{,}90625 \cdot 1{,}66 \cdot 10^{-27}\,kg} = \underline{\underline{5{,}0 \cdot 10^8\,Bq}}$$

e) Die **Aktivität**, mit der der Patient rechnet, ist nur der Anfangswert; sie nimmt sowohl zerfallsbedingt wie auch wegen biologischer Ausscheidung rasch ab.

Außerdem ist Wert der **Energie** mit 141 keV zu hoch angesetzt, denn wenn die Gammastrahlung vollständig vom Körper absorbiert würde, könnte der Arzt außerhalb des Körpers nichts mehr davon messen.

Beide Werte müssten also kleiner angenommen werden.

Aufgabenvorschlag 1

1. **Das Sternbild Centaurus**

Eines der auffälligsten Sternbilder des Südhimmels ist Centaurus. In diesem ist α Centauri der hellste Stern. Er besitzt die scheinbare Helligkeit $m = -0{,}27$ und hat die Entfernung 4,34 Lj. Seine Eigenbewegung μ beträgt $1°$ pro Jahrtausend.

a) Begründen Sie ohne Rechnung mithilfe der Definition der absoluten Helligkeit, warum für α Centauri die absolute Helligkeit einen größeren Wert als die scheinbare Helligkeit hat. (4 BE)

b) Berechnen Sie die Leuchtkraft von α Centauri in Vielfachen der Sonnenleuchtkraft. (5 BE)

c) Bestimmen Sie die Parallaxe p von α Centauri und vergleichen Sie diese mit seiner Eigenbewegung μ. (4 BE)

d) Erläutern Sie zunächst allgemein, wie sich die parallaktische Bewegung und die Eigenbewegung eines Sterns unterscheiden.
Begründen Sie dann, weshalb α Centauri, gerade wegen seiner großen Eigenbewegung, einer der ersten Sterne war, bei dem eine Parallaxenbestimmung versucht wurde. (7 BE)

Im Sternbild Centaurus befindet sich auch das nebelhafte Objekt ω Centauri, das der größte Kugelsternhaufen der Milchstraße ist. ω Centauri besitzt ein Alter von ungefähr 12 Milliarden Jahren.

e) Zeichnen Sie eine schematische Seitenansicht der Milchstraße und geben Sie die Größenordnungen der wichtigsten Distanzen an.
Tragen Sie auch den Bereich der Kugelsternhaufen ein. (5 BE)

f) Schätzen Sie das Alter t_H des Universums mithilfe der Hubble-Konstanten ab und beurteilen Sie kurz das Alter des Kugelsternhaufens ω Centauri im Vergleich zu t_H. (4 BE)

Ein weiteres nebelhaftes Objekt im Sternbild Centaurus ist die Galaxie Centaurus A. Um das Zentrum dieser Galaxie rotiert Wasserstoff. Bei einer spektroskopischen Untersuchung des Innenbereichs der Galaxie konnte die Radialgeschwindigkeit v dieses Gases, mit der es sich aus unserer Sicht entfernt, für verschiedene Winkelabstände d zum galaktischen Zentrum (d = 0) bestimmt werden. Im nebenstehenden Diagramm wird die Abhängigkeit von v und d grafisch dargestellt.

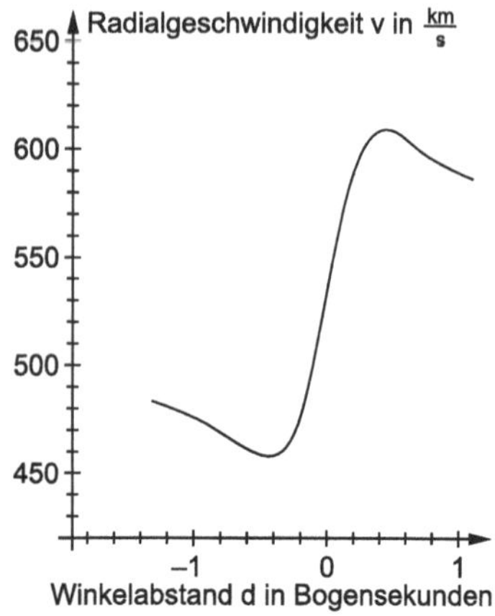

Abb. 1

g) Die Laborwellenlänge der verwendeten Wasserstofflinie beträgt 1 281,4 nm. Diese Linie ist im untersuchten Spektrum abhängig vom Winkelabstand d verschoben. Berechnen Sie die Differenz der registrierten maximalen und minimalen Wellenlänge. (5 BE)

Die Entfernung der Galaxie Centaurus A beträgt $1{,}2 \cdot 10^7$ Lj.

h) Zeigen Sie, dass die Geschwindigkeit, mit der sich Centaurus A von uns entfernt, nicht allein auf der Expansion des Universums beruht. Erläutern Sie hierfür einen möglichen Grund. (5 BE)

i) Beschreiben Sie eine Methode, mit der die Entfernung von Centaurus A bestimmt werden kann. (6 BE)

2. **Die Sonne als Hauptreihenstern und als Roter Riese**

Derzeit ist die Sonne ein Hauptreihenstern, der durch Fusion von Wasserstoff Energie freisetzt. Das Hauptreihenstadium der Sonne dauert so lange an, bis die Masse des Wasserstoffs, der bereits fusioniert ist, einen Wert erreicht hat, der 7,5 % der aktuellen Masse der Sonne entspricht.
Gehen Sie im Folgenden davon aus, dass die Sonne aufgrund der Fusion von einem Kilogramm Wasserstoff die Energie $6{,}3 \cdot 10^{14}$ J abstrahlt.

a) Berechnen Sie mithilfe der gegebenen Daten den Massenverlust der Sonne während ihres Hauptreihenstadiums und vergleichen Sie diesen mit der derzeitigen Masse der Sonne. (6 BE)

In Milliarden von Jahren wird sich die Sonne zu einem Roten Riesen entwickeln. Modellrechnungen zufolge wird die Erde dann die Sonne in einem mittleren Abstand von 1,5 AE mit einer Umlaufzeit von 2,2 Jahren umrunden. Gehen Sie im Weiteren davon aus, dass die Leuchtkraft der Sonne im Roten-Riesen-Stadium das $2{,}3 \cdot 10^3$-Fache ihrer heutigen Leuchtkraft betragen wird.

b) Vergleichen Sie zunächst die obigen Daten zur zukünftigen Erde mit den aktuellen Daten des Mars. Berechnen Sie dann die Masse der Sonne im Roten-Riesen-Stadium in Vielfachen ihrer aktuellen Masse. (5 BE)

c) Im Roten-Riesen-Stadium der Sonne wird die Erde ihre Atmosphäre weitestgehend verloren haben. Schätzen Sie für die zukünftige Erde die mittlere Oberflächentemperatur ab. Nehmen Sie hierbei an, dass die zukünftige Erde 75 % der einfallenden Sonnenstrahlung absorbieren, mit ihrer gesamten Oberfläche gleichmäßig abstrahlen und sich im Strahlungsgleichgewicht befinden wird. (6 BE)

(60 BE)

Tipps und Hinweise zum Aufgabenvorschlag 1

Tipps zu Teilaufgabe 1

a: Sie sollen hier M **nicht** berechnen.
Wie ist die absolute Helligkeit festgelegt? Denken Sie an die Zusammenhänge zwischen m und M und der Entfernung. Vergessen Sie dabei nicht, wie Hipparch einst die scheinbare Helligkeit festgelegt hat.

b: Welche Größe benötigen Sie für die Formel zur Leuchtkraftberechnung?
Wie kommen Sie zu dem benötigten Wert rechnerisch?

c: Die Parallaxe können Sie aus der Entfernungsangabe berechnen.
Die Eigenbewegung müssen Sie nur auf die richtige Einheit umrechnen.

d: Skizzieren Sie die Methode der trigonometrischen Parallaxe.
Welche Geschwindigkeit des Sternes ist die Grundlage für die Eigenbewegung auf der scheinbaren Himmelskugel? Was hat eine große Eigenbewegung eines Sternes zwingend zur Folge? Denken Sie auch an F. W. Bessel: Nach welchen Gesichtspunkten hat er seinen Stern zur Parallaxenbestimmung ausgewählt?

e: Keine Daten vergessen: Kern, Kernbereich, Spiralarme usw. Denken Sie auch an die Lage der Sonne und die Größe der Galaxie.

f: Wie erhält man aus dem Gesetz von Hubble das Alter des Universums?
Achten Sie auf gewissenhafte Umrechnung von der Einheit Sekunden auf Jahre.

g: Lesen Sie aus dem Diagramm die maximale und die minimale Radialgeschwindigkeit ab und verwenden Sie die Formel für den Dopplereffekt.
Eine Gesamtformel erleichtert die Rechenarbeit und vermeidet Rundungsfehler.

h: Wieder kommt das Hubble-Gesetz zur Anwendung.
Was könnte dafür sorgen, dass die Geschwindigkeit, die auf der Expansion des Universums beruht, überlagert wird? Wie groß ist die mittlere Geschwindigkeit der Galaxie? Verwenden Sie zur Klärung dieser Frage das Diagramm.

i: Welche andere Möglichkeiten der Entfernungsbestimmungen kennen Sie – außer dem Gesetz von Hubble? Wählen Sie eine Möglichkeit aus und beschreiben Sie diese vollständig.

Tipps zu Teilaufgabe 2

a: Denken Sie an die Energie-Masse Beziehung.
Achten Sie darauf, dass die Angabe $6{,}3 \cdot 10^{14}$ J genau genommen $6{,}3 \cdot 10^{14}\ \frac{\text{J}}{\text{kg}}$ sind.

b: Überlegen Sie sich zunächst einmal, ob die Sonnenmasse größer oder kleiner werden wird. Berechnen Sie die Masse dann mithilfe der neuen Erdbahn.
Denken Sie an das 3. Kepler'sche Gesetz.

c: Hier liegt die klassische Aufgabe zur Berechnung der Gleichgewichtstemperatur eines Planeten vor.
Was gilt für die aufgenommene bzw. abgegebene Strahlungsleistung eines Planeten? Denken Sie an das Gesetz von Stefan und Boltzmann.
Wird die Temperatur höher oder niedriger sein als bei der heutigen Erde?

Bildnachweis

Abb. 2: Torsten Bronger, CC-BY-SA-3.0;
URL: http://commons.wikimedia.org/wiki/File:Centaurus_constellation_map.png

Abb. 7: ESO, CC-BY-SA-4.0;
URL: http://upload.wikimedia.org/wikipedia/commons/c/c1/Giant_globular_cluster_Omega_Centauri.jpg

Lösungen zum Aufgabenvorschlag 1

1. Daten α Centauri:
   $m = -0{,}27$
   $r = 4{,}34\,\text{Lj} = 1{,}33\,\text{pc}$
   $\mu = \frac{1°}{1\,000\,\text{a}}$

   a) Die absolute Helligkeit M ist definiert als die scheinbare Helligkeit m in 10 pc Entfernung.
   Da α Centauri nur 1,33 pc entfernt ist, würde der Stern in 10 pc Entfernung weniger hell erscheinen, also muss $M > m$ gelten (Hipparch: größer heißt weniger hell).

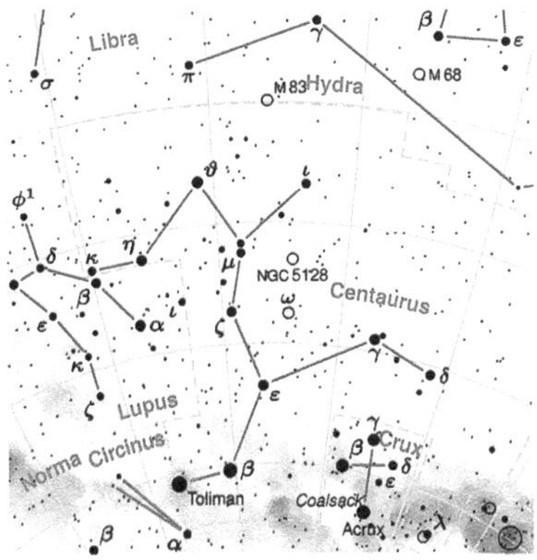

Abb. 2: Sternbild Centaurus

   b) Um die **Leuchtkraft** berechnen zu können, benötigt man die Formel

$$M - M_{\odot} = -2{,}5 \cdot \lg \frac{L}{L_{\odot}} \quad \text{bzw.} \quad M - M_{\odot} = -2{,}5 \cdot \lg L^*, \qquad (*)$$

   sodass zunächst einmal die absolute Helligkeit mithilfe des Entfernungsmoduls berechnet werden muss:

$$5 \cdot \lg \frac{r}{10\,\text{pc}} = m - M$$

$$\Rightarrow \quad M = m - 5 \cdot \lg \frac{r}{10\,\text{pc}} = -0{,}27 - 5 \cdot \lg \frac{1{,}33}{10} = 4{,}11$$

   Somit gilt mit (∗):

$$4{,}11 - 4{,}8 = -2{,}5 \cdot \lg L^* \quad \Rightarrow \quad L^* = 10^{\frac{-0{,}69}{-2{,}5}} = \underline{\underline{1{,}9}}$$

   c) Die **trigonometrische Parallaxe** berechnet sich zu

$$\frac{r}{\text{pc}} = \frac{1''}{p} \quad \Rightarrow \quad p = \frac{1'' \cdot \text{pc}}{r} = \frac{1''}{1{,}33} = \underline{\underline{0{,}75''}}.$$

   Die **Eigenbewegung** ist

$$\mu = \frac{1°}{1\,000\,\text{a}} = \frac{3\,600''}{1\,000\,\text{a}} = \underline{\underline{\frac{3{,}6''}{\text{a}}}},$$

   d. h., der pro Jahr zurückgelegte Winkel beträgt das fast **5-Fache des Parallaxenwinkels**.

d) Bei der **parallaktischen Bewegung** handelt es sich um einen Winkel p, den man bei der scheinbaren Bewegung des Sternes im Vergleich zu weit entfernten Hintergrundsternen aufgrund der Bewegung der Erde um die Sonne bestimmen kann (siehe Abb. 3).
Bei der **Eigenbewegung** handelt es sich um ein Fortschreiten des Sternes relativ zum Sternenhintergrund aufgrund seiner Tangentialbewegung ($\vec{v}_T$) – und diese ist nicht relativ zur Erdbewegung (siehe Abb. 4).

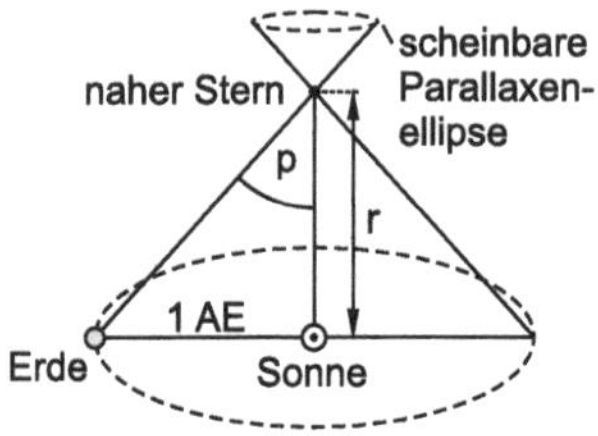

Abb. 3: Parallaxe

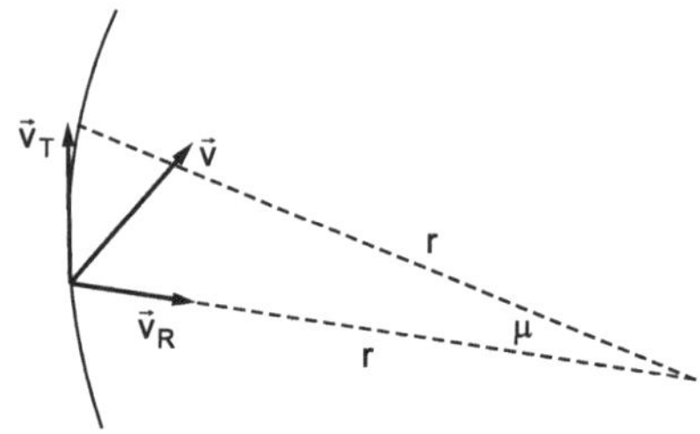

Abb. 4: Eigenbewegung

Bei Sternen mit großer Eigenbewegung kann man erwarten, dass sie nicht allzu weit von der Sonne entfernt sind, sodass der Parallaxenwinkel groß ist und so leicht gemessen werden kann.

e) **Schematische Seitenansicht der Milchstraße**

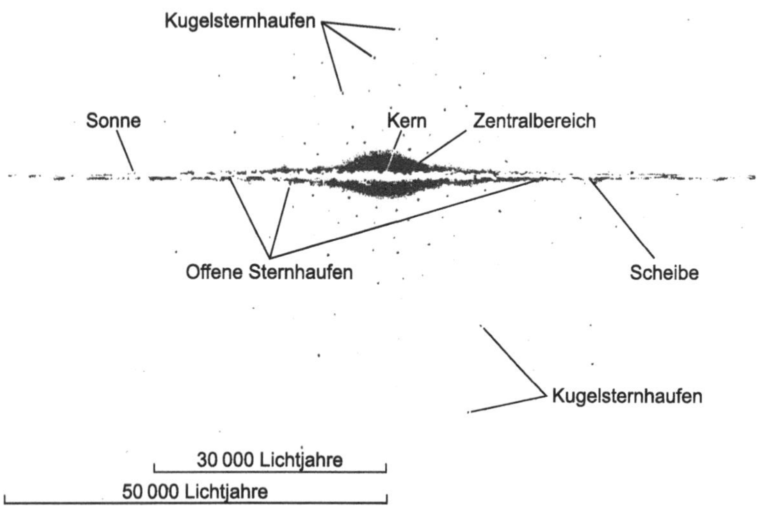

Abb. 5: Seitenansicht der Galaxie

Nach dem Artikel „Ist unsere Milchstraße viel größer als vermutet" in SuW 05/15 könnte, wie Forscher um Heidi Jo Newberg festgestellt haben, der Radius nunmehr sogar ca. 75 000 Lj betragen.

f) Vorgabe: Alter ω Centauri
12 Milliarden Jahre $= 12 \cdot 10^9$ a

Abb. 6: ω Centauri

Geht man von einer gleichförmigen Ausdehnung des Universums aus, bekommt man unter Anwendung des Gesetzes von Edwin Hubble auf ein Objekt am „Rande des Universums“ in der Entfernung R

$$\left.\begin{array}{l} v = R \cdot t_H \\ v = H_0 \cdot R \end{array}\right\} \Rightarrow \quad R \cdot t_H = H_0 \cdot R$$

$$t_H = \frac{1}{H_0}$$

und somit für das **Alter des Universums**

$$t_H = \frac{1}{\frac{74\text{ km}}{\text{s} \cdot \text{Mpc}}} = \frac{10^6 \cdot 3{,}086 \cdot 10^{13}\text{ km} \cdot \text{s}}{74\text{ km}} = 4{,}17 \cdot 10^{17}\text{ s} = \underline{\underline{1{,}32 \cdot 10^{10}\text{ a}}},$$

also rund 13 Milliarden Jahre. Damit ist ω Centauri mit seinem Alter von 12 Milliarden Jahren ein sehr altes Objekt.

g) Vorgabe: $\lambda_0 = 1\,281{,}4$ nm
Aus dem Diagramm liest man ab (Abb. 7):

$$v_{min} = 455\,\frac{\text{km}}{\text{s}}; \quad v_{max} = 610\,\frac{\text{km}}{\text{s}}$$

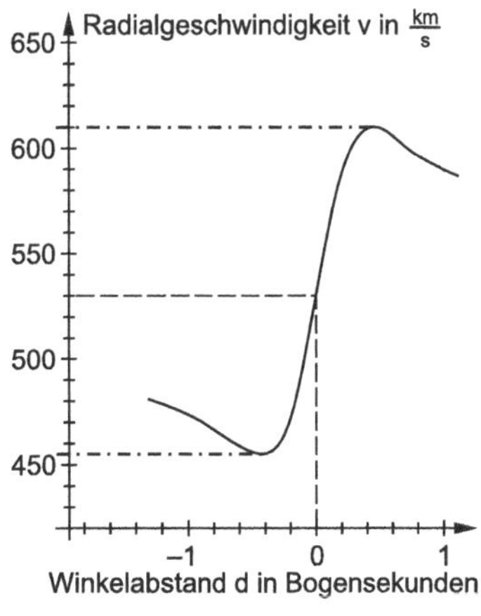

Abb. 7: d-v-Diagramm

Die Verschiebung der Wellenlänge kommt durch den Dopplereffekt zustande. Für den Zusammenhang zwischen Verschiebung Δλ und Geschwindigkeit v der Lichtquelle gilt dabei:

$$\frac{\Delta\lambda}{\lambda_0} = \frac{v}{c}$$

Wendet man die Formel einmal auf die Maximal- und einmal auf die Minimalgeschwindigkeit an, lässt sich die **Differenz der maximalen und der minimalen Wellenlänge** ermitteln:

$$\Delta\lambda_{max/min} = \Delta\lambda_{max} - \Delta\lambda_{min} = \left(\frac{v_{max}}{c} - \frac{v_{min}}{c}\right) \cdot \lambda_0$$

$$= \left(\frac{610}{3{,}00 \cdot 10^5} - \frac{455}{3{,}00 \cdot 10^5}\right) \cdot 1\,281{,}4\text{ nm} = \underline{\underline{0{,}662\text{ nm}}}$$

Selbstverständlich können Sie auch beide $\Delta\lambda$ einzeln berechnen und für das Endergebnis voneinander subtrahieren. Wichtig ist, dass Sie stets auf die Anzahl der geltenden Ziffern achten.

h) Vorgabe: Entfernung zur Galaxie Centaurus A $r = 1{,}2 \cdot 10^7$ Lj $= 3{,}68$ Mpc

Die Fluchtgeschwindigkeit, mit der das Universum expandiert, bestimmt man mit dem Hubble-Gesetz zu

$$v_H = H_0 \cdot r = 74\,\frac{\text{km}}{\text{s} \cdot \text{Mpc}} \cdot 3{,}68\ \text{Mpc} = 270\,\frac{\text{km}}{\text{s}}.$$

Abb. 7 entnimmt man als mittlere Geschwindigkeit eine Fluchtgeschwindigkeit von $530\,\frac{\text{km}}{\text{s}}$ (gestrichelte Linie), also fast das Doppelte von v_H. Grund kann nur sein, dass Centaurus A von einer weiteren benachbarten Galaxie durch gravitative Wechselwirkung zusätzlich beschleunigt wird.

i) Nach Teilaufgabe h scheint das Hubble-Gesetz, welches man für größere Entfernungen verwendet, nicht geeignet zu sein. Es bleibt übrig:

- Aufsuchen von einigen **δ-Cepheiden-Sternen**. Aus der Periodendauer dieser Sterne lässt sich die absolute Helligkeit berechnen (Perioden-Helligkeits-Beziehung) und anschließend mit dem **Entfernungsmodul** die Entfernung.
- Finden einer **Supernova** (am besten Typ I). Die Entfernung wird mithilfe des Entfernungsmoduls berechnet (absolute Helligkeit $M = -18$).
- Suchen des **hellsten Sterns** dieser Galaxie. Diesem ordnet man die absolute Helligkeit -9 zu (in dieser Größenordnung befinden sich die hellsten Sterne bekannter Galaxien) und berechnet die Entfernung wiederum mit dem Entfernungsmodul (am ungenauesten).

Die Angabe **einer** dieser Methoden genügt.

2. a) Vorgaben: $m_\odot = 2 \cdot 10^{30}$ kg

$E_{kg} = 6{,}3 \cdot 10^{14}\,\frac{\text{J}}{\text{kg}}$ (Fusionsenergie von 1 kg Wasserstoff)

Die gesamte Masse, die während des Hauptreihenstadiums fusioniert, beträgt $m_{Fus} = 0{,}075 \cdot m_\odot$. Die dabei pro Kilogramm frei gesetzte Energie E_{kg} ist bekannt, sodass sich für den **Masseverlust** ergibt:

$$\Delta m = \frac{E_{kg} \cdot m_{Fus}}{c^2} = \frac{6{,}3 \cdot 10^{14}\,\frac{\text{J}}{\text{kg}} \cdot 0{,}075 \cdot m_\odot}{\left(3{,}0 \cdot 10^8\,\frac{\text{m}}{\text{s}}\right)^2} = \underline{\underline{5{,}3 \cdot 10^{-4}\,m_\odot}}$$

$$= 5{,}3 \cdot 10^{-4} \cdot 2 \cdot 10^{30}\ \text{kg} = \underline{\underline{1{,}0 \cdot 10^{27}\ \text{kg}}}$$

Der Masseverlust beträgt somit nur **0,5 Promille der Sonnenmasse**.

b) Daten der Erdbahn und der Sonne im Stadium des Roten Riesen:
$r = 1{,}5\,AE;\ T = 2{,}2\,a;\ L^* = 2{,}3 \cdot 10^3$

Vergleich der Bahndaten der zukünftigen Erde mit dem jetzigen Mars:

- Der **mittlere Abstand** der Erde zur Sonne entspricht in etwa der heutigen Marsbahn.
- Die **Umlaufdauer** ist um den Faktor

  $$\frac{2{,}2}{1{,}9} = 1{,}16,$$

  also um 16 % größer als die des Mars.

Berechnung der zukünftigen Sonnenmasse
Die zukünftige Masse wird sicher kleiner sein als die heutige. Man verwendet das 3. Kepler'sche Gesetz einmal für die Sonne als Roter Riese, einmal für die heutige Sonne/Erde.

Roter Riese: $$\frac{T^2}{a^3} = \frac{4\pi^2}{G \cdot M} \quad \Rightarrow \quad \frac{(2{,}2\,a)^2}{(1{,}5\,AE)^3} = \frac{4\pi^2}{G \cdot M}$$

Sonne: $$\frac{1\,a^2}{1\,AE^3} = \frac{4\pi^2}{G \cdot M_\odot}$$

Dividiert man die beiden Gleichungen, erhält man:

$$\frac{2{,}2^2}{1{,}5^3} = \frac{M_\odot}{M} \quad \Rightarrow \quad M = \frac{1{,}5^3}{2{,}2^2} \cdot M_\odot = \underline{\underline{0{,}70 \cdot M_\odot}}$$

c) Die Leistung, welche die Erde (Radius R) von der Sonne aufnimmt, beträgt:

$$P_{auf} = \frac{L_\odot}{4\pi \cdot r^2} \cdot 0{,}75 \cdot R^2 \cdot \pi$$

Dabei wird als Fläche, welche die Energie aufnimmt, der Querschnitt $R^2 \cdot \pi$ der Erde angenommen.

Die abgestrahlte Leistung ergibt sich aus dem Stefan-Boltzmann-Gesetz:

$$P_{ab} = \sigma \cdot 4\pi \cdot R^2 \cdot T^4$$

Im **Strahlungsgleichgewicht** gilt:

$$P_{auf} = P_{ab} \quad \Leftrightarrow \quad \frac{L_\odot}{4\pi \cdot r^2} \cdot 0{,}75 \cdot R^2 \cdot \pi = \sigma \cdot 4\pi \cdot R^2 \cdot T^4$$

Durch Umstellen folgt für die **Oberflächentemperatur**:

$$T = \sqrt[4]{\frac{L_\odot \cdot 0{,}75}{16\pi \cdot \sigma \cdot r^2}}$$

$$= \sqrt[4]{\frac{2{,}3 \cdot 10^3 \cdot 3{,}8 \cdot 10^{26}\,W \cdot 0{,}75}{16\pi \cdot 5{,}67 \cdot 10^{-8}\,\frac{W}{m^2\,K^4} \cdot (1{,}5 \cdot 150 \cdot 10^9\,m)^2}} = \underline{\underline{1{,}5 \cdot 10^3\,K}}$$

1. **Sterne im Zentralbereich der Galaxis**

Im Zentrum der Galaxis befindet sich $2{,}77 \cdot 10^4$ Lj von uns entfernt ein Schwarzes Loch. Seit 1992 werden Bahnen von Sternen um das Schwarze Loch vermessen. Nebenstehend sind die elliptischen Bahnen der Sterne S12 und S14 maßstabsgetreu abgebildet. Die Darstellung ist so gewählt, dass die beiden Bahnebenen mit der Zeichenebene übereinstimmen. Der Stern S14 benötigt 47,3 Jahre für einen Umlauf. Die numerische Exzentrizität seiner Bahn beträgt 0,96, die große Halbachse der Bahn $a_{S14} = 2{,}1 \cdot 10^3$ AE.

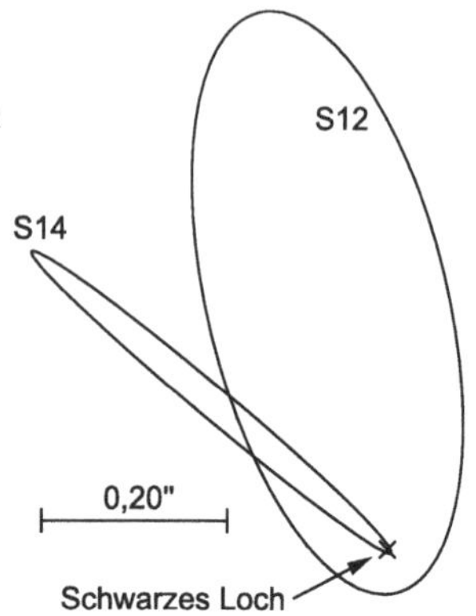

Abb. 1

a) Die Messungen werden bei Wellenlängen im Infrarotbereich durchgeführt. Geben Sie eine Wellenlänge aus diesem Bereich an und begründen Sie kurz, weshalb für diese Messungen sichtbares Licht nicht verwendet werden kann. (4 BE)

b) Bestätigen Sie unter Verwendung obiger Abbildung näherungsweise den Wert für die große Halbachse der S14-Bahn und schätzen Sie ebenfalls mithilfe der Abbildung das Verhältnis der Umlaufzeiten von S12 und S14 ab. (8 BE)

c) Berechnen Sie zunächst die Masse M des Schwarzen Lochs in Vielfachen der Sonnenmasse und dann mithilfe gegebener Bahndaten von S14 dessen kleinsten Abstand r_{min} vom Schwarzen Loch.
[zur Kontrolle: $M = 4{,}1 \cdot 10^6\, M_{\odot}$, $r_{min} = 84$ AE] (7 BE)

Umläuft ein Körper auf einer elliptischen Bahn mit großer Halbachse a und numerischer Exzentrizität ε einen Zentralkörper der Masse M, so hat er am Ort des kleinsten Abstands r_{min} vom Zentralkörper die größte Bahngeschwindigkeit

$$v_{max} = \sqrt{\frac{G \cdot M}{r_{min}} \cdot (1 + \varepsilon)}.$$

d) Die stark exzentrische Bahn von S14 erinnert an die Bahnen von Kometen in unserem Sonnensystem. Wählen Sie selbst einen Perihelabstand, den typischerweise ein Komet besitzt, und vergleichen Sie dann den Stern S14 mit dem angenommenen Kometen bezüglich der Geschwindigkeit v_{max}. Argumentieren Sie dazu mit der oben gegebenen Formel. (4 BE)

2. **Mira – „die Wundersame"**

Mira im Sternbild Walfisch erhielt ihren Namen aufgrund ihrer periodischen Helligkeitsschwankungen. Die scheinbare Helligkeit des „wundersamen" Sterns schwankt im sichtbaren Spektralbereich innerhalb von 11 Monaten zwischen 2 und 10, die relative Leuchtkraft $L^* = L / L_\odot$ insgesamt zwischen 8 400 und 9 400. Die mittlere Oberflächentemperatur von Mira beträgt $3{,}00 \cdot 10^3$ K.

a) Der Stern liegt etwa 3° unter dem Himmelsäquator. Begründen Sie, dass zum Zeitpunkt einer Kulmination am klaren Nachthimmel von München (geografische Breite 48°) eine Beobachtung von Mira möglich ist und weshalb hierzu unter Umständen ein Teleskop eingesetzt werden muss. (5 BE)

b) Berechnen Sie ausgehend von der mittleren Oberflächentemperatur von Mira ihren Radius bei einer relativen Leuchtkraft $L^* = 9{,}00 \cdot 10^3$ und die Wellenlänge des Strahlungsmaximums. Begründen Sie, dass es sich bei Mira um einen Roten Riesen handelt. (7 BE)

c) Übertragen Sie das nebenstehende Hertzsprung-Russell-Diagramm (HRD) vergrößert auf Ihr Blatt, ergänzen Sie die fehlenden Spektralklassen und tragen Sie die Sonne ein. Zeichnen Sie auch Miras Position während des Hauptreihenstadiums sowie ihren Entwicklungsweg vom Hauptreihenstern zum Roten Riesen in das HRD ein, wenn Mira als Hauptreihenstern die Masse $5{,}0\ M_\odot$ besaß. (7 BE)

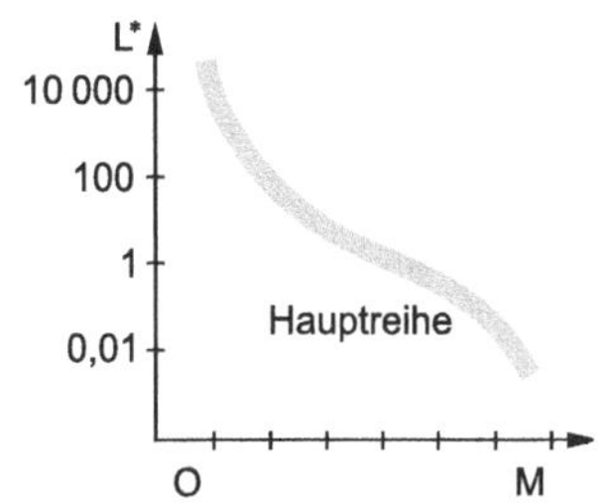

Abb. 2

d) Mira unterliegt als „Pulsationsveränderliche" Schwankungen des Radius. Erklären Sie zunächst anhand einer geeigneten Formel, wie es sein kann, dass die Leuchtkraft L von Mira trotz abnehmendem Radius R steigt und trotz zunehmendem Radius R sinkt. Stellen Sie dann die Schwankungen der Zustandsgrößen von Mira im nebenstehenden Ausschnitt des HRD als Strecke näherungsweise dar. (7 BE)

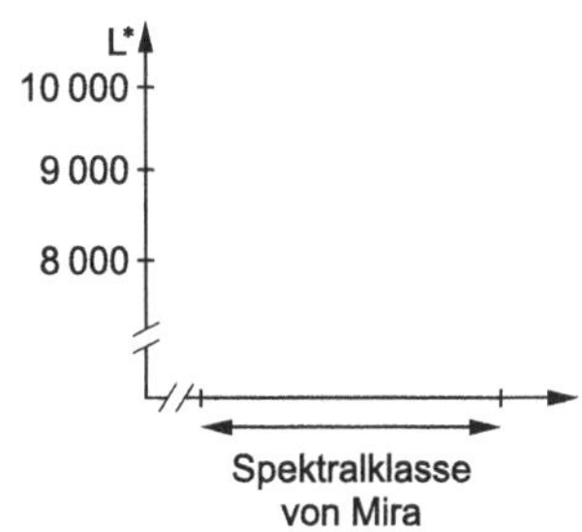

Abb. 3

e) Mira besitzt als Begleiter den Weißen Zwerg Mira B. Formulieren Sie eine Bedingung dafür, dass es im Mira-System zu einer Supernova vom Typ Ia kommen wird. Begründen Sie, dass der Hauptstern Mira am Ende seiner Entwicklung nicht zur Supernova wird. (5 BE)

Mira bewegt sich in der Galaxis mit hoher Geschwindigkeit durch den dünn mit atomarem Wasserstoff gefüllten Raum. Eine weitere Besonderheit des Sterns ist, dass im UV-Bereich eine „Bugwelle" sowie ein Schweif beobachtet werden kann.

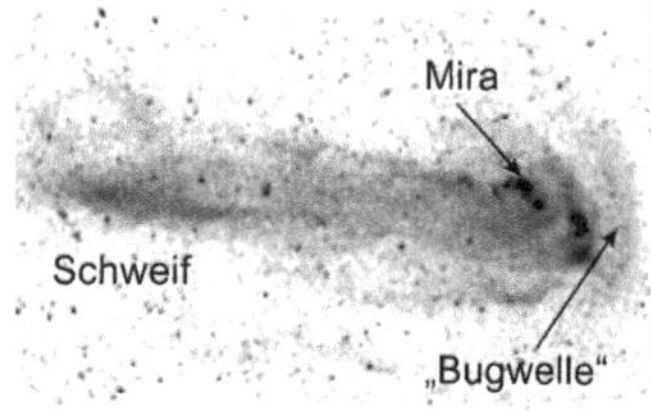

Abb. 4

f) Für die Energieniveaus des Wasserstoffatoms gilt:

$$E_n = -13{,}6\,\text{eV} \cdot \frac{1}{n^2} \quad (n = 1, 2, 3, \ldots)$$

Zeigen Sie, dass atomarer Wasserstoff UV-Licht abstrahlen kann. Berücksichtigen Sie hierzu, dass Photonenenergien zwischen 3,26 eV und 12,4 eV im UV-Bereich liegen. (3 BE)

g) Stellen Sie eine begründete Vermutung zur Entstehung der Strahlung in der „Bugwelle" auf. (3 BE)

(60 BE)

Tipps und Hinweise zum Aufgabenvorschlag 2

Tipps zu Teilaufgabe 1

a: Wo endet das sichtbare Spektrum bei „Rot"? Nehmen Sie eine größere Wellenlänge her. Denken Sie an Staubwolken.

b: Messen Sie die großen Halbachsen aus und verwenden Sie die Angabe der 0,20". Um die angegebene Größe der großen Halbachse nachzuweisen, denken Sie daran, wie man aus scheinbaren Durchmessern und der Entfernung der Objekte den realen Durchmesser bestimmen kann (z. B. der Sonne). In welchem Zusammenhang stehen Bogen und Winkel?
Das Verhältnis der Umlaufzeiten findet sich im 3. Kepler'schen Gesetz.

c: Verwenden Sie die klassische Massenberechnung mithilfe des 3. Kepler'schen Gesetzes. Die Bahn von S14 ist, wie jede Planetenbahn, eine Ellipse, in deren Brennpunkt sich das Schwarze Loch befindet.

d: Verwenden Sie zum Vergleich einen möglichst einfachen Perihelabstand (Sonnensystem!). Es ist nichts zu berechnen. Sie müssen nur mithilfe der angegebenen Formel „argumentieren". Beachten Sie entsprechende Proportionalitäten. Welche sind entscheidend?

Tipps zu Teilaufgabe 2

a: Berechnen Sie die maximale Kulminationshöhe.
Bis zu welcher scheinbaren Helligkeit kann man Objekte ohne Teleskop sehen?

b: Berechnen Sie den Radius unter Verwendung des Gesetzes von Stefan und Boltzmann.
Für das Strahlungsmaximum gilt das Wien'sche Verschiebungsgesetz.
Betrachten Sie die Daten für den Radius, die Leuchtkraft und für die Temperatur und sortieren Sie Mira ins HR-Diagramm ein.

c: Wie lautet der Merkvers für die Spektralklassen?
Zeichnen Sie die Sonne und Mira an die passende Stelle.
Berechnen Sie aus der gegebenen Masse von Mira als Hauptreihenstern dessen Leuchtkraft.

d: Vergegenwärtigen Sie sich wiederum mit dem Gesetz von Stefan und Boltzmann, welche Größen L^* beeinflussen. Welche Größe wird auf Grund der zugehörigen Potenz den größeren Ausschlag geben?
Beachten Sie bei der Zeichnung, wie sich L^* und wie sich entsprechend T ändert.

e: Wie kommt es zu einer Supernova vom Typ I?
Wird Mira A genügend Endmasse für eine Supernova vom Typ II haben?

f: Setzen Sie passende Werte ein.
Die UV-Linien beim Wasserstoff stammen aus der Lyman-Serie.
Beachten Sie die angegebenen Grenzen für die Photonenenergie.

g: Was findet sich im interstellaren Raum? Verwenden Sie Teilaufgabe f.
Wie kann es zur Anregung der Wasserstoffatome kommen?

Lösungen zum Aufgabenvorschlag 2

1. Vorgaben: Entfernung Schwarzes Loch $r = 2{,}77 \cdot 10^4$ Lj
   S14: $T = 47{,}3$ a; $\varepsilon = 0{,}96$; $a = 2{,}1 \cdot 10^3$ AE

   a) **Infrarotbereich:** Wellenlängen von 800 nm bis 1 mm.
   Es genügt z. B.: $\lambda = 1500$ nm.

   Staub in der galaktischen Ebene verhindert, dass Licht im sichtbaren Bereich aus dem Zentralbereich der Galaxis zu uns kommt.

   b) Durch Ausmessen der Abb. 1 erhält man (vgl. Abb. 5):

$$a_{S12} = \frac{1}{2} \cdot \overline{AB} = \frac{1}{2} \cdot 50 \text{ mm} = 25 \text{ mm}$$

$$a_{S14} = \frac{1}{2} \cdot \overline{CD} = \frac{1}{2} \cdot 40 \text{ mm} = 20 \text{ mm}$$

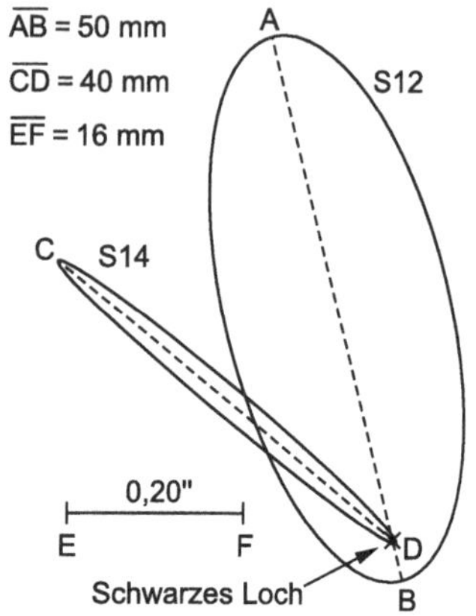

Abb. 5

Mithilfe des gegebenen Abbildungsmaßstabs $\overline{EF} = 16 \text{ mm} \mathrel{\hat{=}} 0{,}20"$ folgt:

$$a_{S14} = 20 \text{ mm} \mathrel{\hat{=}} \frac{20 \text{ mm}}{16 \text{ mm}} \cdot 0{,}20" = 0{,}25"$$

Um die diesem Winkel entsprechende **Länge der großen Halbachse** zu bestimmen, vergleicht man den Vollwinkel mit der bekannten Entfernung r des Schwarzen Lochs:

$$\frac{a_{S14}}{0{,}25"} = \frac{2\pi \cdot r}{360 \cdot 3600"}$$

$$\Rightarrow \quad a_{S14} = \frac{0{,}25" \cdot 2\pi \cdot r}{(1{,}296 \cdot 10^6)"} = \frac{2\pi \cdot 2{,}77 \cdot 10^4 \text{ Lj}}{5{,}184 \cdot 10^4} = 0{,}03357 \text{ Lj} = \underline{\underline{2{,}1 \cdot 10^3 \text{ AE}}}$$

Die Halbachsen von S12 und S14 hängen mit den Umlaufzeiten über das 3. Kepler'sche Gesetz zusammen. Mit den aus Abb. 1 abgelesenen Längen erhält man für das **Verhältnis der Umlaufzeiten**:

$$\left(\frac{T_{S12}}{T_{S14}}\right)^2 = \left(\frac{a_{S12}}{a_{S14}}\right)^3 = \left(\frac{25 \text{ mm}}{20 \text{ mm}}\right)^3 = \left(\frac{5}{4}\right)^3$$

$$\Rightarrow \quad \frac{T_{S12}}{T_{S14}} = \sqrt{\left(\frac{5}{4}\right)^3} = 1{,}25^{1{,}5} = \underline{\underline{1{,}4}}$$

c) Zur Berechnung der **Masse des Schwarzen Lochs** setzt man ebenfalls das 3. Kepler'sche Gesetz in der Form

$$\frac{T^2}{a^3} = \frac{4\pi^2}{G \cdot M}$$

an. Wendet man es einmal auf S14, einmal auf die Sonne an und dividiert beide Gleichungen, folgt für die Masse des Schwarzen Lochs:

$$\left.\begin{array}{l} \dfrac{(1\,a)^2}{(1\,AE)^3} = \dfrac{4\pi^2}{G \cdot M_\odot} \\[2ex] \dfrac{T_{S14}^2}{a_{S14}^3} = \dfrac{4\pi^2}{G \cdot M} \end{array}\right\} \Rightarrow \frac{M}{M_\odot} = \frac{a_{S14}^3}{T_{S14}^2} \frac{(1\,a)^2}{(1\,AE)^3} = \frac{(2{,}1 \cdot 10^3)^2}{47{,}3^2} = \underline{\underline{4{,}1 \cdot 10^6}}$$

Natürlich können Sie auch anstelle der Verhältnisbildung (bei der G herausfällt) den konstanten Term $\frac{4\pi^2}{G}$ ausrechnen und Kepler nur einmal anwenden.

Der gesuchte **Minimalabstand $\mathbf{r_{min}}$** markiert den nächsten Punkt am galaktischen Zentrum des Sternes S14, für das nach den Ellipsengesetzen gilt:

$$r_{min} = a_{S14} - e = a_{S14} - \varepsilon \cdot a_{S14} = a_{S14} \cdot (1 - \varepsilon)$$
$$= 2{,}1 \cdot 10^3\,AE \cdot (1 - 0{,}96) = \underline{\underline{84\,AE}}$$

d) Da nach Kometen in unserem Sonnensystem gefragt ist, empfiehlt sich als **Perihelabstand** die für dieses System typische Länge von **1 AE** anzusetzen (zudem vereinfacht sich bei dieser Wahl die Rechnung).

Am Ort des kleinsten Abstandes r_{min} gilt gemäß der Aufgabenstellung:

$$v_{max} = \sqrt{\frac{G \cdot M}{r_{min}} \cdot (1 + \varepsilon)} \qquad (*)$$

Da zwei ähnlich exzentrische Bahnformen verglichen werden sollen, sind deren ε-Werte ungefähr gleich groß, sodass der Faktor $(1 + \varepsilon)$ keine Rolle spielt. Damit folgt aus (*) für das **Verhältnis der Bahngeschwindigkeiten**:

$$\frac{v_{max,\,S14}}{v_{max,\,K}} = \sqrt{\frac{M}{M_\odot} \cdot \frac{r_{min,\,K}}{r_{min}}}$$

Das Massenverhältnis und r_{min} wurden in Teilaufgabe 2 c bestimmt, also folgt:

$$\frac{v_{max,\,S14}}{v_{max,\,K}} = \sqrt{\frac{4{,}1 \cdot 10^6}{84}} \approx 2 \cdot 10^2$$

Die Maximalgeschwindigkeit von S14 ist um **2 Größenordnungen (Faktor 100)** größer als die des Kometen.

2. Vorgaben zu Mira:

$m \in [2;\, 10]$ innerhalb von 11 Monaten

$L^* \in [8400;\, 9400]$

$T = 3{,}00 \cdot 10^3\ \text{K}$

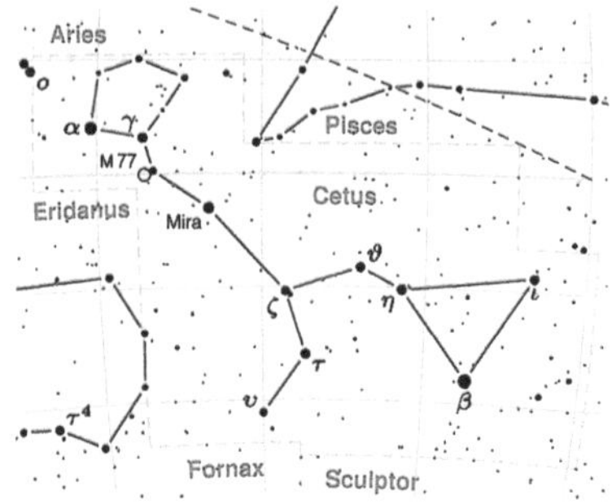

Abb. 6: Mira

a) Für die **obere Kulminationshöhe** gilt

$$h_0 = \delta + 90° - \varphi$$

$$= -3° + 90° - 48° = 39° > 0°,$$

d. h., Mira ist zur Zeit seiner oberen Kulmination 39° über dem Horizont von München zu sehen.

Befindet sich die scheinbare Helligkeit in der Größenordnung **m > 6**, ist zur Beobachtung ein **Teleskop erforderlich**.

b) Zur Berechnung des Radius wird das Gesetz von Stefan und Boltzmann einmal für Mira und dann für die Sonne angesetzt:

$$L_{Mira} = \sigma \cdot 4\pi \cdot R_{Mira}^2 \cdot T_{Mira}^4 \qquad (1)$$

$$L_\odot = \sigma \cdot 4\pi \cdot R_\odot^2 \cdot T_\odot^4 \qquad (2)$$

Nach Division (1):(2) und Umstellen erhält man für den **Radius von Mira**:

$$\frac{L_{Mira}}{L_\odot} = \frac{R_{Mira}^2 \cdot T_{Mira}^4}{R_\odot^2 \cdot T_\odot^4}$$

$$\Rightarrow \quad R^* = \frac{R_{Mira}}{R_\odot} = \sqrt{\frac{L_{Mira}}{L_\odot}} \cdot \frac{T_\odot^2}{T_{Mira}^2}$$

$$= \sqrt{9{,}00 \cdot 10^3} \cdot \frac{(5{,}80 \cdot 10^3\ \text{K})^2}{(3{,}00 \cdot 10^3\ \text{K})^2} = \underline{\underline{3{,}55 \cdot 10^2}}$$

Die **Wellenlänge des Strahlungsmaximums** findet man mit dem Verschiebungsgesetz von Wien:

$$\lambda_{max} \cdot T = 2{,}9 \cdot 10^{-3}\ \text{m} \cdot \text{K}$$

$$\Rightarrow \quad \lambda_{max} = \frac{2{,}9 \cdot 10^{-3}\ \text{m} \cdot \text{K}}{3{,}00 \cdot 10^3\ \text{K}} = \underline{\underline{967\ \text{nm}}}$$

Mira ist ein **Roter Riesenstern**: Das Strahlungsmaximum liegt im IR-Bereich, der Radius ist im Vergleich zur Sonn 355-mal so groß und die Leuchtkraft übertrifft die der Sonne im Mittel um den Faktor 9000. Damit liegt Mira im oberen rechten Bereich des HR-Diagramms, dort, wo die Riesensterne angesiedelt sind.

c) Masse von Mira als Hauptreihenstern:
$M = 5M_{\odot}$

Mit der Masse-Leuchtkraft-Beziehung für Hauptreihensterne erhält man die Leuchtkraft von Mira als Hauptreihenstern zu:

$$L^* = (M^*)^3 = 125$$

Abb. 7 zeigt das ergänzte HR-Diagramm.

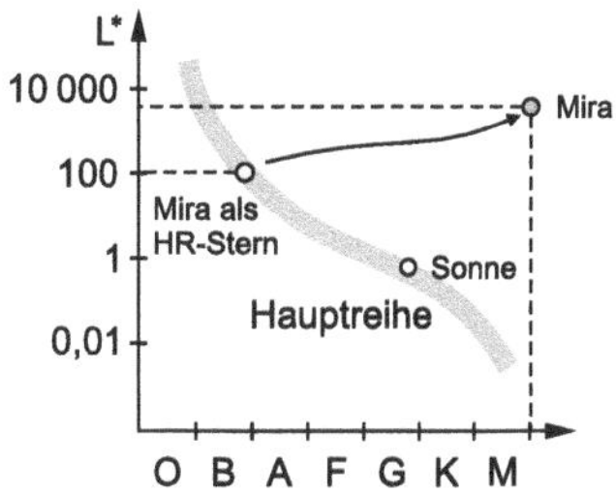

Abb. 7: Mira und Sonne im HR-Diagramm

d) Der Zusammenhang zwischen L, R und T ergibt sich aus dem Gesetz von Stefan und Boltzmann. Die in Teilaufgabe 2b verwendete Fassung lautet in Kurzform:

$$\frac{L_{Mira}}{L_{\odot}} = \frac{R_{Mira}^2 \cdot T_{Mira}^4}{R_{\odot}^2 \cdot T_{\odot}^4} \quad \Leftrightarrow \quad L^* = (R^*)^2 \cdot (T^*)^4$$

Bei abnehmendem Radius nähert sich der Rand des Sternes der Fusionszone, damit steigt die Oberflächentemperatur. Da L* in 4. Potenz von T*, aber nur quadratisch von R* abhängt, kann es durchaus sein, dass es bei abnehmendem Radius und Anstieg der Temperatur zu einer **Steigerung der Leuchtkraft** kommt.
Die gleiche Argumentation gilt auch für zunehmenden Radius und abnehmende Temperatur.

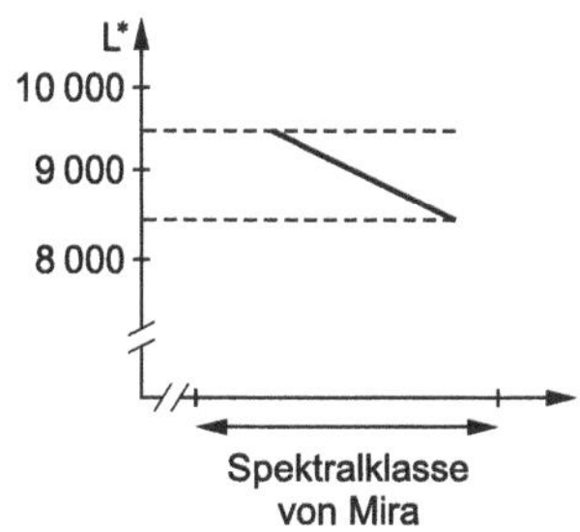

Abb. 8: Der Pulsationsveränderliche im HR-Diagramm

Die **Schwankungen** liegen zwischen 8 400 und 9 400 in L*, wobei Mira bei L* = 9 400 im HR-Diagramm aufgrund der höheren Temperatur weiter links zu finden ist (Abb. 8).

e) Der Weiße Zwerg wird vom Riesenstern Mira A Materie in einer Akkretionsscheibe abziehen. Den angezogenen Wasserstoff lagert Mira B auf seiner Oberfläche ab. Übersteigt durch die Massenaufnahme die Masse von Mira B die Chandrasekhar-Grenze von 1,4 Sonnenmassen, kommt es bei **Mira B** zu einer **Supernovaexplosion des Typs Ia**.

Mira A hat mit einer Anfangsmasse von 5 Sonnenmassen auf der Hauptreihe **zu wenig Endmasse**, als dass bei ihm eine Supernova vom Typ II stattfinden kann.

f) Das Photon, welches beim Übergang eines Hüllelektrons des Wasserstoffatoms von E_2 auf E_1 ausgesandt wird, hat die Energie

$$E_2 - E_1 = -13{,}6\,\text{eV} \cdot \left(\frac{1}{2^2} - \frac{1}{1^2} \right) = \frac{3}{4} \cdot 13{,}6\,\text{eV} = 10{,}2\,\text{eV}.$$

Analog gilt für den Übergang von E_3 nach E_1

$$E_3 - E_1 = -13{,}6\,\text{eV} \cdot \left(\frac{1}{3^2} - \frac{1}{1^2} \right) = \frac{8}{9} \cdot 13{,}6\,\text{eV} = 12{,}1\,\text{eV}$$

Beide Werte liegen im angegebenen **UV-Bereich** (Lyman α-Linie).

Es genügt, wenn Sie nur **einen** UV-Übergang begründen.
Die anderen Linien der Lyman-Serie ($n = 1$) liegen außerhalb dieses Bereichs (Photonenenergien zu groß), ebenso die (beobachtbaren) Linien der anderen H-Serien mit $n > 1$ (Photonenenergien zu klein).

g) Im interstellaren Raum gibt es atomaren Wasserstoff. Materie, welche Mira A im Riesenstadium in seinem **relativ starken Sternwind** abbläst, regt diesen Wasserstoff an, u. a. auch den Übergang von E_1 nach E_2 oder E_3. Bei der Rückkehr in den Grundzustand wird UV-Licht emittiert.

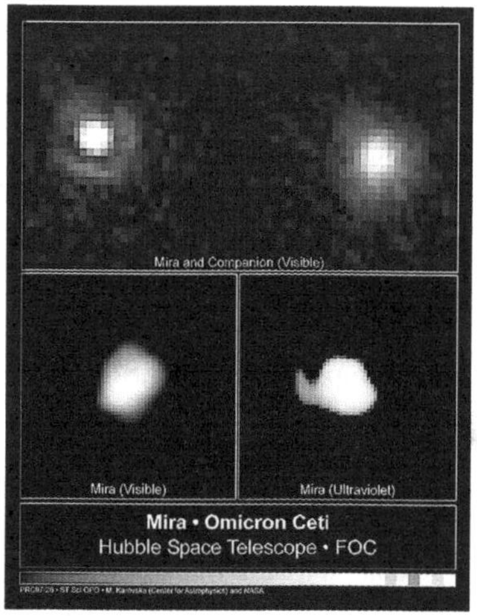

Abb. 9: Mira mit Begleiter